普通高等教育风能与动力工程专业系列教材
中国可再生能源规模化发展项目（CRESP）资助
中国—丹麦风能发展项目（WED）资助

风电场电气工程

主　编　朱永强　王伟胜
主　审　戴慧珠

机械工业出版社

《风电场电气工程》是"普通高等教育风能与动力工程专业系列教材"之一,主要讲述风电场电气部分和风电场接入电网运行两方面的内容。全书分为7章,重点涵盖风电场电气系统的基本构成、主接线设计,风电场主要电气一次设备的结构、原理、型式参数及电气一次设备的选取,风电场电气二次系统、风电场的防雷和接地,风电场输出特性与运行控制,风电场并网对电力系统的影响,改善风电场并网运行特性的措施等。书中强调图文并茂,尤其是介绍电气设备时提供了大量的实物照片和结构示意图,使读者有直观的感性认识。本书主要作为普通高等院校风能与动力工程专业的教材,也适合作为风力发电领域相关从业人员的培训及自学用书。

图书在版编目(CIP)数据

风电场电气工程/朱永强等主编. —北京:机械工业出版社,2012.9
(2025.8重印)

普通高等教育风能与动力工程专业系列教材
ISBN 978-7-111-36026-1

Ⅰ.①风… Ⅱ.①朱… Ⅲ.①风力发电—电气设备—高等学校—教材
Ⅳ.①TM614

中国版本图书馆 CIP 数据核字(2012)第 150766 号

机械工业出版社(北京市百万庄大街22号 邮政编码100037)
策划编辑:王雅新 责任编辑:王雅新
版式设计:纪 敬 责任校对:陈 越
封面设计:张 静 责任印制:刘 媛
北京富资园科技发展有限公司印刷
2025年8月第1版第6次印刷
184mm×260mm・14.25印张・351千字
标准书号:ISBN 978-7-111-36026-1
定价:30.00元

电话服务　　　　　　　　　网络服务
客服电话:010-88361066　　机 工 官 网:www.cmpbook.com
　　　　　010-88379833　　机 工 官 博:weibo.com/cmp1952
　　　　　010-68326294　　金 书 网:www.golden-book.com
封底无防伪标均为盗版　　　机工教育服务网:www.cmpedu.com

普通高等教育风能与动力工程专业系列教材编审委员会

主　任　贺德馨

副主任　徐大平　杨勇平　田　德

委　员（按姓氏拼音排名）

戴慧珠　邓　英　韩　爽　康　顺　黎作武　刘永前
柳亦兵　吕跃刚　齐同庆　芮晓明　施鹏飞　施跃文
宋　俊　王伟胜　王雅新　许国东　姚兴佳　叶杭冶
赵　斌　张世惠　张晓东　章立栋　朱永强

序

开发利用风能是增加能源供应、调整能源结构、保障能源安全、减排温室气体、保护生态环境和构建和谐社会的一项重要措施，对于建设资源节约型和环境友好型社会，实现中国经济、社会可持续发展具有重要促进作用。目前，风力发电是风能利用的最主要方式。自 2006 年《中国可再生能源法》实施以来，我国风电连续多年保持快速增长，2010 年成为全球风电新增和累计装机容量最多的国家，在短时间内步入世界风电大国行列。

随着我国风力发电产业的规模化发展和风能利用技术的不断进步，风力发电专业人才的培养显得越来越重要。2006 年，教育部批准在华北电力大学设置了国内第一个"风能与动力工程"专业，之后国内多所高等院校也陆续设置了该专业。由于"风能与动力工程"专业是新专业，因此，其专业课程设置、教材建设和教学方法研究都需要一个探索和实践的过程。在中国政府/世界银行/全球环境基金——中国可再生能源规模化发展项目（CRESP）风电技术人才培养子赠款项目和中国——丹麦风能发展项目（WED）资助下，2008 年成立了"风能与动力工程"本科专业教材编审委员会，开始组织编写"风力发电原理"、"风力机空气动力学"、"风力发电机组设计与制造"、"风力发电机组监测与控制"、"风力发电场"和"风电场电气工程"六部必修课教材。

风力发电是一个跨学科的专业，涉及许多学科领域。在专业教材编写时，从专业人才培养目标出发，除了要掌握专业基础知识外，还要掌握风能领域中的专业知识。教材初稿经过在华北电力大学本科学生的试用后，又对内容进行了修改和补充，形成了现在的第一版系列教材。随着我国从"风电大国"向"风电强国"，从"中国制造"向"中国创造"，从"国内市场"向"国际市场"的转变，我国风力发电产业将进入一个新的发展阶段，教材内容也需要不断补充和更新。编审委员会将会根据新的需求，结合教学实践对此系列教材不断进行完善。

在本系列教材编写和出版过程中，得到了中国可再生能源学会风能专业委员会、华北电力大学和机械工业出版社的具体指导，各书编审人员付出了辛勤的劳动，许多专家为本教材提供资料并审阅书稿，在此一并向他们表示衷心的感谢。

本系列教材除了用于高等院校"风能与动力工程"专业教学外，也可作为从事风电专业科技工作人员的参考书。

"风能与动力工程"专业教材编审委员会
2011 年 6 月

前　　言

随着风电场规模的扩大，以及风电在电网中比例的提高，风电已经不再是单独的发电技术问题，风电与电网的联系越来越紧密，相互影响也越来越复杂。风电场电气工程，是风力发电持续大规模发展过程中，必须重视的重要课题。

风电场电气工程，是普通高等院校风能与动力工程专业的必修重点课程。该课程理论和实践结合相当紧密，是相关领域的从业人员必修的基本知识。

《风电场电气工程》是"普通高等教育风能与动力工程专业系列教材"之一，主要讲述风电场电气部分和风电场接入电网运行两方面的内容。全书分为7章，重点涵盖风电场电气系统的基本构成、主接线设计，风电场主要电气一次设备的结构、原理、型式参数及电气一次设备的选取，风电场电气二次系统、风电场的防雷和接地，风电场输出特性与运行控制，风电场并网对电力系统的影响，改善风电场并网运行特性的措施等。

本书由华北电力大学、中国电力科学研究院、东北电力大学、中国农业大学等单位联合编写。其中第1章主要由王伟胜、朱永强编写，第2章由朱永强、张旭编写，第3章主要由杨建华、翟庆志编写，第4章主要由穆钢、严干贵编写，第5章主要由刘燕华、迟永宁编写，第6章主要由赵海翔编写，第7章由尹忠东、朱永强编写。全书由朱永强、迟永宁统稿。

在本书的编写过程中，得到了华北电力大学肖湘宁教授、国网电力科学研究院朱凌志博士、龙源电力集团范子超博士和华北电力大学齐琳、申惠琪等同志的支持和帮助，在此一并表示衷心的感谢。

本书主要作为普通高等院校风能与动力工程专业的教材，也适合作为风力发电领域相关从业人员的培训及自学用书。

编　者

目 录

序
前 言
第1章 绪 论 1
1.1 风力发电的发展 1
1.1.1 世界风力发电的发展 1
1.1.2 中国风力发电的发展 3
1.2 风电场电气部分 4
1.2.1 风电场电气部分的组成 4
1.2.2 风电场电气部分的特点 4
1.3 风电场接入电网概述 5
1.3.1 风电场容量可信度 5
1.3.2 风电场有功功率特性 6
1.3.3 风电场无功功率特性 7
1.3.4 风电场接入电网方案 8
1.4 本书的主要内容和特点 9
思考题 10

第2章 风电场电气主系统 11
2.1 主要电气一次设备 12
2.1.1 风力发电机组 12
2.1.2 变压器 12
2.1.3 断路器 16
2.1.4 隔离开关及其他开关电器 21
2.1.5 载流导体 25
2.1.6 无功补偿设备 27
2.1.7 互感器 29
2.2 风电场电气主接线 35
2.2.1 电气主接线及其设计要求 35
2.2.2 常见的电气接线形式 39
2.2.3 风电场的典型电气接线 43
2.3 常用的电气计算**（选修） 46
2.3.1 短路电流计算 46
2.3.2 导体发热计算 47
2.4 风电场电气设备的选择 48
2.4.1 一般原则和技术要求 49
2.4.2 环境因素和环保问题 50
2.4.3 变压器的选择 51
2.4.4 开关设备的选择 52
2.4.5 载流导体的选择 53
2.4.6 互感器的选择 55
思考题 57

第3章 风电场电气二次系统 58
3.1 二次系统的构成 58
3.1.1 二次设备 58
3.1.2 二次回路 65
3.2 继电保护的基本知识 66
3.2.1 继电保护的作用和基本原理 66
3.2.2 继电保护的基本要求 68
3.2.3 继电保护的接线图 69
3.2.4 微机继电保护 70
3.3 风电场的继电保护配置 76
3.3.1 电力线路的保护 76
3.3.2 电力变压器的保护 82
3.3.3 母线的保护 89
3.3.4 风电机组的保护 91
3.3.5 无功补偿设备的保护 93
3.4 风电厂的二次部分 94
3.4.1 风电机组的保护、控制、测量和信号处理 94
3.4.2 箱式变电站中变压器的保护、控制、测量和信号处理 94
3.4.3 风电厂控制室的控制、测量和信号处理 95
3.4.4 风电厂远动 95
3.5 升压变电站二次部分 95
3.5.1 升压变电站的控制、测量、信号 95
3.5.2 升压变电站的继电保护配置 96
3.5.3 升压变电站的操作电源系统 97
3.5.4 升压变电站的图像监控 98
3.6 升压变电站综合自动化系统 98
3.6.1 概念和特点 98
3.6.2 系统功能 99
3.6.3 系统结构 100
3.7 风电场继电保护与综合自动化

系统的示例 …………………… 104
　3.7.1 风电场的相关数据 …………… 104
　3.7.2 风力发电机的二次部分 ………… 105
　3.7.3 升压变电站的二次部分 ………… 105
思考题 ………………………………… 105

第4章 风电机组的输出特性与运行控制 ………………………… 107

4.1 风电机组运行原理 …………………… 107
　4.1.1 风力机的运行特性 ……………… 107
　4.1.2 发电机的运行原理 ……………… 108
　4.1.3 并网换流器的结构和原理 ……… 111
4.2 笼型感应风电机组的运行特性与控制 ……………………………… 113
　4.2.1 笼型感应风电机组的运行原理 … 113
　4.2.2 笼型感应风电机组的风速–功率特性 ……………………… 115
　4.2.3 笼型感应风电机组的运行控制 … 115
4.3 双馈感应风电机组的运行特性与控制 ……………………………… 118
　4.3.1 双馈感应风电机组的功率传输特性 ……………………… 118
　4.3.2 双馈感应风电机组的运行控制原理 ……………………… 119
　4.3.3 双馈感应异步风电机组的运行操作 ……………………… 120
　4.3.4 双馈感应异步风电机组的撬杠保护**（选修）…………… 121
4.4 直驱式永磁同步风电机组的运行特性 ……………………………… 122
　4.4.1 永磁同步发电机的外特性 ……… 122
　4.4.2 直驱式永磁同步风电机组的运行控制原理 ……………… 123
　4.4.3 直驱式永磁同步风电机组的运行操作 ……………………… 123
思考题 ………………………………… 124

第5章 并网风电场对电网的影响 ……… 125

5.1 影响风电场输出的因素和并网问题 … 126
　5.1.1 风电场的风速影响 ……………… 126
　5.1.2 风电场的集群效应 ……………… 127
　5.1.3 与接纳风电有关的电网问题 …… 128
5.2 大型并网风电场的分析计算 ………… 131
　5.2.1 风电场的整体数学模型 ………… 131
　5.2.2 并网电压等级的选择 …………… 133
　5.2.3 母线电压计算和无功补偿方案 … 134
　5.2.4 风电场对电网短路电流的贡献 … 137
　5.2.5 风电场的稳定性计算 …………… 140
5.3 风电场对电力系统的影响 …………… 141
　5.3.1 对电网电压的影响 ……………… 142
　5.3.2 对电网稳定性的影响 …………… 145
　5.3.3 对电力系统调峰能力及运行调度的影响 ……………………… 147
　5.3.4 风电场对电能质量的影响 ……… 153
5.4 风电场的容量可信度 ………………… 155
　5.4.1 风电场容量可信度的概念 ……… 155
　5.4.2 容量可信度的评价方法 ………… 156
　5.4.3 影响容量可信度的因素 ………… 158
5.5 风电场接入电网的技术要求和相关规定 ……………………………… 159
　5.5.1 风电场并网的技术要求 ………… 159
　5.5.2 国外有关风电并网的技术规定 … 160
　5.5.3 我国有关风电并网的技术规定 … 161
思考题 ………………………………… 163

第6章 风电场的直流输电与功率控制技术 ……………………… 165

6.1 直流输电技术在风电场并网中的应用 ……………………………… 165
　6.1.1 直流输电概述 …………………… 165
　6.1.2 基于VSC的柔性直流输电技术 … 167
　6.1.3 风电场经VSC-HVDC并网的工程应用 ……………………… 169
6.2 风电场的无功电压控制 ……………… 170
　6.2.1 风电场无功电压控制的要求和原则 ……………………… 171
　6.2.2 风电场的无功电压控制技术 …… 172
6.3 风电场低电压穿越能力 ……………… 179
　6.3.1 大规模风电场具备低电压穿越能力的必要性 ……………… 179
　6.3.2 国外风电场低电压穿越技术要求 ……………………… 180
　6.3.3 基于DFIG的变速风电机组低电压穿越技术 ……………… 184
6.4 风电场的频率特性与有功–频率控制 ……………………………… 185
　6.4.1 电力系统的有功功率平衡及

　　　　频率调整 …………………… 185
6.4.2 风电机组的频率特性 …………… 186
6.4.3 风电场的有功功率控制系统及
　　　　控制策略 …………………… 190
思考题 …………………………………… 193

第7章　风电场防雷与接地 ………… 194
7.1 雷电及常见防护措施 …………… 194
7.1.1 雷电及其危害 ……………… 194
7.1.2 雷电的防护 ………………… 195
7.2 接地的概念及措施 ……………… 197
7.2.1 接地的基本概念 …………… 197
7.2.2 接地的类型 ………………… 198
7.2.3 接地的基本要求 …………… 199
7.3 风电机组的防雷保护 …………… 200
7.3.1 叶片的防雷保护 …………… 201
7.3.2 机舱的防雷保护 …………… 202

7.3.3 塔架的防雷保护 …………… 203
7.3.4 风电机组的接地 …………… 203
7.3.5 电气系统的防雷保护 ……… 204
7.3.6 风电机组防雷保护的注意事项 … 204
7.4 集电线路的防雷与接地 ………… 205
7.4.1 集电线路的感应雷过电压 … 205
7.4.2 集电线路的直击雷过电压 … 206
7.4.3 集电线路的雷击跳闸率 …… 209
7.4.4 集电线路的防雷保护措施 … 210
7.5 升压变电站的防雷与接地 ……… 211
7.5.1 升压变电站的直击雷保护 … 211
7.5.2 升压变电站的侵入波保护 … 213
7.5.3 升压变电站的进线段保护 … 213
7.5.4 升压变电站变压器防雷保护 … 215
思考题 …………………………………… 216

参考文献 ……………………………… 218

第 1 章 绪 论

教学目标：
大概了解国内外风力发电的发展状况，掌握风电场电气部分的基本构成和特点，并对风电场容量可信度、输出功率特性和接入电网方式有一定的认识。

知识要点：

重要性	能力要求	知 识 点	
**	了解	风力发电的发展历史和现状	
****	理解	风电场电气部分的构成和特点	
***	了解	风电场容量可信度	
***	了解	风电场输出功率特性	
****	理解	风电场接入电网的方式	

重要术语：
电气部分，容量可信度，功率特性，接入电网。

1.1 风力发电的发展

1.1.1 世界风力发电的发展

人类利用风能的历史已有 3000 多年，而利用风力进行发电却是在 100 多年前。

1866 年，德国科学家西门子发明了发电机。19 世纪 70 年代，发电机和电动机相继得到应用，实现了电能和机械能的相互转换，为风电机组的问世奠定了基础。

第一台风电机组由美国电力工业奠基者之一 Charles F. Brush (1849~1929) 在 1887~1888 年间研制，安装于美国俄亥俄州的 Cleveland。此风电机组的风轮直径为 17m，由 144 个叶片组成，采用 12kW 的直流发电机，输出电压为 70V，输出的电能给蓄电池充电。

1891 年，丹麦 Askov 高等学校的 Paul La Cour (1846~1908) 发明了第一台 4 叶片的风电机组，同样采用直流发电机，输出电能用于电解水制氢。他的重要贡献是在进行空气动力学理论分析并在风洞进行空气动力试验后，提出"多叶片风轮由于其转速慢，不适合用于风力发电"的观点。此后，Paul La Cour 的风电机组设计理念在一定范围内得到了应用。到 1918 年，丹麦拥有 120 台风电机组，单机容量为 20~35kW，总容量达 3MW，发电量约占丹麦当时电能消耗的 3%。

第二次工业革命在催生电力工业的同时，也推动了内燃机的发明和使用。19 世纪七八十年代，以煤和油为燃料的内燃机相继诞生，19 世纪 90 年代柴油机研制成功。人类开始大规模开发利用化石能源和矿产资源,使用化石燃料的发电机组和内燃机成为主要的电力和动力来源。风力发电因其高成本和低效率,并且具有间歇性和波动性的缺点,进入发展低潮。进入20世纪后,风电机组主要用于偏远地区独立供电,单机容量一般在0.3~3.0kW之间。20世纪40年代以后,虽然在美国、法国、苏联和丹麦等国曾研制出百千瓦级以上并网型风电机组,但是由于成本和可靠性等方面的原因都没有实现大规模推广应用。

20世纪70年代,世界范围内先后发生的两次石油危机,触发了第二次世界大战之后最严重的全球经济危机,对发达国家的经济造成了严重的冲击。风力发电作为一种替代化石燃料的可再生能源,重新开始受到高度关注。美国和西欧等发达国家投入大量资金,开始研制兆瓦级并网型风电机组。例如,美国波音公司研制了2500kW和3200kW风电机组,英国宇航公司和德国MAN公司分别研制了3000kW风电机组。但是,限于当时技术水平和研制经验,这些兆瓦级风电机组均未能正常运行,没有实现规模化和市场化。丹麦是风电机组制造业的成功范例,通过制定鼓励风电发展的有关政策,以及建立较为完善的风电机组研发、制造、检测和认证体系,促进了风电机组制造业的持续发展和技术进步。德国、美国、西班牙、印度和中国等国家也相继出台了鼓励风电发展的政策,带动了风电机组制造业发展。

随着风电机组技术不断进步,风轮直径和风电机组单机容量不断增大,结构形式趋于一致。20世纪80年代,风电机组既有上风向式,也有下风向式;既有水平轴式,也有垂直轴式;叶片有一个、二个、三个和多个。目前,风电机组以上风向、三叶片、水平轴型为主,其中又可分为定桨距和变桨距,定速和变速,有齿轮箱和无齿轮箱等。同时,各种类型的兆瓦级风电机组实现了商品化。图1-1给出风机直径和风电机组单机容量的增长情况。

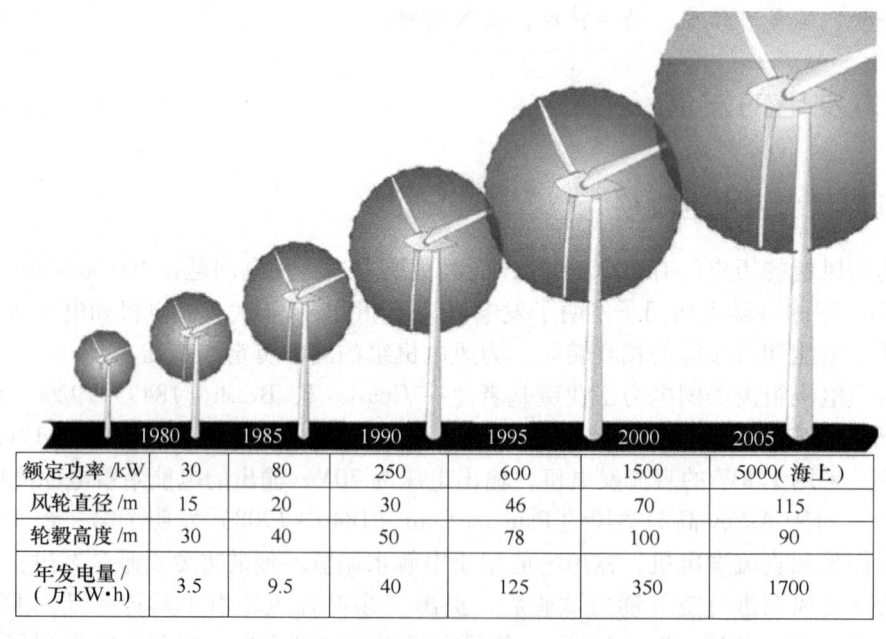

图1-1 风电机组容量与风轮直径的增长情况

随着世界经济和社会的发展,减少温室气体排放和保护生态环境成为人类面临的重大课题。1992年6月,联合国在巴西里约热内卢召开环境与发展大会,又名地球首脑会议,会议通过了《关于环境与发展的里约热内卢宣言》、《21世纪议程》等文件。1997年12月,在日本京都召开的《联合国气候变化框架公约》缔约方第三次会议，通过了旨在限制发达国家温室气体排放量以抑制全球变暖的《京都议定书》。2005年2月16日，《京都议定书》正式生效。

在此背景下，利用可再生能源取代化石类能源开始受到世界各国的重视。由于风能资源储量丰富，风力发电是技术最成熟、最具规模开发和商业化发展前景的可再生能源开发方式，因此从20世纪80年代开始，风力发电技术受到各国的重视，并得到了广泛的开发和应用。

为了保障能源供应和减少温室气体排放，大规模利用以风力发电为代表的可再生能源势在必行。2002年，欧洲风能协会和国际绿色和平组织联合发布了《风力12：关于2020年风电达到世界电力总量12%的蓝图》，对2020年全球风力发电规模进行了前景分析，指出2020年全球风电装机容量可以达到1200GW，年发电量3000TW·h，约相当于世界电力需求的12%。

1.1.2　中国风力发电的发展

风能是一种洁净的、储量极为丰富的可再生能源。风能资源受地理位置、季风、地形等因素的影响。将50m高度处风功率密度小于300W/m^2、300~400W/m^2、400~500W/m^{2}和大于500W/m^{2}的区域，分别称为风能资源贫乏区、一般区、较丰富区和丰富区。中国风能资源丰富的地区主要分布在东南沿海及附近岛屿，内蒙古、新疆和甘肃河西走廊，以及华北和青藏高原的部分地区。另外，华中地区也有个别风能资源丰富的地区。

我国风力发电始于20世纪70年代末，首先成功研制了小型风电机组（100W~20kW）的系列产品，并实现了商业化生产与应用，为解决偏远地区用电问题做出了巨大贡献。2007年我国小型风电机组的年产量、生产能力和出口均列世界首位。

1986年5月，我国第一个并网型风电场在山东省荣城建成投运，安装了丹麦Vestas公司的3台55kW风电机组。同年10月，福建省平潭风电场建成，安装了比利时Windmaster公司的4台200kW风电机组。并网型风力发电开始成为我国风能利用的主要方式。

1990年以后，我国陆续出台了一些鼓励风力发电的政策：国家发展计划委员会、国家科技委员会和国家经济贸易委员会制订发布《新能源和可再生能源发展纲要》（1996-2010），提出了我国"九五"至2010年新能源和可再生能源的发展目标、任务以及相应的对策和措施；国家经济贸易委员会组织实施的国家级重点技术改造项目"双加工程"（即加大技术改造投资力度、加快企业改革步伐）中，支持风电项目77.1MW，分别安装在河北省张北风电场、内蒙古辉腾锡勒风电场、浙江括苍山风电场和新疆坂城风电场等。

从2003年开始，国家发展和改革委员会开始实施风电特许权招标项目。风电特许权项目在推动我国风电规模化发展和促进风电机组设备国产化方面起了双重作用。

2006年1月1日，《中华人民共和国可再生能源法》开始施行，随之国家陆续颁布了一系列配套法规和实施细则，包括要求电网企业全额收购可再生能源电力、上网电价以及费用分摊措施等，从而大大促进了可再生能源产业的发展，我国风电也步入了快速增长时期。2006~2010年之间，我国风电装机容量基本实现每年翻番。

随着风电场规模的扩大，以及风电容量在电网容量中比例的提高，风电已经不再是单独的发电技术问题，风电与电网的联系越来越紧密，相互影响也越来越复杂。风电场电气工程，是风力发电持续大规模发展过程中必须重视的基础课题。

1.2 风电场电气部分

1.2.1 风电场电气部分的组成

包括风电场在内的各类发电厂站、实现电压等级变换和电能输送的电网、消耗电能的各类设备（用户或负荷）共同构成了电力系统，即用于生产、传输、变换、分配和消耗电能的系统。电力系统各个环节的带电部分统称为其各自的电气部分。

风电场和变电站内部的带电部分，即为其自身的电气部分。电气部分不仅包括电能生产、变换的部分（例如发电机、变压器等），还包括其内部消耗电能（称为厂用电或所用电）的部分（例如照明、监控电源等）。用于能量生产、传输、变换、分配和消耗的部分，称为电气一次部分，或者电气主系统。电气一次部分解决的是高电压、大电流的能量转换与传递问题。

在风电场和升压站内，为了实现对电气一次部分运行状况的监测与控制，还需要用于对一次部分进行测量、监视、控制和保护的电气部分，称为电气二次部分。电气一次部分和二次部分都是由具体的电气设备构成的。一次设备主要是发电机、变压器、电动机等实现电能生产和变换的设备，它们和载流导体（母线、线路）相连接实现了电力系统的基本功能，即电能的生产、变换、分配、输送和消耗。其中发电机用于电能生产，变压器用于电能变换，电动机和其他用电设备用于电能的消耗（电能变换为其他能量形式），母线用于电能的汇集和分配，线路则用于电能的输送，开关设备用于故障处理和检修倒闸等。此外，还有无功补偿设备、防雷和接地设备等。二次设备是指对一次系统进行测量、控制、监视和保护的设备，主要包括：

互感器：用于将一次系统中的高电压和大电流转换为二次系统可以使用的低电压和小电流；

测量仪表：用于测量电路中的各种电气参数；

继电保护和自动装置：用于监视系统运行状态，当系统运行状态不正常时，发出告警或直接进行调整；

此外，还有各种控制电器、信号设备、控制电缆、直流电源等。

1.2.2 风电场电气部分的特点

与火电厂、水电站等常规发电厂站相比，风电场的电气部分有其特殊性：

1）单机容量小，机组数目多。目前世界上容量最大的海上风电机组不超过10MW，而火电机组或水电机组的单机容量可达几百甚至上千兆瓦。由于风资源的低密度特性，单台风电机组不太容易实现大容量风能获取和电能输出，因此建设一个一定容量的风电场，往往要安装多台风电机组。例如，建设一个50MW的风电场，若采用目前技术比较成熟的1.5MW风电机组，需要33台风电机组。而在火电厂或水电站中，这样的容量只需一台机组就可实现。

2）风电机组种类多，输出特性各异。水电站、火电厂等常规电源的发电机均为同步发电机。风电机组有定速风电机组和变速风电机组（包括双馈和直驱风电机组），相比于同步机组其无功电压控制能力有限，在发出有功功率的同时，可能还要从电网吸收无功功率。

3）电能送出需要集电系统和多级升压。由于风电场总的发电出力由数目众多、单机容量较小的风电机组共同实现，需要把每个风电机组经箱变升压至一定电压水平后（10kV或35kV），由专门的集电系统将众多风电机组输出的电能汇集起来，再经升压变电站升压后输送到电力系统。详见本章1.3.4 风电场接入电网方案。

4）风电场出力波动明显。由于风能资源的自然特性，风电机组和风电场输出功率具有波动性和随机性。先进的风力发电技术可以控制风电机组出力，但是会受到风速的限制。在风电场电气设备选择和继电保护设计中必须考虑这些因素。

5）风电场的厂用电少。发电厂发出的电能不会全部送入电网，一小部分会在发电厂内部消耗掉，这部分用电称为厂用电，厂用电与发电总量之比称为厂用电率。火电厂在生产过程中需要众多辅机进行煤炭及水的预处理和输送，因而厂用电率较高；而风电场的生产运行过程中，一次能源由风能自然提供，不需额外辅助设备。风电场中的生活用电、监控用电等功率都很小，因而厂用电率很低。

1.3 风电场接入电网概述

1.3.1 风电场容量可信度

风电场对电力系统的贡献主要体现在两个方面，即：风电场可以节约常规发电机组使用的燃料从而减少环境污染，以及替代部分常规发电机组容量。而后者就涉及风电场的发电容量可信度问题。

目前没有一种发电方式是完全可靠的，而就容量可信度而言，风力发电和传统发电方式只是在设备可用率方面有数量上的差异，而没有本质区别。确定风电场的容量价值和其他发电形式电厂的方法是相同的。

风电的容量可信度有两种评价方法：

（1）可靠性指标计算 计算含风电的电力系统可靠性指标，在保证系统可靠性不变的前提下，风电能够替代的常规发电机组容量即为其容量可信度。

这种方法适合于系统的规划阶段。具体方法是：首先在不考虑并网风电场的情况下计算电力系统的可靠性指标，例如电力不足概率（LOLP）；然后计入风电场后重新计算，不断调整常规发电厂的出力水平，直到电力系统的LOLP值与没有风电场时的情况相等。此时，常规发电厂所减少的功率输出就是并网风电场的容量可信度。

（2）时间序列仿真 选择合适的时间段作为研究对象，通过计算风电场的容量系数（风电场实际发电量与理论发电量的比值）来估算容量可信度。在负荷高峰时段，可以认为容量系数等于容量可信度。该方法适用于为系统的运行提供决策支持。

要评价风电对系统可靠性指标的影响，首先要知道风电场所在地的气象信息，获得风能资源数据，了解风电机组的技术参数，根据风速计算风电场出力；还要知道与风能资源数据同步的负荷曲线以分析风电场出力与负荷的相关性，同时要知道系统内其他常规发电机组容量和事故停电率的记录以及可靠性指标目标水平。

大量关于风电容量可信度的研究表明，风力发电将会增加系统的负荷承载能力，可以部分满足负荷需求的规划性增长。在风电穿透率低、峰荷时容量系数高的情况下，风电容量可信度可高达风电装机容量的40%；在风电穿透率高、峰荷期间容量系数低的地区或者在地区风电输出曲线与系统负荷曲线趋势相反的情况下，风电容量可信度可小到5%。考虑到一定地理范围内多个风电场整体出力有平滑效应，因此地理范围越大风电的容量可信度越高。图1-2为随着风电装机容量的增加容量可信度的变化趋势，其中实线是考虑了地理范围的平滑效应，而虚线是没有考虑这个影响因素。

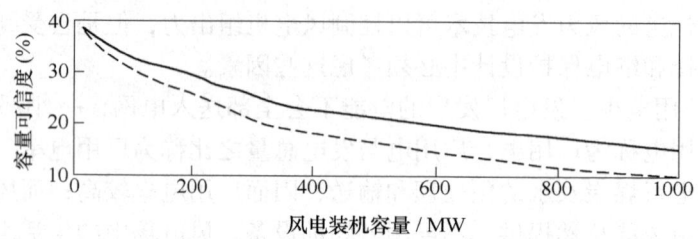

图1-2　风力发电容量可信度与风电装机的关系曲线

1.3.2　风电场有功功率特性

随着各种新技术的应用，现代风电机组的运行效率与并网特性得到了很大改善，然而，以自然风为原动力的风电机组，其有功功率特性仍表现为波动性与随机性。根据自然风的变化规律，风电场的有功功率既具有长期统计规律，如图1-3和图1-4所示的有功功率日变化与年变化特征；又具有短期随机性，如图1-5所示的有功功率10min变化的概率分布。

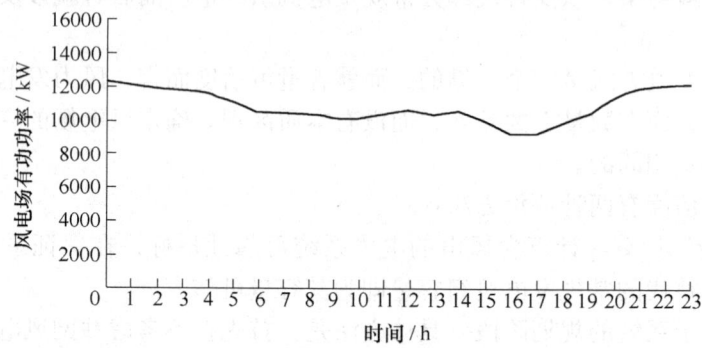

图1-3　某风电场有功功率的日变化曲线

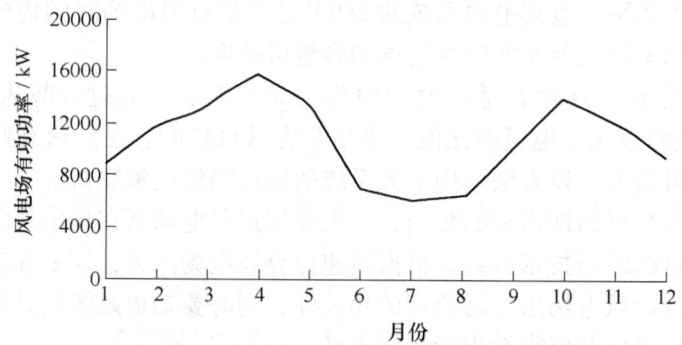

图1-4　某风电场有功功率的年变化曲线

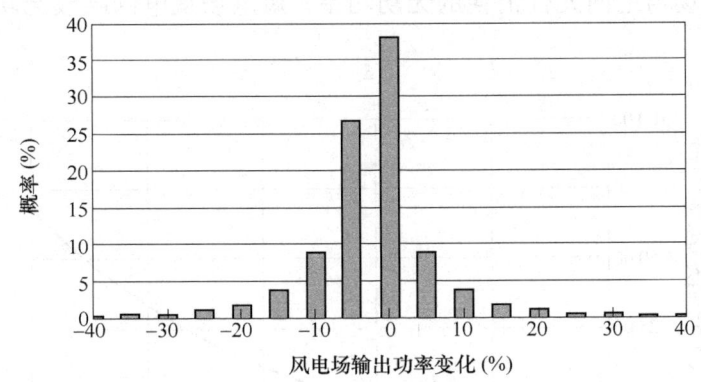

图 1-5　某风电场有功功率 10min 变化的概率分布

风电场有功功率的随机性主要会对电网的调峰及调度运行造成影响。一个安全可靠的电力系统必须保证电力的生产与消耗在任意时刻的动态平衡，常规电力负荷的变化往往具有比较明显的规律性，电网调度人员可根据这一规律制订合理的发电计划，满足各时间尺度上的用电需求。然而，有功功率输出具有波动特征的风电场接入电网后，在一定程度上打破了这一规律，图 1-6 为某区域电网中风电场有功功率波动曲线与负荷曲线对比图。

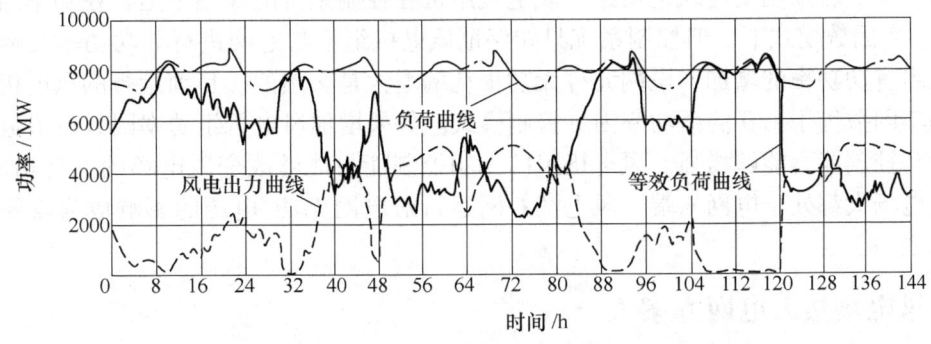

图 1-6　某省电网风电有功功率波动曲线与负荷曲线

由图 1-6 可见，若将风电场输出有功功率看作负的负荷，则风电场有功功率曲线与负荷曲线叠加后得到的等效负荷曲线已完全失去了负荷曲线原有的规律性，且负荷峰谷差（最大负荷与最小负荷之差）显著增大。如果不对风电场的有功功率进行预测，则无法制订相应的发电计划，为了保证电网安全稳定运行，电网调度运行人员只能通过增加与风电场并网容量相当的旋转备用容量（例如备用的火电机组）来平衡未知的风电有功功率波动。额外增加旋转备用容量对电网的调峰能力提出了很高的要求，在一些特殊运行方式下，电网的调峰能力成为限制风电并网容量的主要因素。

1.3.3　风电场无功功率特性

风电场的无功功率特性与风电场的有功功率特性有关。风电场有功输出较低时，输电线路轻载，线路充电功率过剩，风电场向电网注入无功功率；而风电场有功输出增加时，线路充电功率小于风电场与电网元件消耗的无功功率，风电场从电网吸收无功功率，如图 1-7 所示。

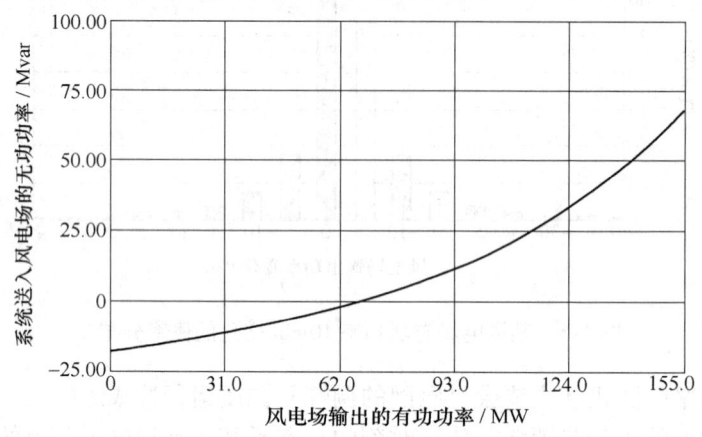

图 1-7 风电场无功功率特性

风电场无功功率特性还与所采用的风电机组类型有关。若采用固定转速风电机组，则风电场在发出有功功率的同时需要从电网中吸收无功功率用于风电机组励磁，并随着有功功率的增加而增加。若采用变速风电机组，风电机组可在控制系统的作用下运行在功率因数等于 1.0 的恒功率因数模式下，但控制系统只能保证风电机组不与电网进行无功功率交换，而随着风电机组有功功率的增加，电网元件无功损耗的增大是必然的。目前运行的风电机组多采用这种功率因数等于 1.0 的恒功率因数控制模式。如果增加风电机组功率因数调节范围，风电机组无功控制能力能够增强。风电机组的无功控制能力能够改变风电场的无功功率特性。我国的风电场大都处于电网末端，风电场并网运行对电网无功/电压的影响成为需要特别关注的问题之一。

1.3.4 风电场接入电网方案

目前国际上主流风电机组的机端输出电压一般为 690V，为了将生产的电能高效、远距离输送出去，风电场一般采用两级或三级升压后，将产生的电能送入电压等级较高的电网。

风电机组出口电压为 690V，通过低压电缆接至箱式变压器（简称箱变，通常放在风电机组塔筒下不远处）低压侧，经一机一变（一台风电机组配备一台箱式变压器）的单元接线方式升压至 10kV 或 35kV。再根据风电机组的安装位置，按照就近原则，分组由集电系统进行电能的汇集，每一组汇集成一路 10kV 或 35kV 的集电线路（取决于箱变高压侧的电压等级），送到风电场的升压变电站。图 1-8 所示为风电机组分组汇集电能送至升压站的示意图。

多条 10kV 或 35kV 集电线路都接入风电场升压变电站的 10kV 或 35kV 母线。根据风电场的装机容量和接入电网的情况，经升压站的主变压器将电压再次升高到 110（66）kV 或 220kV 后送入电网。如果是容量很大的风电场，例如 1000MW 以上，还可以考虑将电压升高到 500kV，经高压远距离输电网络，直接送到负荷中心。

典型的风电场接入电网方案，如图 1-9 所示。

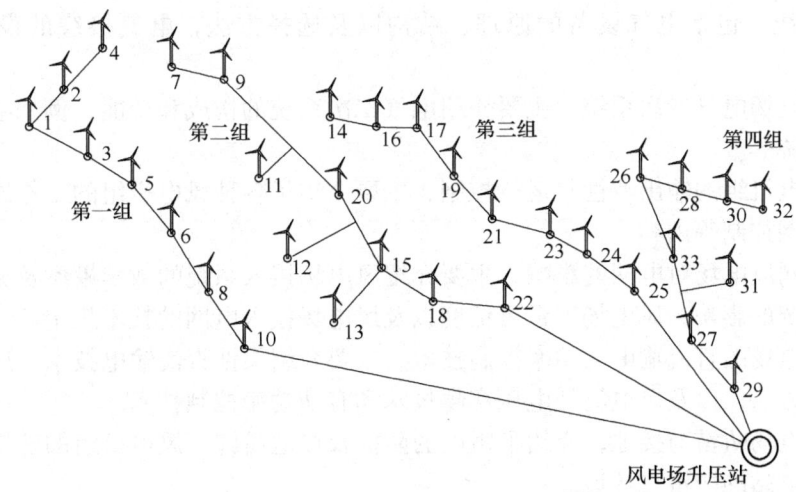

图 1-8 风电机组分组汇集电能送至升压站的示意图

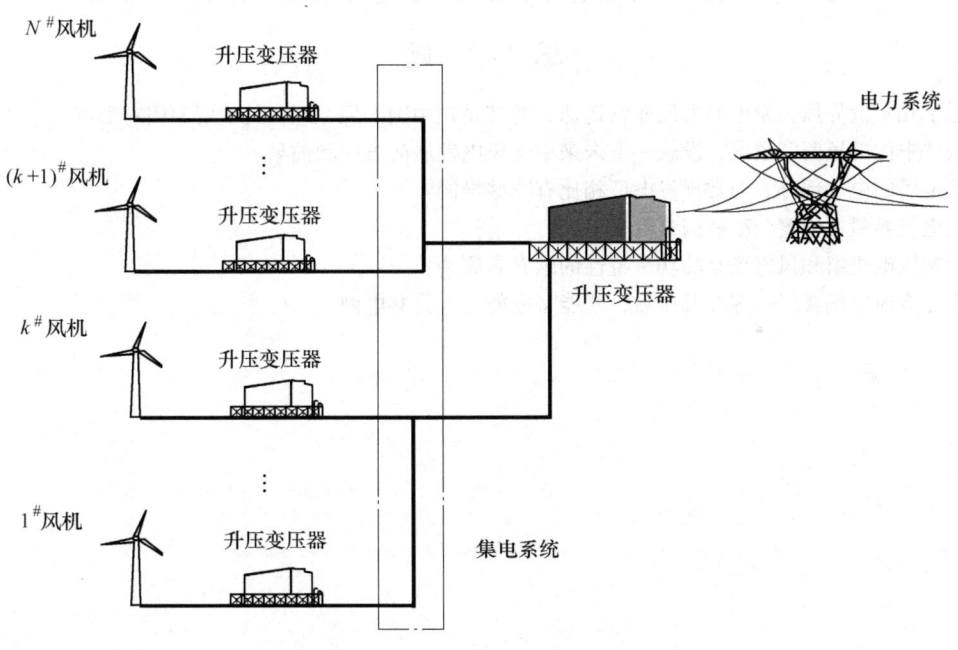

图 1-9 风电场接入电网方案示意图

1.4 本书的主要内容和特点

本书作为风能与动力工程专业的本科教材,力求做到通俗易懂,主要介绍目前业界公认的风电场电气工程知识。全书共分7章。

第1章绪论,主要介绍了风力发电与常规发电的不同之处,着重突出风电场不同于常规发电厂的电气特点。

第2章风电场电气主系统,介绍了风电场、升压变电站中除发电机组以外的主要一次设备和电气主接线，包括电气设备的原理、结构以及选择方法，电气接线的设计和表示方法等。

第3章风电场电气二次系统，主要介绍电气二次系统的构成和功能，例如继电保护、自动化和信号系统等。

第4章风电机组的输出特性与运行控制，主要介绍了各种风电机组的工作原理、运行特性、起停及并网控制等内容。

第5章并网风电场对电网的影响，主要介绍风电场接入系统的数学模型及分析计算，风电场对电力系统的影响，风电场容量可信度以及风电场接入电网的技术规定。

第6章风电场的直流输电与功率控制技术，主要介绍柔性直流输电技术、风电场无功电压控制要求和方法，以及风电场低电压穿越技术和有功功率控制技术。

第7章风电场防雷与接地，介绍了雷电的防护及接地措施、风电机组的防雷保护、集电线路及升压变电站的防雷与接地。

本书涉及内容广泛，读者在修读本书之前，应先修完以下课程：电机学、风力发电原理、自动控制理论等。最好还学习过电力系统分析、电力系统继电保护等课程。

思 考 题

1. 近十几年世界风力发电的发展非常迅速，尤其是在中国。想一想，其主要原因有哪些？
2. 根据中国的风资源情况，设想一下未来中国风电发展的方向和前景。
3. 风电场的电气部分，与常规发电厂相比有哪些异同？
4. 风电场容量可信度与哪些因素有关？
5. 影响风电机组和风电场有功功率特性的因素有哪些？
6. 为什么风电场要经过多级升压后，才能将电能送入公共电网？

第 2 章 风电场电气主系统

教学目标：

掌握风电场（包括升压变电站）中各主要电气一次设备的功能、结构、种类和工作原理等，对各主要一次设备的外观和主要部件有明确的感性认识；掌握电气主接线的基本概念和设计原则，分析并理解各种电气主接线形式的特点；对常用的电气计算有一定的了解（选修）；掌握风电场电气一次设备选择的原则和基本方法。

知识要点：

重要性	能力要求	知识点
*****	熟悉	主要电气一次设备的结构和工作原理
****	认知	主要电气一次设备的外观和型式参数
***	了解	电气主接线的概念及相关术语
*****	分析	电气主接线的设计原则和主要形式
****	理解	风电场的常用电气主接线设计
**	了解	短路电流计算，导体发热和电动力计算
****	理解	电气设备选择的技术条件和校验方法
****	分析	变压器、开关电器、互感器等主要设备的选择

重要术语：

一次设备，电气主接线，电源，负荷，设备工作状态，倒闸操作，变压器，断路器，隔离开关，载流导体（母线等），电容器，电抗器，互感器，导体发热，短路电流，热稳定校验，动稳定校验。

风电场中直接参与电能生产、变换、输送、分配等过程的设备，称为电气一次设备。由电气一次设备相互连接构成的电气一次系统，也称为电气主系统。

风电场电气主系统中，主要的电气一次设备包括风力发电机组、变压器、载流导体、断路器和隔离开关、无功补偿设备、互感器等。各种类型的风力发电机组将风能转换为电能，完成电能的产生。机端变压器（箱变）和升压站里的主变压器，用于实现电压等级的变化，主要是提高电能输送的电压等级，减小传输损耗。母线、架空线、电缆等类型的载流导体，用于实现电气设备之间的连接，将分散各处的电气设备连接组成一个实现电力生产整体功能的电气系统。断路器和隔离开关等开关设备实现电路的连通和断开，用于故障处理和检修倒闸等。无功补偿设备用于改善电能质量，减小无功功率流动造成的损耗等。此外，还有服务于电气二次系统的互感器，用于保障电气设备安全的防雷和接地设备等。

2.1 主要电气一次设备

2.1.1 风力发电机组

风力发电机组是风电场中的核心设备,其他电气设备都是为其服务的。

各类发电机的主体部分都由静止的定子和可以旋转的转子两大部分构成。定子就像一个空心的圆筒,转子像一个实心的滚轴,二者套在一起,中间由微小的气隙(即空气间隙)分隔,保证定子和转子之间不接触。定子和转子一般都由铁心和绕组构成。绕组多是用铜线或铜条构成的导体,是导电的通路。铁心的功能是用铁磁材料提供磁的通路,约束磁场的分布。

发电机的工作原理主要是基于电磁感应现象。当导体中通入电流时,在带电导体的周围会产生磁场。如果导体中流过的电流是直流电,则产生恒定的磁场。如果导体中流过的电流是交流电,则产生交变的磁场。交变磁场的变化频率与形成磁场的交流电的频率相同。当处于磁场中的导体做不平行于磁场方向的运动时,导体切割磁力线,就会在该导体中感应出电势。如果该导体与外电路构成了闭合回路,则还会在感应电势的作用下形成感应电流。发电机带动转子绕组旋转,转子绕组中的电流产生的磁场与转子一起旋转,与定子绕组之间形成连续的相对运动,经过复杂的电磁感应作用,就会在定子绕组中感应出电动势,在闭合的外电路中形成电流从定子绕组出线端送出。

各种风力发电机组的功能都是将风能转换为电能,但各类机组中发电机的结构和工作原理不尽相同。感应发电机(也叫异步发电机)转子绕组一般不需要外界提供励磁电流;同步发电机在转子绕组中通入直流励磁电流;双馈发电机在转子绕组中通入低频交流励磁电流。

目前,风电场中常用的主流风电机组有:笼型感应风电机组、双馈感应式风电机组、直驱式永磁同步风电机组等。

关于各种类型风电机组的工作原理,参见本系列教材中的《风力发电原理》一书。关于各种类型风电机组的输出特性,参见本书第4章。

2.1.2 变压器

变压器的功能是变换电压、传送能量。风电场中所生产的电能如果想要送给远方的用户使用,一般需要由升压变压器升高电压,保证电能在传送过程中的损耗处于可以接受范围,以达到远距离输送的目的;在能量送达用户的时候需要降压变压器将电压降低到用电设备所需要的较低的电压等级。

1. 变压器的结构和工作原理

变压器由铁心(提供磁通路)和两个或两个以上绕组构成,其结构原理如图 2-1 所示。铁心由铁磁材料制成,用以约束磁通,使穿过任一线圈的磁

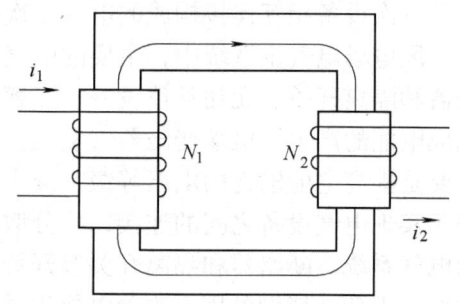

图 2-1 变压器结构原理示意图

通几乎都通过其他线圈。绕组线圈一般由铜线绕制而成，绕组的匝数少至几百，多达几千。各绕组都是电路的一部分，但各绕组之间没有电气连接，而是通过铁心中的交变磁通相互联系，实现从一个电压（电流）到另一个电压（电流）的变化。

变压器各侧的电压大小与绕组的匝数成正比：

$$\frac{U_1}{U_2}=\frac{N_1}{N_2}$$

变压器各侧的电流大小与绕组的匝数成反比：

$$\frac{I_1}{I_2}=\frac{N_2}{N_1}$$

对于任何一台变压器，绕组匝数多的一侧，电压等级高，电流小；绕组匝数少的一侧，电压等级低，电流大。根据电压变化情况，变压器可以分为：升压变压器、降压变压器和隔离变压器（主要起隔离作用）。

连接负载的绕组被称为二次绕组或输出绕组，或者说负载接在变压器的二次侧。类似地，靠近电源的绕组被称为一次侧的一次绕组或输入绕组。在电力系统中，电能通常可以沿任一方向经过变压器，所以一次侧和二次侧的称谓是相对的。而高压侧和低压侧的说法是确切的。

自耦变压器是一类特殊的变压器。试想，将一个具有 N_1 匝线圈的变压器绕组安放在铁心上（见图 2-2），从绕组中间引出一个分接头 C，端子 A 和 C 之间线圈匝数为 N_2。由于有共同的磁通，端子之间的感应电动势与匝数成正比，这个简单的自耦变压器就

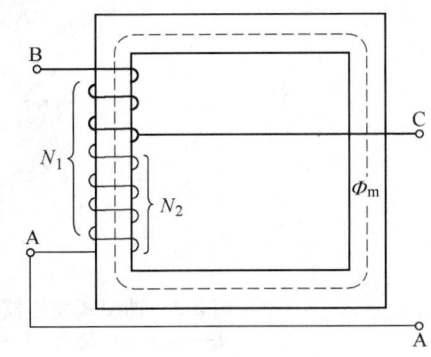

图 2-2　一次侧匝数为 N_1、二次侧匝数为 N_2 的自耦变压器

像一个一次、二次绕组匝数分别为 N_1 和 N_2 的双绕组变压器。但是由于公共端子 A 的存在，一次侧 B-A 和二次侧 C-A 不再彼此绝缘。

实际变压器的结构，除了铁心和绕组以外，还有很多附属部件。图 2-3 为一台油浸式变压器的基本组成示意图，由其核心部件（即实现电磁转换的铁心和绕组）、用于调整电压比的分接头和分接开关以及油箱和辅助设备构成。

2. 变压器的型式

变压器的型式包含相数、绕组数、调压方式、绝缘介质、冷却方式等。

（1）相数。按照适用的相数，变压器可以分为：单相变压器和三相变压器等。三相系统中的变压器，可以用一台三相变压器，也可以用三台单相变压器。变压器的电压等级越高，往往容量要求也越大，因而体形庞大，结构复杂，绝缘要求也高。高压大容量的三相变压器，在生产、制造方面都有一定的困难，而且往往运输条件无法满足，有时不得不采用三台单相变压器组。采用三台单相变压器组与采用一台三相变压器相比，投资大、占地多、运行损耗大、配电装置结构复杂、维护的工作量也大。

（2）绕组数。绕组数一般对应于变压器所连接的电压等级的数目。也就是说，变压器有几个绕组，就能连接几个不同的电压等级。按照每相绕组数目的多少，变压器可以分为：双绕组变压器、三绕组变压器、多绕组变压器和自耦变压器。双绕组变压器对应两个电压等

级，而三绕组变压器对应三个电压等级。在某些情况下，多绕组变压器（含三绕组）也可能有两个或多个绕组的匝数相同，即对应相同的电压等级，例如分裂变压器。

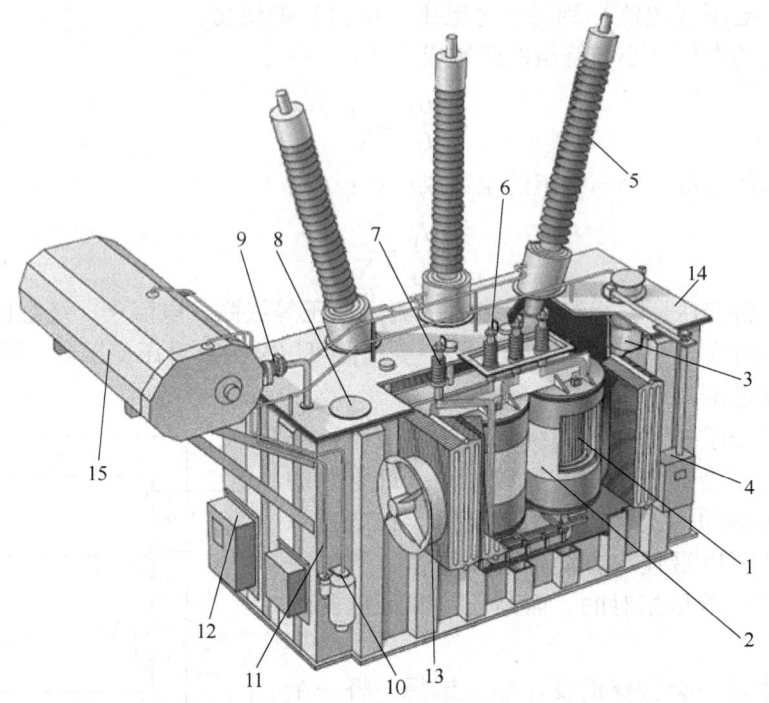

图 2-3　油浸式变压器的基本组成示意图（引自 ABB 中国网站）
1—铁心　2—绕组　3—调压分接头　4—调压机构箱　5—高压侧套管
6—低压侧套管　7—高压侧中性点　8—压力释放阀门　9—气体继电器
10、11—吸湿器　12—主变端子箱　13—散热风扇　14—油箱　15—储油柜

（3）调压方式。有些变压器在某一侧绕组（一般是在高压侧）上留有若干中间分接头。通过分接开关切换，可改变绕组的有效匝数，从而改变其电压比，实现电压调整。

分接头的切换方式有：

1）无励磁调压，即不带电切换，调压范围在 $\pm 2 \times 2.5\%$ 以内。

2）有载调压，即带负荷切换，调压范围在 30%，但结构较复杂。

（4）绝缘介质。变压器常用的绝缘介质主要是变压器油（即油浸变压器）和空气（即干式变压器）等。

（5）冷却方式

1）自然风冷。装有片状或管形辐射式冷却器（就像暖气片一样，俗称散热片），以增大油箱冷却面积，靠外界自然风使变压器的热量尽快散发到周围空气中。

2）强迫空气冷却。在辐射器管之间加装数台电风扇，加强周围空气流通，使绝缘油迅速冷却，加速热量散出。风扇的起停可以自动控制，也可人工操作。

加强表面冷却虽然可以降低油温，但是当油温降到一定程度时，油的黏稠度会增加，油流速度明显降低，对于大容量的变压器可能达不到期望的冷却效果。

3）强迫油循环水冷却。采用潜油泵强迫油循环，让水对油管道进行冷却，把变压器中的热量带走。在水源充足的地方采用此方式极为有利，散热效率高，而且可以减小变压器本体尺寸，节省金属材料。但需增加水冷却系统和有关附件，且对冷却器的密闭性要求高，极微量的水渗入油中，都会影响油的绝缘性能，所以要求油压要高于水压$(1～1.5)\times10^5$Pa。

4）强迫油循环导向冷却。利用潜油泵将冷油压入线圈之间、线饼之间和铁心的油道中，使铁心和绕组中的热量直接由有一定流速的油带走；而上层热油用潜油泵抽出，经水冷却器或风冷却器冷却后，再由潜油泵注入变压器油箱的底部，构成变压器的油循环。近年来大型变压器都采用这种方式。

5）水内冷变压器。绕组用空心导体制成，运行中将纯水注入空心绕组中，借助水的不断循环，将变压器中的热量带走。其中水系统比较复杂，造价高。

6）采用充气式变压器（用SF_6气体取代变压器油），或在油浸变压器上装蒸发冷却装置，在热交换器中，冷却介质利用蒸发时的巨大吸热能力，使变压器油中的热量有效散出，抽出汽化的冷却介质，进行二次冷却，重新变为液体，周而复始地进行热交换，使变压器得以冷却。

反映上述特征的变压器产品型号，可以用特定的符号来代表，见表2-1。

表2-1 变压器产品型号的代表符号

相数	单项 三相	D S
绕组外绝缘介质	油 空气 成型固体	默认 G C
冷却方式	自冷式 风冷 水冷	默认 F W
油循环	自然循环 强迫油导向循环 强迫油循环	默认 D P
绕组数	双绕组 三绕组	默认 S
调压方式	无励磁调压 有载调压	默认 Z
绕组耦合方式	自耦 分裂	默认 O

在变压器的铭牌上，提供了变压器的型式和参数等重要信息。电力变压器的型号一般以下列形式给出：

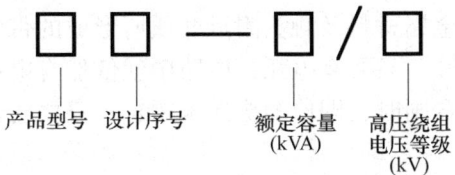

例2-1：某变压器的型号为SFPZ5-120000/220，简述该变压器的基本型式和参数。

解析：对照表2-1可知，该变压器是"三相"变压器（S），绕组外绝缘介质是"油"（默认），冷却方式是"风冷"（F），油循环方式是"强迫油循环"（P），绕组数为"双绕组"(默认),调压方式为"有载调压"(Z)。

设计序号为5,表示该产品在同类产品系列中的设计序号。

"120000"表示该变压器的额定容量为120000kVA,"220"表示该变压器的高压绕组电压等级为220kV。

除了变压器本身的型式以外,还要注意联结组标号的问题。三相变压器的联结组标号必须保证变压器和系统电压相位一致,否则不能并列运行。

联结组标号是三相变压器的外部联结方式。电力系统采用的三相绕组联结方式只有"Y"和"D"两种。但是由于绕组在铁心上可以采用不同的缠绕方式,而且高压侧和低压侧的同相绕组可以不在同一铁心柱上(见图2-4),因而可以形成多种不同的联结组标号。

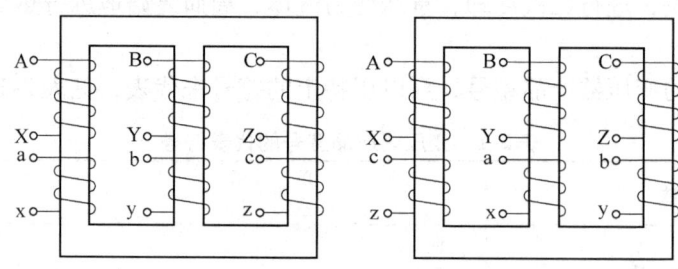

图 2-4　三相变压器绕组的标注方式

2.1.3　断路器

在电力系统运行中,靠开关电器的分合来实现电路的选择性接通和断开,从而改变运行方式和电气设备的相互联系。常用的开关电器有断路器、隔离开关、熔断器和接触器等。

开关电器的分合部件称为触头。动触头与静触头接触时,将电路接通,开关电器相当于保证电流通过的良导体,这种过程或状态称为合闸。动触头与静触头分离,将电路断开,开关电器相当于阻隔电流的绝缘体,这种过程或状态称为分闸。

高压断路器是开关电器中最为完善的一种,在电网中起两方面的作用:正常运行转换运行方式,把设备或线路接入电网或退出运行,起控制作用;当设备或线路发生故障时,能快速切除故障回路,保证无故障部分正常运行,起保护作用。

1. 电弧现象及灭弧方法

在动、静触头的相对运动过程中,会产生电弧。电弧是一种自持的气体放电现象,是在电场力和高温作用下由触头金属材料及触头附近介质所形成的带电粒子的定向运动。在断路器分闸时,即使触头已经断开,只要有电弧,电路中就依然有电流,只有电弧熄灭了,才能认为电路已断开。在断路器合闸时,即使触头还未闭合,只要已经形成了电弧,电路中就会有电流。

电弧能量非常集中,会产生很高的温度和很强的亮度。如果电弧持续时间过长,会烧伤触头,损坏断路器,甚至有可能影响系统的稳定运行,因此断路器对于电路的分合需要尽快熄灭电弧。

电弧产生和维持的条件很低,只要电压大于10~20V,电流大于80~100mA(不同的场合数值有所差别），电弧就可以持续燃烧。对于高压系统来讲，在空气中自然熄灭电弧非常困难，因此高压断路器需要装设灭弧室，将触头放置于专门的灭弧介质中以加速电弧的熄灭。

断路器常用的灭弧介质有绝缘油、空气、真空和 SF_6。绝缘油在高温时分解出来的氢的灭弧能力是空气的 7.5 倍，真空环境的介质强度比空气大 15 倍，SF_6 的灭弧能力达到空气的 100 倍。

除了采用高强度的灭弧介质以外，往往还采用其他手段来加速电弧熄灭。例如：用铜-钨合金、银-钨合金等耐高温材料，减少触头上所产生的金属蒸气和自由电子；操作机构加快触头分离的速度，使弧隙的电场强度骤然降低；采用气体或油吹动电弧，以拉长电弧、增强电弧表面积并强化冷却效果；在断路器中采用多断口，将电弧切成多段，也可以加速电弧的熄灭。

2. 断路器的类型

根据采用的灭弧介质，断路器可分为以下几种：

（1）油断路器。油断路器是最早出现的高压断路器。触头浸在变压器油中，开断时，动、静触头间产生的电弧能量只有一小部分通过传导、辐射等方式向四周散出，大部分能量使四周的变压器油蒸发和分解，在电弧周围产生气泡。气泡的体积受到周围油的惯性力和油箱臂的限制，电弧处在压力较高、导热性很好的气体包围之中，在电流过零后弧隙介质强度很快恢复，使电弧熄灭。

油断路器又分为多油断路器和少油断路器，如图 2-5 所示，绝缘机构不同。

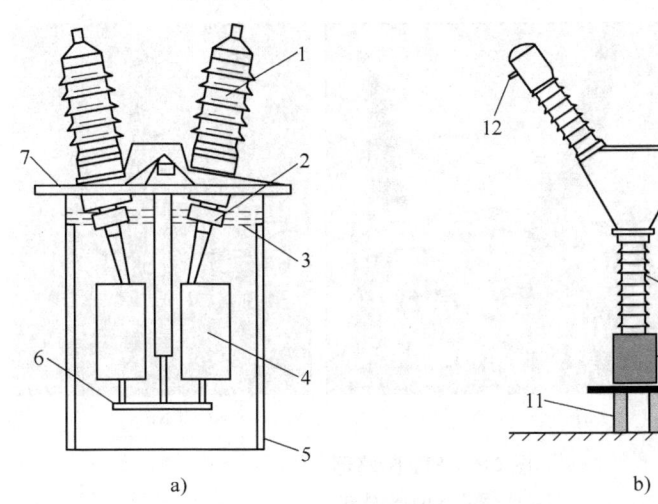

图 2-5　油断路器结构示意图
a）多油断路器　b）少油断路器
1—绝缘套管　2—电流互感器　3—变压器油　4—静触头和灭弧室　5—油箱　6—横梁（动触头）
7—箱盖　8—灭弧室　9—支持瓷瓶　10—操作机构箱　11—水泥基础　12—接线端子

1）多油断路器。触头系统放置在由钢板焊成的油箱中，油箱是接地的。油一方面用来熄灭电弧，另一方面又作为断路器导电部分之间以及导电部分与接地的油箱之间的绝缘介质。多油断路器的缺点是钢材消耗多，油用量很大，不仅给检修断路器带来困难，还增加了爆炸和火灾的危险性。现在我国电网中多油断路器已停止生产，并逐步退出使用。

2）少油断路器。变压器油用来熄灭电弧，并作为触头间的绝缘介质，但不用于对地绝缘。因此，变压器油的用量比多油断路器少得多。户内式少油断路器主要供 12~40.5kV 户内配电装置使用。户外式少油断路器的电压等级较高，作为输电断路器使用。一般高压等级的少油断路器的结构是细而高，结构稳定性较差，不宜在强烈地震区使用。

（2）压缩空气断路器。利用高压力的压缩空气来吹灭电弧。该断路器中的压缩空气起三个作用，一是强烈吹弧，使电弧冷却而熄灭；二是绝缘；三是供给分合闸操作的动力。空气断路器具有灭弧能力强、动作迅速等特点，但其结构复杂，制造要求高，有色金属消耗量大，并需要一定的压缩空气设备。

（3）SF_6 断路器。SF_6 气体具有良好的绝缘性能和灭弧性能。SF_6 断路器具有很多优点：

1）灭弧室单断口耐压高（可达 400kV）。

2）开断电流大，通流能力强（SF_6 气体热导率高，对触头及导体冷却效果好，触头不与氧气接触，不会氧化，接触电阻稳定，额定电流可达 8000A 以上）。

3）电寿命长，检修间隔周期长。

4）开断性能优异（SF_6 气体中电弧能量较少，介质恢复速度很快）。

5）无火灾危险，无噪声公害。

SF_6 断路器对密封性能要求高，对水分与气体的检测与控制要求很严，而且 SF_6 气体容易液化，储存要求较高，所以 SF_6 断路器结构比较复杂，造价较高。

SF_6 断路器原来主要用于 110kV 及以上的系统，近年来也逐步应用于 35kV 系统。图 2-6 所示为两种 SF_6 断路器，其中图 2-6b 为大型风电场升压站中常用的 220kV SF_6 断路器。

a)　　　　　　　　　　　　b)

图 2-6　SF_6 断路器
a）罐式　b）瓷柱式

（4）真空断路器。真空断路器的结构与其他断路器大致相同，如图 2-7 所示，主要由操动机构、支撑用的绝缘子和真空灭弧室组成。只不过触头在真空中开断、接通，利用固体产气材料在电弧高温作用下分解出的气体来熄灭电弧。真空灭弧室的结构很像一个大型的真空电子管。外壳由玻璃或陶瓷制成，动触头运动时的密封靠波纹管。波纹管在允许的弹性范围内伸缩，要求有足够高的机械寿命。动、静触头的外周装有屏蔽罩，它起着吸收、冷凝金属蒸发，均匀电场分布的作用。对某些结构的灭弧室，屏蔽罩还起到保护玻璃或陶瓷外壳的内表面不受金属蒸气的喷溅、防止降低内表面绝缘性的作用。

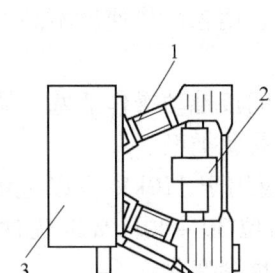
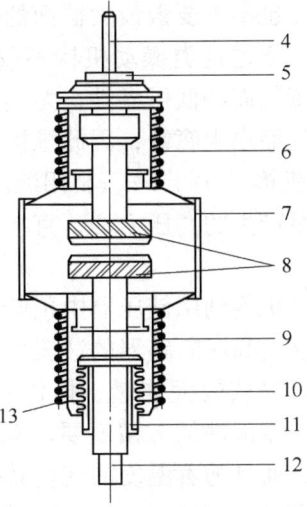

图 2-7 10kV 真空断路器的结构原理图

1—绝缘子 2—真空灭弧室 3—操作机构 4—定导电杆 5—静法兰盘 6—磁管
7—屏蔽罩 8—触头 9—磁管 10—波纹管 11—导向套 12—动导电杆 13—动法兰盘

真空断路器的绝缘性能好，触头开距小，要求操动机构提供的能量也小；开距小，电弧电压低，电弧能量小，开断时触头表面烧损轻微。因此真空断路器的机械寿命和电气寿命都很高，适合于频繁操作的场合。

目前真空断路器已广泛用于 10kV、35kV 配电系统中，额定开断电流已能做到 50~100kA。图 2-8 所示为风电场常用的 35kV 真空断路器。

3. 断路器的操动机构

为了快速地完成分闸或合闸过程，断路器都要有机械操动装置来实现动触头和静触头的相对运动。在断路器本体以外的机械操动装置称为操动机构，在操动机构与断路器动触头之间的连接部分称为传动机构和提升机构。

图 2-8 35kV 真空断路器

操动机构的动作能量从根本上讲都是来自人力或电力，具体应用时可转变为其他能量形式，如电磁能、弹簧势能、重力势能、气体或液体的压缩能等。

（1）手动操动机构（CS）——靠手力直接合闸。主要用来操动电压等级低、额定开断电流很小的断路器。手动操动机构结构简单，不要求配备复杂的辅助设备及操作电源，缺点是不能自动重合闸，只能就地操作，不够安全。因此，电力系统中的手动机构已很少采用。

（2）电磁操动机构（CD）——靠电磁力合闸。电磁操动机构的优点是结构简单、工作可靠、制造成本较低，广泛用于 35kV 及以下电压等级断路器的分合。缺点是结构笨重，合闸时间长(0.2~0.8s)，而且合闸线圈消耗的功率太大，因而用户需配备价格昂贵的蓄电池组，不适用于高电压等级。

（3）气动操动机构（CQ）——利用压缩空气作为能源产生推力。气动操动机构不需要大功率的直流电源,也不需要敷设大截面的控制电缆。独立的储气罐内的压缩空气能供气动操动机构多次操作。不过这类操动机构不仅噪声较大,零部件的加工精度比电磁操动机构高,而且可能由于漏气而降低可靠性,尤其在低温时比较容易出现漏气的情况,此外还会由于压缩空气中的潮气而出现腐蚀,因此维护量也较大。适用于有空压设备的场所。

(4) 液压操动机构（CY）——利用液压油作为动力传递的介质。直接驱动式液压操动机构由电动机与油泵产生的高压力油,直接驱动活塞,用来操作速度不高、操作功率不大的隔离开关。

储能式液压操动机构利用储压器中预储的能量,间接推动操作活塞。储压器是由小功率的电动机与油泵储能。高压断路器的液压操动机构多属此类型。

液压断路器可以释放较大能量、操作安静,常应用于110kV及以上电压等级断路器。但其机构比较复杂,零部件加工精度要求高,在压力位30~40MPa时无法忽略漏油,必须检查油压和油水平,而且随着温度的变化其操作时间也会变化。

(5) 弹簧操动机构（CT）——利用已储能的弹簧为动力使断路器动作。弹簧储能通常由电动机通过减速装置来完成。弹簧操动机构的优点是系统是纯机械装置,没有可能危及断路器可靠性的漏气和漏油的危险。均衡的闭锁系统提供了稳定的操作时间。而且,弹簧系统对于温度并不像液压或压缩空气操动机构那样敏感,保证了断路器在极端温度下的可靠性。相对于液压和压缩空气操动机构,弹簧机构的组成更为简单,使用的元件较少,也使得可靠性相对更高;而且随着自能自吹式断路器的应用,断路器降低了对于分合闸能量的要求,也给了弹簧操动机构更广泛的应用空间。

目前,随着真空断路器和SF_6断路器的推广应用,弹簧操动机构开始逐渐取代上述几类操动机构。图2-9所示为使用时钟弹簧的断路器操动机构。

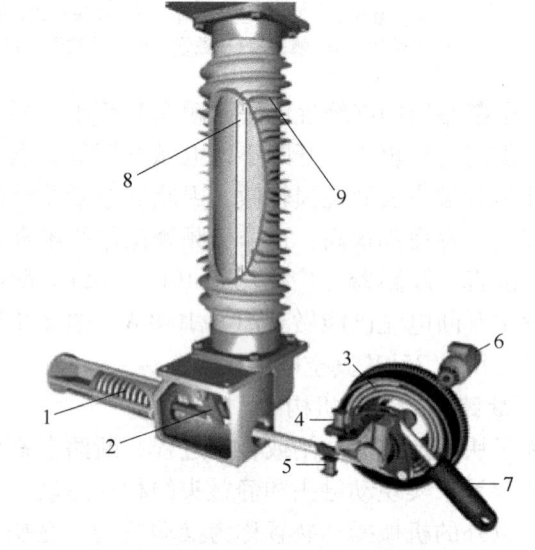

图2-9 使用时钟弹簧的断路器操动机构
1—跳闸弹簧 2—连接齿轮 3—合闸弹簧
4—带有线圈的跳闸闭锁装置 5—带有线圈的合闸闭锁装置
6—储能电机 7—分闸缓冲器 8—绝缘传动杆
9—绝缘支柱（上方为接线端子和灭弧室）

图2-10显示了使用时钟弹簧的断路器操动机构的工作原理。断路器位于合闸位置时,如图2-10a所示,其触头处于闭合位置,合闸弹簧和分闸弹簧处于已储能的状态;此时,断路器随时准备完成跳闸操作或在0.3s内完成一个完整的跳闸并自动重合闸过程。

当跳闸命令发送至断路器时,如图2-10b所示,跳闸闭锁装置1由跳闸线圈解锁,跳闸弹簧A释放能量,执行跳闸过程,触头的运动最终由缓冲装置2所限定。

如果需要闭合断路器,如图2-10c所示,在断路器处于分位时解锁合闸闭锁装置4,驱动杠杆2带动合闸杠杆向合闸位置运行,同时跳闸弹簧A储能。最后断路器的合闸杠杆3运动于合闸位置并由跳闸闭锁装置1锁死。由于偏心导引杠杆的作用,驱动杠杆2离合并复位。

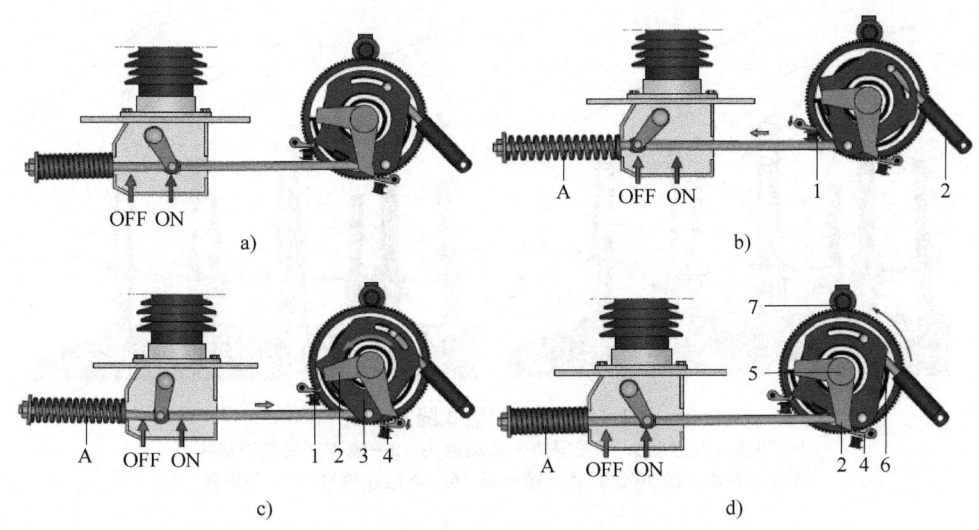

图 2-10 使用时钟弹簧的断路器操动机构的工作原理
a) 合闸位置 b) 分闸操作 c) 合闸操作 d) 合闸后弹簧储能

断路器闭合后,如图 2-10d 所示,储能电机电路由限位开关导通,储能电机 7 对合闸弹簧 6 充能,同时主轴 5 和驱动杠杆 2 被合闸位置闭锁装置逐步锁死。当合闸弹簧储能后,限位开关将打开储能电机的电路,完成储能过程。在一些特殊情况下,弹簧可以由人工使用曲柄进行手动储能。

2.1.4 隔离开关及其他开关电器

1. 隔离开关

隔离开关在电力生产中常被称为刀闸。与断路器最根本的区别在于,隔离开关没有专用的灭弧装置,不能用来分合大电流电路,不管是正常的负荷电流还是短路电流。

按照安装地点,隔离开关可以分为屋内式和屋外式。按照其绝缘支柱的数目可以分为单柱式、双柱式、三柱式和 V 字形。按照支柱绝缘子的数量和导电活动臂的开启方式,一般可分为垂直伸缩式、双柱水平旋转式、双柱水平伸缩式、三柱水平旋转式等。此外,隔离开关还分为带接地开关和不带接地开关两种,接地开关是在检修时接地用的。

隔离开关的常见类型如下:

(1) 单(双)柱垂直伸缩式隔离开关。这种隔离开关如图 2-11 所示,动触头位于静触头的正下方。合闸时,位于绝缘支柱上的折叠式动触头由操作机构控制垂直向上运动,最终动触头夹紧静触头,完成合闸。传动机构中的弹簧保证了动、静触头具有足够的接触压力。这类隔离开关可以三相联动操作也可以单相操作,分闸时动、静触头间的间隔明显。

图 2-11 中,电压互感器和避雷器通过双柱垂直伸缩式隔离开关接入 220kV 管型硬母线,隔离开关采用三相联动操作并配备接地开关。

(2) 剪刀式隔离开关。其动作原理类似于垂直伸缩式隔离开关,由于采用了双臂剪刀式设计,更为稳定。合闸时,操动机构通过操作绝缘子及传动装置,使导电伸缩臂升起,把悬挂在架空母线上的静触头夹住。处在合闸位置的动静触头,因传动装置中弹簧的作用而始终保持一定的接触压力。这类隔离开关常使用单相操作,分合闸状态明显,便于巡视。

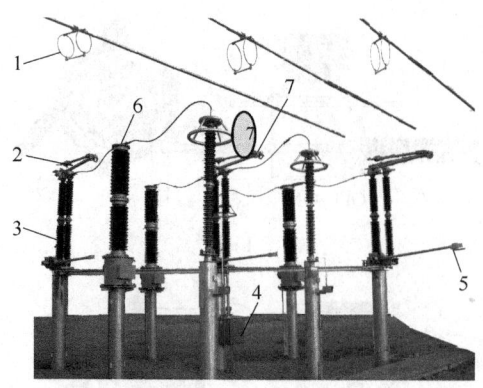

图 2-11 垂直伸缩式隔离开关
1—隔离开关静触头 2—隔离开关动触头 3—隔离开关绝缘支柱
4—隔离开关操动机构 5—接地刀 6—电压互感器 7—避雷器

（3）水平伸缩式隔离开关。这类隔离开关具有两个支持绝缘支柱，如图 2-12 所示，其中一个还承担操作功能；其所需相间距离小，常采用单相操作，合闸时操动机构通过操作瓷瓶及传动装置，使主开关由折叠状态向水平方向伸展，直到动触头与另一瓷柱上的静触头完全接触。

（4）双臂中心开断式。这种隔离开关如图 2-13a 所示，两个绝缘支柱既用于支持也承担操作功能，当操动机构动作时，带动瓷瓶转动 90°。两瓷瓶由于连杆传动带动闸刀向同一侧方向分、合。

图 2-12 水平伸缩式隔离开关

a) b)

图 2-13 双臂中心开断式隔离开关
a）双柱式 b）V 字形

这类隔离开关相间距离较大，不占用上部空间，刀闸两侧均可装设接地开关，一般采用三相联动操作，可以用作母线侧或线路侧隔离开关，常用于 220kV 及以下电压等级配电装置中。

中心开断式隔离开关的双臂也可以采用 V 字设计,如图 2-13b 所示,以简化结构,多用于 35~110kV 电压等级的配电装置中。

(5) 三柱水平旋转双断口式。这种隔离开关如图 2-14 所示,开关每相都有三个绝缘支柱,其中两侧的两个只用于支持,中间的还承担操作功能。进行分闸或合闸时,操动机构带动瓷瓶和导电杆在水平面上回转 70°。

一般采用三相联动操作,两侧均可装设接地开关,需要相间距离较小,横向空间占用小,可以用作母线侧或线路侧隔离开关,常用于 220kV 电压等级的配电装置中。

图 2-14 三柱水平旋转双断口式隔离开关

上述各种隔离开关均为屋外型,在屋内型配电装置中常采用闸刀型隔离开关。

隔离开关没有专用的灭弧装置,不能用来分合大电流电路。因其可以在电路中形成明显的断开点,因此常用于在 1000V 以上的高压电气设备检修工作中保障安全。它常常和断路器配合使用,当电气设备需要检修的时候,由断路器断开电路,安装在断路器和电气设备之间的隔离开关再拉开,在电气设备和断路器之间形成明显的断开点,从而保证检修工作的安全。

此外,隔离开关还常用于改变电力系统运行方式的倒闸操作。例如,在大型风电场或变电站中常见的倒母操作(参见本章"2.2 风电场电气主接线")。

在某些情况下,隔离开关也可以接通或切断小电流电路。例如,电压互感器和避雷器电路,空载母线,励磁电流不超过 2A 的空载变压器,电容电流不超过 5A 的空载线路。

2. 熔断器

熔断器是最早的保护电器,它串接于电路中,以熔点较低的材料作为熔体,当电路中有故障电流时,熔体将熔化,使电路断开,从而实现对电路的保护功能。

高压熔断器的电压等级有 3kV、6kV、10kV、35kV、60kV、110kV 等。还可分为限流式和非限流式两类,限流式高压熔断器在短路电流没有达到最大值之前就会熔断。

从结构上看,常见的高压熔断器可以分为管式和跌落式熔断器。

(1) 管式熔断器。熔体装在熔断体内,然后插在支座或直接连在电路上使用。熔断体是两端套有金属帽或带有触刀的完全密封的绝缘管。绝缘管内若充以石英砂,则分断电流时具有限流作用,可大大提高分断能力,故又称为高分断能力熔断器。为了提高灭弧性能,可以将管内抽真空,或充以 SF_6 气体。石英砂、真空和 SF_6 气体均具有较好的绝缘性能,这种熔断器不但适用于低压线路也适用于高压线路。

(2) 跌落熔断器。又称喷射式熔断器,它将熔体装在由固体产气材料制成的绝缘管内。固体产气材料可采用电工反白纸板或有机玻璃材料等。当短路电流通过熔体时,熔体随即熔断产生电弧,高温电弧使固体产气材料迅速分解产生大量高压气体,从而将电离的气体带电弧在管子两端喷出,发出极大的声光,并在交流电流过零时熄灭电弧而分断电流。绝缘管通常是装在一个绝缘支架上,组成熔断器整体,绝缘管上端做成可活动式,在分断电流后随即脱开而跌落,常应用于户外杆上变压器,如图 2-15 所示。

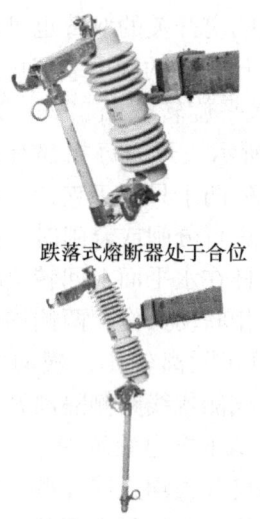

图 2-15 跌落式熔断器

熔体是控制熔断特性的关键元件。在低压电路中（1000V 以下常采用）低熔点材料如铅和铅合金，其熔点低容易熔断，由于其电阻率较大，故制成熔体的截面尺寸较大，熔断时产生的金属蒸气较多。在高压电路中，一般采用高熔点材料如铜、银，其熔点高，不容易熔断，但由于其电阻率较低，可制成比低熔点熔体较小的截面尺寸，熔断时产生的金属蒸气少，适用于高分断能力的熔断器。熔体的形状分为丝状和带状两种。改变截面的形状可显著改变熔断器的熔断特性。

3. 各种开关电器比较

断路器是最为重要的开关电器，由于装设了专门的灭弧装置，可以熄灭分合电路时所产生的电弧，因此用来实现电路的最终分合。

隔离开关也是最常见的开关电器，一般是作为检修电器和断路器配合使用，因不需装设灭弧机构，结构简单。此外，隔离开关还可以用来分合小电流电路及在其两侧处于等电位时用于分合电路。

尤其需要强调的是，断路器和隔离开关的特点一定要分清。隔离开关没有专门的灭弧装置，不能分断大电流，否则会引发事故。也正是由于隔离开关不必分合大电流，所以不会形成强烈的电弧，其动触头和静触头都露在外面，分闸状态与合闸状态显而易见。而断路器的触头都藏在灭弧室的里面，从外部是看不见的，因而其分合状态不能从外部直接判断。

同时，对隔离开关的操作一般都是就地手动或电动机分合，不需要像断路器一样装设强力的操作机构。断路器操作时有可能由于遮断容量不足发生爆炸，因此需要采用远方操作（主控制室内）或有防护的就地操作方式（高压开关柜），而隔离开关则可以就地操作。

熔断器的作用是在电路中发生故障或过负荷的情况下自动断开电路，从而使得故障设备从整个电路中切除出去，以保证故障设备和系统的安全。

接触器则实现电路正常工作时候电路的分合，它只能分合正常电流，无法断开故障电流，因此它常常和熔断器一起工作，以取代较为昂贵的断路器。

2.1.5 载流导体

1. 导体的作用

载流导体是电流传送的通路。电力系统中的各个电气设备都要由载流导体相互连接，才能组建成电路。风电场和变电站中的常见导体有母线、连接导体、跳线和输电线路，输电线路又可分为架空线和电缆线路。

（1）母线。母线是将变压器、线路等载流分支回路连接在一起的导体，用于汇集和分配电能，也叫汇流母线。在配电单元中，有时也习惯把载流分支回路的导体均泛称为母线。

图 2-16a 和 b 分别为风电场和变电站常见的 35kV 软母线和 110kV 硬母线。

a)　　　　　　　　　　　　　　　　　b)

图 2-16　风电场和变电站中的母线
a) 35kV 软母线　b) 110kV 硬母线

（2）连接导体。连接导体是将发电厂和变电站内部电气设备进行连接的导体。跳线也是连接导体的一种形式，为了跨越某一设备或建筑物，需要提升高度，所以称为跳线。

（3）架空线。架空线是通过水泥杆或铁塔架设在空中的导线，一般采用裸导线。架空线造价低廉，是目前主要的输电线路形式。风电场升压站内的出线架构及站外的架空线路如图 2-17 所示。

图 2-17　风电场升压站内的出线架构及站外的架空线路

架空线路由导线、避雷线、杆塔、绝缘子和金具组成。导线用于传输电能；避雷线将雷电流引入大地以保护电力线路免受雷击；杆塔支撑导线和避雷线；绝缘子使导线和杆塔间保持绝缘；金具用于支持、接续、保护导线和避雷线，连接和保护绝缘子。

（4）电缆。电缆通常是由几根或几组导线（每组至少两根）绞合而成的类似绳索的载流导体。每组导线之间相互绝缘，并常围绕着一根中心扭成，整个外面包有高度绝缘的覆盖层。电缆有电力电缆、控制电缆、信号电缆等。它们都是由多股导线组成，用来连接电路和电气设备。

2. 导体的材料

常见的载流导体材料有铜、铝和钢等。铜的电阻率低，机械强度高，抗腐蚀性强，是很好的导体材料。但它在工业上有很多重要用途，而且储量不多，是一种贵重金属。主要用于电缆，以及某些特殊场合。铝的电阻率为铜的 1.7~2 倍，而重量只有铜的 30%，所以在长度、电阻相同的情况下，铝导体的重量仅为铜导体的一半。而且铝的储量较多，价格也较低。

总的来说，用铝导体比用铜导体经济。目前我国在输电线路和配电装置中广泛采用铝或铝合金材料。只有在含有腐蚀性气体或有强烈振动的地区（例如化工厂附近或海岸等），或者地方狭窄（例如发电机出线端子处）、电流很大（例如持续工作电流在 4000A 以上的矩形导体）等用铝导体有困难的场合才考虑采用铜导体。

钢的优点是机械强度高，价格便宜。但钢的电阻率很大，为铜的 6~8 倍，用于交流输电时产生很强的趋肤效应，并造成很大的磁滞损耗和涡流损耗，因此仅用在高压小容量电路（如电压互感器回路以及小容量场用变压器的高压侧）、工作电流不大于 200A 的低压电路、直流电路以及接地装置回路中。

3. 软导体和硬导体

软导体常采用多股的钢心铝绞线。铝线缠绕在单股或多股的钢线外层作为主要的载流部分，机械负荷由钢线和铝线共同承担。220kV 以下线路中常用单根钢心铝绞线或多根钢心铝绞线组成的复导线；330kV 及以上的线路中，需要考虑电晕和无线电干扰，常采用空心扩径导线；而 500kV 及以上线路中单根空心扩径导线已经不能满足要求，宜采用空心扩径导线或铝合金绞线组成的分裂导线。

硬导体按截面形状可分为矩形、圆形、槽形和管形等。导体的截面形状应保证趋肤效应系数尽可能小，同时使散热条件好、机械强度高。

（1）矩形截面。矩形导体的优点（与相同截面的圆形母线比较）是散热条件好，趋肤效应小，安装简单，连接方便。在相同的截面积下，矩形导体比圆形导体具有更大的周长和散热面，因而散热条件好，在相同的截面和相同的容许发热温度下，矩形截面母线要比圆形母线的容许工作电流大。常用在 35kV 及其以下的屋内配电装置中。

（2）圆形截面。在 35kV 以上的户外配电装置中，为了防止产生电晕，大多采用圆形截面导体线。一般情况下，导体表面的曲率半径越小，则电场强度越大。因此，矩形截面的四角处在电压等级较高时，易引起电晕现象，而圆形截面不存在电场集中的部位。因此，在 110kV 及其以上电压的户外配电装置中，一般都采用钢心铝绞线或管形母线。

（3）槽形截面。槽形导体的电流分布较均匀，与同截面的矩形导体相比，具有趋肤效应小、冷却条件好、金属材料的利用率高、机械强度高等优点。当导体的工作电流很大，每相需要三条以上的矩形导体才能满足要求时，一般采用槽形母线。

(4) 管形截面。管形截面是空心导体,趋肤效应小,且电晕放电电压高。在35kV以上的户外配电装置中多采用管形导体。

4. 导体的着色

对室内放置的母线进线着色有其实际意义,可以增强热辐射能力,有利于母线的散热。一般来说,母线着色后允许的负荷电流可以提高12%～15%。钢母线着色还可防止生锈。

同时,为了使工作人员便于识别直流的极性及交流的相别,母线可涂以不同的颜色标志。

直流装置:正极——红色;负极——蓝色。

交流装置:A相——黄色;B相——绿色;C相——红色。

中性线:不接地中性线——白色;接地中性线——紫色。

2.1.6 无功补偿设备

1. 并联电容器

电容器是一种无功补偿设备,也称移相电容器。变电站通常采取集中的方式,将补偿电容器接在变电站的低压母线上,补偿变电站低压母线电源侧所有线路及站内变压器上的无功功率,使用中往往与有载调压变压器配合,以提高电网的电能质量。

并联电容器的结构主要有箱式和集合式两种。

1) 箱式电容器主要由油箱、膨胀器、器身、心子(电容元件)组成,油箱盖上焊有出线套管作为接线端子将心子的引出线引入箱顶部。可将若干个电容元件并联为一单元排列在架子上构成器身,经过真空干燥排除湿气,浸渍优质液体绝缘介质装入钢制外壳密封而成。

2) 集合式并联电容器也称为密集型并联电容器,可以是单相的,也可以是三相的。集合式电容器的结构可分为器身、油枕、油箱、出线套管等部分。器身由一定数量的全密封电容单元固定在框架上,根据电容量、电压等级等不同要求做适当的电气连接,出线端子通过导线从箱盖的套管引出,电容单元内部元件全部并联。油箱由箱盖、散热器、箱壁等组成,内部充满十二烷基苯绝缘油,绝缘油不仅提高了器身对地绝缘作用,还能沿器身纵横油道把热量送到油箱内壁及片式散热器上散发出去。

高压并联电容器装置的布置方式有围栏式、柜式和集合式(按安放地点可分为户内式、半户内式、户外式)。图2-18为处于网状遮拦后的电容器组。

图 2-18 处于网状遮拦后的电容器组

需要特别说明的是,并联电容器组从电源断开后,两极板处于储能状态,而且储存的电荷能量可能很大。电容器两极之间会残留一定的剩余电压,其初始值甚至为额定电压的量级。如果电容器组在带电荷情况下再次合闸投入运行,就可能产生很大的冲击合闸涌流和很高的过电压。如果电气工作人员触及电容器,就可能被电击伤或电灼伤。为了防止带电荷合闸及防止人身触电伤亡事故,必须给电容器组加装放电装置。

放电装置的放电特性应满足下列要求：对于手动投切的电容器组，应能使三相及中性点的剩余电压在5min内自额定电压（峰值）降至50V以下；对于自动投切的电容器组，应能使三相及中性点的剩余电压在5s内自电容器组额定电压（峰值）降至0.1倍额定电压以下。采用电压互感器或配电变压器的一次绕组作为高压电容器组的放电线圈，一般能满足上述要求。并且通常采用单相三角形接线或开口三角形接线的电压互感器作为放电线圈，与电容器组直接连接。

2. 电抗器

电抗器是一种电感元件，能够发挥的作用包括：限制电流大小，防止电流快速变化（稳流），进行无功补偿及移相等。

按结构，电抗器可分为三类：

1）空心电抗器。只有绕组而没有铁心，实际上是一个空心的电感线圈。磁路磁导小，电感值也小，且不存在磁饱和现象，它的电抗值在绕组匝数、形状以及频率不变的条件下，始终是一个常数，不随其中通过电流的大小而改变。

2）带气隙的铁心电抗器。其磁路是一个带气隙的铁心，由于磁路中具有部分铁心，导磁性能较好，所以电抗值比空心电抗器大，但电流达到一定数值后，铁心饱和，电抗值逐渐减小。在容量相同时，其体积比空心电抗器小。

3）铁心电抗器。其磁路为一闭合铁心，由于铁心具有高的磁导率，电抗器的电抗值很大，在容量相同时，其体积最小。但因铁心的磁导率是随线圈通过的电流大小而变化，尤其是当电流大而使铁心达到磁饱和时，电抗器的电抗值减小得很多，这种变化给使用带来一些不便。

按绝缘方式，电抗器可分为：

1）油浸式电抗器。是一个带间隙铁心的线性电感线圈，其铁心和线圈浸泡在盛有变压器油的油箱中，采用油浸自冷的冷却方式，外形类似油浸式变压器。

2）干式电抗器。多采用空心结构，线圈用支柱绝缘子与地绝缘，摆放在室外，采用空气自冷式的冷却方式。其结构简单、线性度好、噪声小，而且维护方便。

按作用，电抗器可分为：

1）补偿电抗器，也叫并联电抗器。主要在330kV及以上的超高压输电系统中应用，用于补偿系统的电容电流。又可分为壳式电抗器和心式电抗器。壳式电抗器线圈中的主磁通是空心的，在线圈外部装有用硅钢片叠成的框架以引导主磁通。心式电抗器具有带多个气隙的铁心，外套线圈。

2）限流电抗器，也叫串联电抗器。通常装在出线端或母线之间，在发生短路故障时，限制故障电流不致过大，并能使母线电压维持在一定水平（电抗值使对地阻抗不为零，因而对地电位不为零）。

另外在并联电容器回路通常也会串联一个小电抗器，如图2-19所示，作用是降低电容器投切

图2-19　变电站内装设于电容器组前的串联电抗器

过程中可能出现的涌流，抑制电容器支路的高次谐波，并且能够抑制开关熄弧后的电弧重燃，同时还可以降低操作过电压。

2.1.7 互感器

电力系统中的电压高、电流大，直接测量非常困难，需要将其变换为较低的电压和较小的电流。互感器就是起电压和电流变换作用的传感器，将一次系统的高电压、大电流按照比例变成标准的低电压（100V，$100/\sqrt{3}$V）和小电流（5A，1A）提供给二次系统中的测量设备和继电保护装置使用。

互感器使二次测量仪表和继电器标准化和小型化，使其结构轻巧、价格便宜。二次连接可采用小截面电缆，布线简单，安装调试方便，并可降低造价。互感器使测量仪表和继电器等二次设备与高压的一次系统在电气方面隔离，保证了人身和设备的安全。而且当一次系统发生短路时，能够保护测量仪表和继电器免受大电流的损害，保证了设备的安全。

使用中的互感器二次侧必须可靠接地，防止绕组绝缘损坏时在二次侧出现高电压，以确保工作人员及测量仪表和继电器的安全。

电磁式互感器（在电力系统中广泛应用，本书主要介绍这种类型）的基本构成和工作原理与变压器类似。只不过它的作用不是传递能量，而是起电压和电流的变换作用，所以互感器本身消耗的能量很小，可忽略不计。

互感器分为电流互感器（TA，英文缩写为CT）和电压互感器（TV，英文缩写为PT）。电流互感器串联于一次系统的电路中实现电流变换，而电压互感器并联于一次系统的电路中实现电压变换。

1. 电流互感器

（1）电流互感器的结构

电流互感器的基本组成，如图2-20所示，包括铁心、一次绕组、二次绕组。

一次绕组的匝数很少（图2-20中为1～2匝）。二次侧采用圆截面的铜漆包线，缠绕于铁心之上。铁心上一般装设多个二次绕组，以适应测量和继电保护的不同需求。

对于110kV及以上的电流互感器，其一次绕组分为两段或四段，以实现电流互感器电流

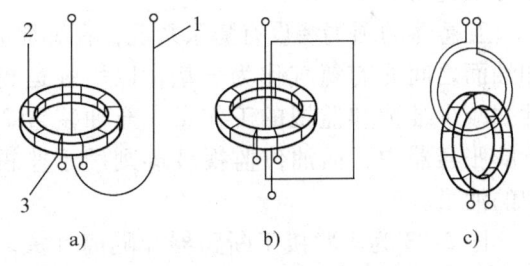

图2-20 电流互感器结构原理图
1——次绕组 2—铁心 3—二次绕组

比的调整，如图2-21所示。第一段的起、末端为P_1、C_2，第二组的起、末端为C_1、P_2。当C_1端和C_2端相连时，如图2-21b所示，一次绕组的两段串联连接；当C_1端与P_1端相连，C_2端与P_2端相连时，如图2-21c所示，一次绕组的两段并联连接。从而可得到两种电流比，假如串联时电流比为600/5，则并联时的电流比就是300/5。

按安装方式，电流互感器可分为支持式、装入式和穿墙式等。支持式安装在平面和支柱上；装入式（套管式）套装在变压器导体引出线穿出外壳的油箱上，可以节省套管绝缘子；穿墙式主要用于室内的墙体上，可兼作导体绝缘和固结设施。

图2-22为ABB公司的110kV某型号油浸式电流互感器剖面图。其一次绕组4为U形结构，和外部接线端子10相连接，一次绕组由单股或多股铝或铜材料构成，其外部包裹有绝缘纸。

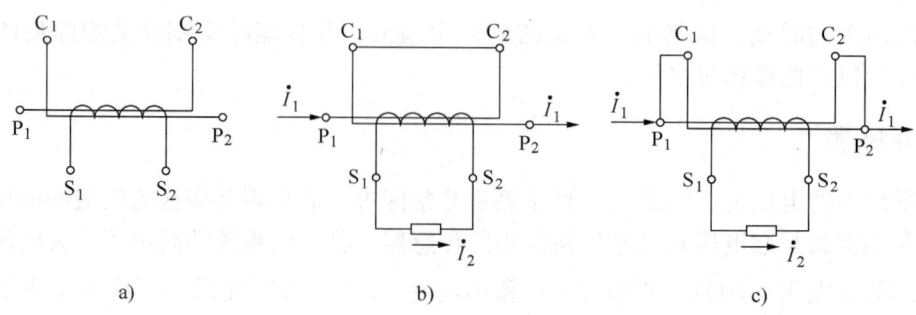

图 2-21 一次绕组的串联与并联
a) 电流互感器的端子 b) 端子串联接线 c) 端子并联接线

一次绕组装设于磁套管和油箱内,油箱中还装设有铁心和二次绕组 5。根据用途装设有多个铁心,用于测量的铁心一般常采用镍合金,具有低损耗和低饱和级的特性。保护用铁心采用带气隙的高导磁性能的钢带构成。二次绕组采用铜导体,缠绕于铁心之上,其接线端子 7 装设于接线盒 6 中。在油箱的外部装设有用于接地的端子 11,一次绕组采用电容绝缘结构。

为了减少油的用量及在短路和运输时候为绕组和铁心提供机械支持,在油中填充有石英颗粒作为填充物。

互感器的顶端装设有膨胀系统,在膨胀容器 8 和油面之间充有氮气作为气垫,以增强运行可靠性并减少维护和监视的工作量。充油装置 2 隐藏于膨胀容器中,而油位监视玻璃则用于监视运行中的油量。

图 2-23 为串联接于断路器和隔离开关之间的电流互感器照片。

(2) 电流互感器的工作原理

电流互感器的等效电路如图 2-24 所示,二次绕组阻抗 x_2'、r_2',负载阻抗 x_{2L}'、r_{2L}' 和二次电动势 $\dot{E}_2'$、$\dot{U}_2'$ 以及电流 $\dot{I}_2'$ 的值都按照电流比归算到一次侧。

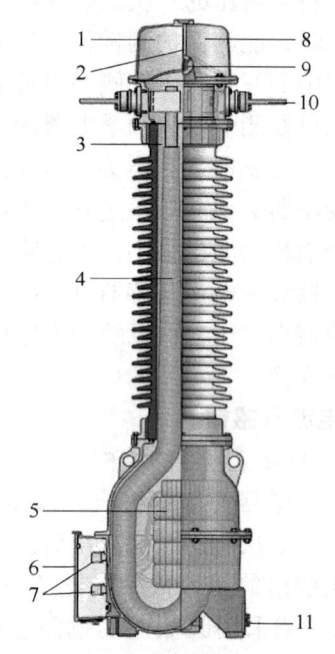

图 2-22 ABB 某型电流互感器剖面图
1—气垫 2—充油装置 3—绝缘填充物
4—纸绝缘的一次导体 5—铁心和二次绕组
6—二次接线盒 7—二次接线端
8—膨胀容器 9—油位监视玻璃
10—一次接线端子 11—接地端子

电流互感器的一次电流取决于一次线路,互感器二次负荷的变化只引起一次绕组端电压的变化,而不会引起一次电流的改变。在很多情况下可以把电流互感器看成是恒定电流源。

根据等效电路,有

$$\dot{I}_1 = \dot{I}_0 + \dot{I}_2'   \tag{2-1}$$

电流互感器是以实际测量所得的电流 i_2' 来反映被测电流 i_1，由于有励磁 i_0 的存在，电流互感器必然存在误差。由等效电路可以看出，i_2'、i_1、i_0 之间的关系由等效电路中的阻抗所决定。当二次阻抗增大时候，i_0 会增大，互感器的测量误差也将增大。所以要求电流互感器的二次侧阻抗尽量小，尽量接近短路状态运行，以减少误差。

图 2-23 串联接于断路器和隔离开关之间的电流互感器

（3）电流互感器的误差和准确级

i_2'、i_1 在数值和相位上均存在差异，通常用电流误差 f_i 和相位误差 δ_i 来表示测量仪表用的电流互感器的性能。

电流误差 f_i 定义为

$$f_i = \frac{K_i I_2 - I_1}{I_1} \times 100 \quad (2\text{-}2)$$

式中，$K_i \approx N_2/N_1$，而相位误差 δ_i 通常很小。

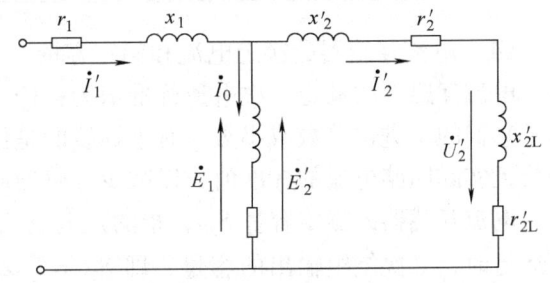

图 2-24 电流互感器的等效电路

电流误差 f_i 及相位误差 δ_i 都取决于互感器铁心及二次绕组的结构，同时又与互感器的运行状态有关。在工程设计与设备运行时，应尽量使电流互感器在额定一次电流附近运行，以减小误差。

对于保护用电流互感器，常用复合误差来表示其误差情况。复合误差 ε_c 通常按下式计算（用相对于一次电流方均根值的百分数来表示）：

$$\varepsilon_c = \frac{100}{I_1} \sqrt{\frac{1}{T} \int_0^T (K_n i_2 - i_1)^2 \mathrm{d}t} \, (\%) \quad (2\text{-}3)$$

式中，K_n 为额定电流比；I_1 为一次电流的方均根值；i_1，i_2 分别为一次电流和二次电流的瞬时值；T 为一个工频周期的时间。

电流互感器的误差程度常用误差限值来描述，电流互感器测量的准确程度（即准确级）也由误差限值来确定。测量仪表用的电流互感器的准确级是以额定电流下的最大允许电流误差的百分数标称的，分为 5 级，分别为 0.1、0.2、0.5、1 和 3，部分规定见表 2-2。其中 S_{2N} 为电流互感器的二次侧额定容量。

表 2-2 电流互感器的准确级和误差限值

准确级	一次电流为额定电流的百分数（%）	误差限制		二次负荷的变化范围
		电流误差（%）	相位差/(′)	
0.2	10 20 100~120	±0.5 ±0.35 ±0.2	±20 ±15 ±10	$(0.25~1)S_{2N}$
0.5	10 20 100~120	±1 ±0.75 ±0.5	±60 ±45 ±30	
1	10 20 100~120	±2 ±1.5 ±1	±120 ±90 ±60	
3	50~120	±3	不规定	$(0.5~1)S_{2N}$

对于稳态保护用的电流互感器，其准确级由复合误差来确定，见表 2-3。

表 2-3 稳态保护用电流互感器的准确级

准确级	电流误差（%）	相位差/(′)	复合误差（%）
	在额定一次电流下		在额定准确限值一次电流下
5P	±1	±60	5.0
10P	±3	—	10.0

(4) 电流互感器的额定电流和额定容量

电流互感器的额定一次电流标准值为：<u>10</u>、12.5、<u>15</u>、<u>20</u>、25、<u>30</u>、40、<u>50</u>、60、<u>75</u>A，以及它们的十进位倍数或小数，有下标线的是优先值。在选择电流互感器的时候应该尽量选择接近实际回路电流的标准值，以减少互感器误差。额定二次电流一般为 1A 或 5A。

电流互感器的额定容量 S_{2N}，指的是电流互感器在额定二次电流 I_{2N} 和额定二次阻抗 Z_{2N} 下运行时，二次绕组输出的容量，即 $S_{2N}=I_{2N}^2 Z_{2N}$。由于电流互感器的额定二次电流为标准值，为了便于计算，有的厂家会提供电流互感器的 Z_{2N} 值。

电流互感器的误差与二次负荷有关，故同一台电流互感器使用在不同准确级时，会有不同的额定容量。例如：LMZ1-10-3000/5 型电流互感器在 0.5 级工作时，$Z_{2N}=1.6\Omega$，$S_{2N}=40VA$；在 1 级工作时，$Z_{2N}=2.4\Omega$，$S_{2N}=60VA$。

(5) 电流互感器的开路电压

电流互感器的二次回路必须接有负荷或直接短路。如果二次开路，当一次绕组流过电流时，则二次磁动势不存在，一次磁动势全部用来励磁，励磁电流为

$$I_0 = I_1 \tag{2-4}$$

铁心中的磁密急剧增加达到饱和状态，磁通波形成为平顶波。根据电磁感应定律

$$e_2 = -N_2 \frac{d\phi}{dt} \tag{2-5}$$

在一个周波内，当磁通由正变到负或由负变到正时，二次感应电动势急剧上升；而在磁通饱和变化平缓期间，二次感应电动势很小。磁通及二次感应电动势的波形如图 2-25 所示。由图可见，电流互感器二次开路电压很高，出现的高电压将危及人身及设备安全。

2. 电压互感器

(1) 电压互感器的结构

电压互感器分单相式和三相式，一般只有 20kV 以下的才制成三相式。

按每相绕组数目，电压互感器有双绕组的和三绕组的。三绕组电压互感器有两个二次绕组，分别为基本二次绕组和辅助二次绕组，其中辅助二次绕组供接地保护用。

按绝缘方式，电压互感器可分为干式、浇注式、油浸式和电容式等。干式多用于低压；浇注式用于 3～35kV；油浸式主要用于 35kV 及以上系统；电容式电压互感器常用于 110kV 及以上系统。

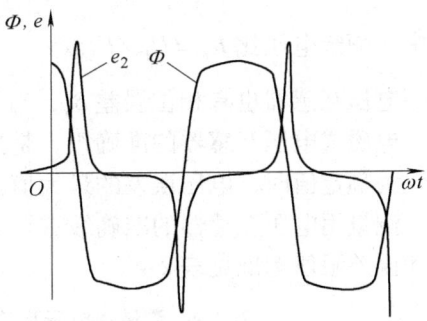

图 2-25 电流互感器二次绕组开路时的磁通和电流波形

按结构和工作原理，电压互感器可分为电磁式和电容式两种。电磁式电压互感器的工作原理很像电力变压器，而电容式电压互感器主要借助电容分压原理。图 2-26 和图 2-27 分别为电磁式和电容式电压互感器的剖面图。

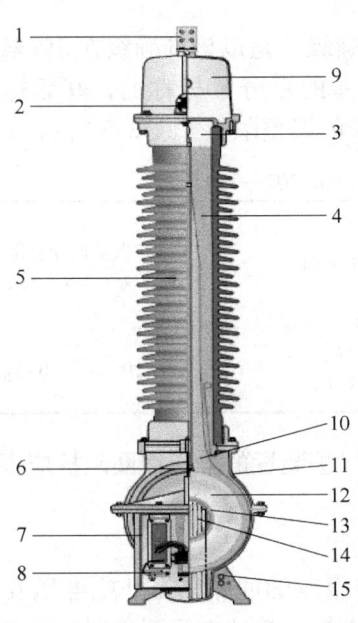

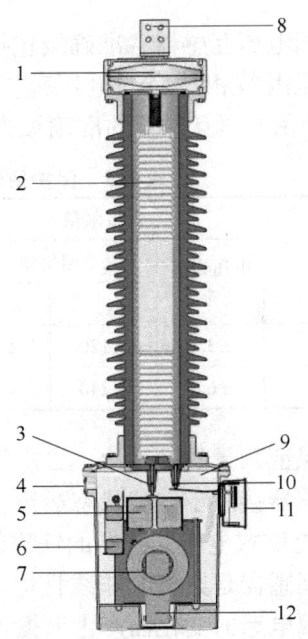

图 2-26 ABB 某型电磁式电压互感器剖面图
1——次接线端子 2—油面监视玻璃 3—油
4—石英填充物 5—绝缘套管 6—起重用吊耳
7—二次接线盒 8—中性线端子 9—膨胀系统
10—纸绝缘 11—油箱 12——次绕组
13—二次绕组 14—铁心 15—接地端子

图 2-27 ABB 某型电容式电压互感器剖面图
1—膨胀系统 2—电容器元件 3—中间电压套管
4—油位玻璃 5—补偿电抗器 6—铁磁谐振的阻尼电路
7——次和二次绕组 8——次接线端子
9—气垫 10—低压接线端 11—接线盒 12—铁心

(2) 电磁式电压互感器的误差

电磁式电压互感器的电压误差 f_u 定义为

$$f_u = \frac{K_u U_2 - U_1}{U_1} \times 100(\%) \tag{2-6}$$

式中，额定电压比 $K_u = U_{1N}/U_{2N}$。

电压互感器也有相位误差 δ_u，当 $\dot{U}_2'$ 超前于 $\dot{U}_1$ 时 δ_u 为正，常以分（'）为单位。

电磁式电压互感器的准确级，是指在规定的一次电压和二次负荷变化范围内，负荷功率因数为额定值时，电压误差的最大值。

测量用电压互感器的准确级有 0.1、0.2、0.5、1、3 等几个级别，我国电压互感器准确级和误差限值标准见表 2-4。

表 2-4　测量用电压互感器准确级和误差限值标准（GB1207—1997）

准确级	误差限制		一次电压变化范围	二次负荷的变化范围
	电流误差（%）	相位差/（'）		
0.2	±0.2	±10	$(0.8 \sim 1.2)U_{1N}$	$(0.25 \sim 1)S_{2N}$ $\cos\varphi_2 = 0.8$ $f = f_N$
0.5	±0.5	±20		
1	±1	±40		
3	±3	不规定		

保护用电压互感器各准确级包括剩余电压绕组的准确级，是以该准确级在 5% 额定电压到额定电压因数相对应的电压范围内最大允许电压误差的百分数标称的，其后标以字母"P"。保护用电压互感器的准确级为 3P 和 6P，各准确级的误差限值如表 2-5 所示。

表 2-5　保护用电压互感器的误差限值（GB1207—1997）

准确值	误差限值			一次电压变化范围	二次负荷变化范围 $\cos\varphi = 0.8$（滞后）
	电压误差（%）	相位差			
		/（'）	/crad		
3P	±3.0	±120	±3.5	$(0.05 \sim 1.5)U_{1N}$ 或 $(0.05 \sim 1.9)U_{1N}$	$(0.25 \sim 1.0)S_{2N}$
6P	±6.0	±240	±7.0		

为了保证测量的准确性，二次侧所接的仪表和继电保护装置的电压线圈阻抗应很大，使得电压互感器接近于空载状态运行。

(3) 电磁式电压互感器的铁磁谐振

电压互感器是典型的非线性电感元件，与线性电容组成的回路，当外施电压发生变化时，可能因电感的变化而产生谐振，这种现象称为铁磁谐振。接地电压互感器与线路对地电容形成并联回路，也可能和其他电气设备的电容形成串联回路，在特定的条件下（例如线路发生接地和短路故障、跳闸或合闸操作以及由于某种原因造成中性点位移等）就可能产生铁磁谐振。

铁磁谐振将使电压互感器承受过电压，铁心磁通成倍增大，励磁电流加大，铁心迅速饱和，互感器一次绕组流过的电流将远远超过其正常的承受能力，导致绕组过热甚至烧毁。

为了防止铁磁谐振，除了选用特殊设计的电压互感器，还可以调整线路电容，使其难以和互感器产生谐振。

(4) 电容式电压互感器

电容式电压互感器本质上是一个电容分压器,其结构原理如图 2-28 所示。在被测相和地之间接有电容器 C_1 和 C_2,按反比分压:

$$U_{C2} = \frac{U_1 C_1}{C_1 + C_2} = KU_1 \tag{2-7}$$

式中,K 为分压比,且 $K = C_1 / (C_1 + C_2)$。

由于 U_{C2} 与 U_1 成比例变化,故可根据测得的 U_{C2} 计算出 U_1。当 C_2 两端与负荷接通时,U_{C2} 会小于按式(2-7)计算的电容分压值,而且负荷电流越大,误差越大,需要采取一定的措施减小误差。

电容式电压互感器结构简单、成本低,且电压越高经济性越显著;同时分压电容器还可兼作载波通信的耦合电容,因此广泛应用于 110~500kV 中性点直接接地系统。电容式电压互感器的缺点是输出容量较小,误差较大。

图 2-29 中,66kV 电容式电压互感器(中)经隔离开关(左)和避雷器(右)一起接到母线上。

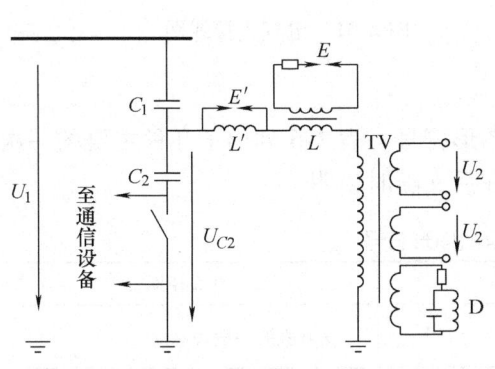

图 2-28 电容式电压互感器结构原理

图 2-29 经隔离开关接到母线的电容式电压互感器

2.2 风电场电气主接线

2.2.1 电气主接线及其设计要求

1. 电气主接线的概念和表示方法

对于风电场和变电站内的电气部分进行设计、施工、运行和研究,都需要借助图形方法,即用图形符号和文字符号在平面上抽象描述具体问题。

图 2-30 是一个简单电力系统的地理接线图。这种图可以用来描述某个电力系统中发电厂站、变电站所的地理位置,

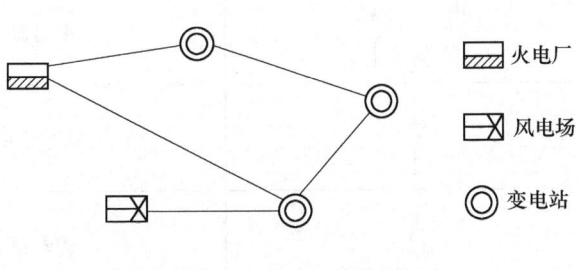

图 2-30 地理接线图

电力线路的路径,以及它们相互的连接关系。地理接线图是对系统的宏观描述,只表示厂站级的基本组成和连接关系。

电气接线,实际就是电气各部分的相互连接关系。在风电场和升压变电站中,各种电气设备必须通过合理地组织连接才能实现电能的汇集、传输和分配。根据特定的电力生产要求,由各种电气设备组成,并按照一定方式由导体连接而成的电路,称为电气主接线。

电气主接线可以用电气主接线图来描述,如图2-31所示。电气主接线图采用规定的电气设备图形符号和文字符号,按照工作顺序进行排列,以单线图的形式详细地展示构成系统的全部电气设备(或成套装置)及其连接关系。主接线图可以清楚地表明发电场、升压站中电能汇集、传输和分配关系以及相关运行方式。

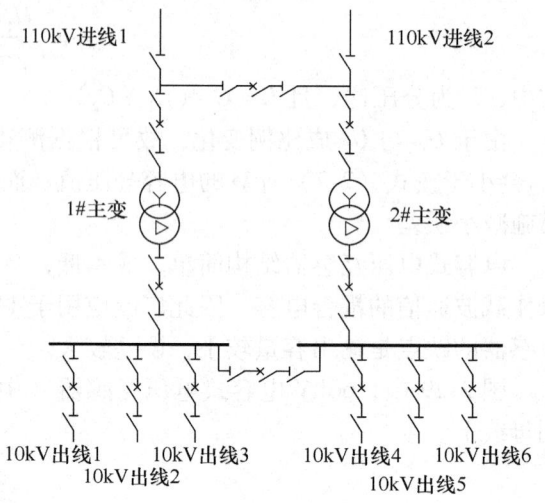

图 2-31　电气主接线图

建立电气接线图,首先要具体规定电气设备的图形符号。表2-6列出了几种主要的一次电气设备的图形符号,其他用到的电气设备符号将在后文随时说明。

表 2-6　主要一次电气设备的图形符号

图形符号	代表的电气设备	补充说明
Ⓖ	发电机	发电机的一般表示
∼	交流发电机	
⦾	双绕组变压器	
⦿	三绕组变压器	
━━	母线	粗实线
──	导线	细实线
或	断路器	工程现场也称为开关
	隔离开关	工程现场也称为刀闸
	熔断器	

(续)

图形符号	代表的电气设备	补充说明
	电抗器	
	接地	
	电压互感器	在同一接线图上，互感器的圆圈比变压器的小，圆圈中的符号表示绕组连接方式
	电流互感器	每一相安装电流互感器的导线都应加注小圆圈

现代电力系统是三相交流电力系统，而电气主接线图基本是以单相图的形式来表征三相电路。对于某些设备可能需要表示三相的特性，比如：变压器、电压互感器和电流互感器等。

2. 运行状态与倒闸操作

在讨论电气接线的时候，经常会提到电源、负荷、运行状态、倒闸等术语，这里先对这些概念进行必要的说明。

（1）电源与负荷

电源是指能够提供电能的设备或其他电气部分，例如风力发电机组。负荷是指接受或消耗电能的电气部分，例如电动机、照明设备等。

需要特别说明的是，在电气主接线中，电源和负荷是相对的概念。通常认为相对于需要分析的电气设备，能为其提供电能的相关设备就是其电源，能从它得到电能的设备就是其负荷。而且，在做主接线分析时，一般假设接线图中所有的电气设备都是带电的，不管实际它是否在运行。

例如，对于图 2-32 所示的简单电气接线（省略了开关电器），在分析变压器 T 时，发电机 G 就是它的电源，输电线 L 就是它的负荷；而如果要分析的电气设备是输电线 L，那么变压器 T 就是它的电源，母线 Bus 就是它的负荷。或者说，变压器 T 是发电机 G 的负荷，也是输电线 L 的电源；输电线 L 是变压器 T 的负荷，也是母线 Bus 的电源。可见，在做不同的分析时，同一电气设备，可能是负荷的电源，也可能是电源的负荷。

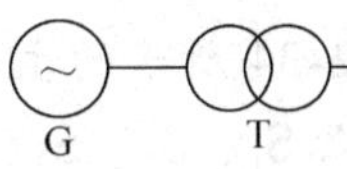

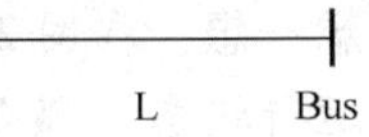

图 2-32 电气主接线中的电源与负荷

（2）设备的工作状态和送电、停电过程

各个电气设备支路，往往都接有断路器这样的开关电器。断路器用于设备的投运和退出（接通或切断回路电流）；隔离开关用于在电路断开后保证停运设备和带电设备的隔离。由于断路器本身也需要检修，为保证其检修时两侧都不带电，一般在断路器的两侧都设置隔离开关，靠近母线的被称为母线隔离开关（母线刀闸），靠近出线的称为出线隔离开关（线路刀闸）。

提示：在工作现场，习惯将隔离开关称为刀闸，将断路器称为开关。

接在电气系统中的电气设备有四种基本工作状态。

1）运行状态。相关的断路器、隔离开关都在合闸位置，有电流通路。

2）热备用状态。断路器断开，而隔离开关仍在合闸位置。

3）冷备用状态。相关的断路器、隔离开关都在分闸位置。

4）检修状态。相关的断路器、隔离开关都已断开，并实施了装设地线、悬挂标示牌、设置临时遮拦等安全技术措施。

电气设备从断电到通电的过程，称为送电。送电过程中的设备状态变化顺序为

$$检修 \to 冷备用 \to 热备用 \to 运行$$

电气设备从通电到断电的过程，称为停电。停电过程中的设备状态变化顺序为

$$运行 \to 热备用 \to 冷备用 \to 检修$$

（3）倒闸操作

利用开关电器，按照一定的顺序，对特定的电气设备完成上述工作状态转换的过程，称为倒闸操作。

倒闸操作必须严格遵守下列基本原则：

1）绝对禁止带负荷拉、合隔离开关（刀闸）。从通电到断电的停电过程，必须先用断路器（开关）断开电路；从断电到通电的送电过程，必须用断路器最终接通电路。

2）停电过程和送电过程，必须按照规定的操作顺序执行：

停电拉闸的操作顺序为：断开断路器，断开负荷侧隔离开关，断开电源侧隔离开关。送电合闸的操作顺序正好相反：先合上电源侧隔离开关，再合上负荷侧隔离开关，最后用断路器接通电路。

想一想： 如果要检修图 2-33 中的断路器 CB，应该进行哪些操作？检修完成后，重新将断路器 CB 投入运行，需要进行怎样的操作？同时描述设备状态的变化。

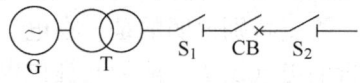

图 2-33　电气设备的工作状态

3）利用等电位原理，可以用隔离开关拉、合无阻抗的并联支路。

想一想： 在图 2-34 所示的主接线中，已知断路器 CB_1 保持运行状态，那么 S_1、S_2、S_3、S_4 这四个隔离开关，哪些可以进行拉合操作，哪些不能操作？

4）隔离开关只能按规定接通或断开小电流电路（参见本章隔离开关部分内容）。

上述操作还必须严格按现场操作规程的规定执行。现场除严格实行操作票制度外，还应在隔离开关和相应的断路器之间加装电磁闭锁、机械闭锁或电脑钥匙。

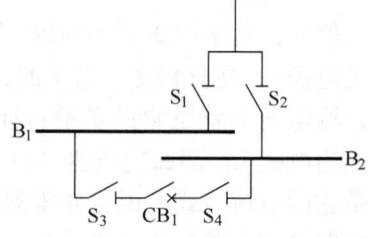

图 2-34　隔离开关的等电位操作

3. 电气接线的设计要求

电气主接线是风电场、升压变电站电气设计的首要部分。主接线设计是否合理直接关系到风电场、变电站运行的可靠性、灵活性和经济性，并对电气设备选择、配电装置布置、继电保护和控制方式等都有较大影响。

风电场和升压变电站的主接线设计，基本要求包括：

（1）可靠性。供电可靠性是电力生产的首要要求，也是电气主接线设计中首要考虑的

因素。对于主接线的可靠性分析主要考虑以下几个方面：

1) 任一断路器检修时，尽量不影响其所在回路的供电。

2) 断路器或母线发生故障，以及母线检修时，尽量减少停运回路的数目和停运时间，并保证对重要负荷的供电。

3) 尽量避免风电场、变电所全部停电的可能性。

（2）灵活性。主接线的灵活性，应该体现在运行调度、设备检修及后续改扩建等各个方面。

1) 调度时，应允许风电机组、变压器和线路等能灵活地投入和切除，灵活调配电源和负荷，满足系统在事故运行方式、检修运行方式以及特殊运行方式下的系统调度要求。

2) 检修时，可以方便地将断路器、母线及其继电保护设备停运，进行安全检修不会影响电力系统的运行和对用户的供电。

3) 扩建时，容易从初期接线过渡到最终接线。在不影响连续供电或停电时间最短的情况下，投入新装机组、变压器或线路而不互相干扰，并且对一次和二次部分的改建工作量最小。

（3）经济性。在满足可靠性、灵活性要求的前提下，还希望电气主接线方案经济合理。这包括：

1) 建设投资少。主接线简单，可以节省断路器、隔离开关、互感器、避雷器等一次电气设备；继电保护和二次回路不复杂，可以节省二次设备和控制电缆；加装短路电流限制措施，以便选取规格较低的低成本电气设备。

2) 占地面积小。这就要求主接线设计利于配电装置的布置。

3) 电能损失少。在风电场和变电站中，电能损耗主要来自变压器，应经济合理地选择主变压器的种类、容量、数量，并尽量避免因多次变压而增加的电能损失。

2.2.2 常见的电气接线形式

在风电场和变电站中，风电机组、变压器、线路等电气设备的连接关系由母线和开关电器实现。母线和开关电器的不同组织连接方式构成了不同的接线形式。

母线是汇集和分配电能的设备，也叫汇流母线。采用有汇流母线的接线形式，以母线作为中间环节，使接线简单、清晰、运行方便，便于实现多回路的集中，有利于安装和扩建，主要适用于回路较多的场合（一般大于 4 回）。无汇流母线的接线形式使用开关电器较少，占地面积小，但只适用于进出线回路少，不再扩建和发展的风电场和变电站。

提示： 习惯上常将变电站中承担大容量电能传递和电压变换的主变压器简称为主变。将能够提供电流通道的电力线路称为回路，其中向场站送来电能的线路称为进线，从场站向外输出电能的线路称为出线。

接线方式主要由电压等级及出线回路数确定，不同的接线形式有其大致的使用范围。

1. 单元接线

单元接线是最简单的电气主接线形式，往往是由发电机和变压器组成一个单元，在同一支路上，发电机生产的电能直接送给变压器，经过变压器升压后送给系统。单元接线方式如图 2-35 所示。支路上任何一个电气设备检修或故障，该支路都必须停电。

2. 桥形接线

桥形接线如图 2-36 所示。当变电站中只有两条线路连接站内两台主变时，常采用桥形接线，形成两个"线路-变压器"供电路径。这两条供电路径之间由桥断路器（图中的 QF_3）联络。根据桥断路器相对于变压器和线路的安装位置，又分为内桥接线和外桥接线两种形式。

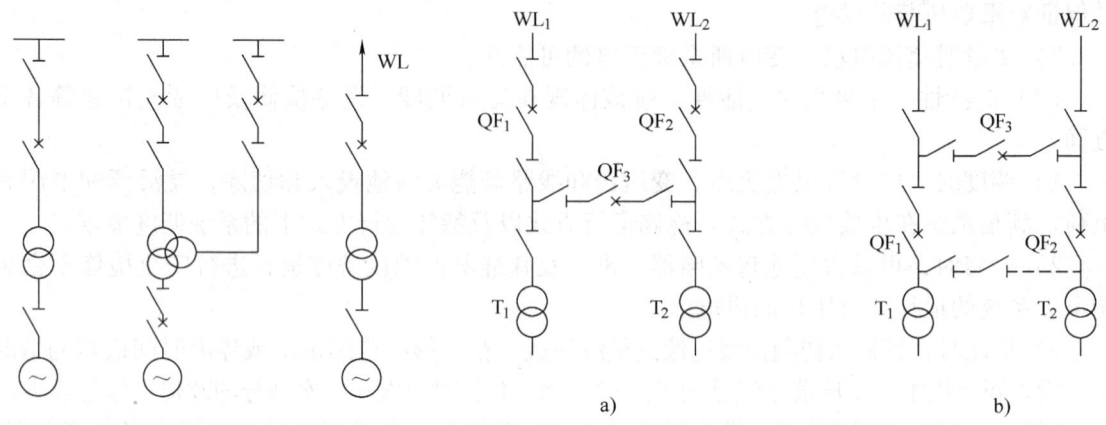

图 2-35　单元接线图

图 2-36　桥形接线图
a) 内桥接线　b) 外桥接线

内桥接线的桥断路器（QF_3）靠近变压器（相对于 QF_1 和 QF_2），对于变压器的投切需要操作两台断路器，而对于线路的操作只需一台断路器。而外桥接线则相反，对于变压器的投切只需操作一台断路器，而对于线路的投切则需要操作两台断路器。可见，内桥接线对于线路的操作较为简单，而外桥接线则便于对变压器的操作。因此内桥接线适用于变压器不经常切换，而线路较长、故障概率较高因而线路需要经常操作的场合。而外桥接线适用于变压器切换频繁，或线路较短、故障概率小的场合。此外，当线路有穿越功率时，也宜采用外桥接线。

桥形接线采用的高压断路器数量少，四个回路只需要三台断路器，在容量较小的变电站经常采用。

3. 单母线接线

单母线接线如图 2-37 所示，是各种有母线接线形式中最简单的。以一条母线作为电能汇集节点，将变压器及多条线路连接起来。

单母线接线的优点是：接线简单清晰，需要的开关设备少，操作简单，便于扩建和采用成套配电装置。

单母线接线的缺点是：可靠性较低，任一断路器检修，其所在回路必须停电；当母线或母线隔离开关发生故障或需要检修的时候，母线要停运，因而所有相关支路都要停电，可能造成整个场站的停电。

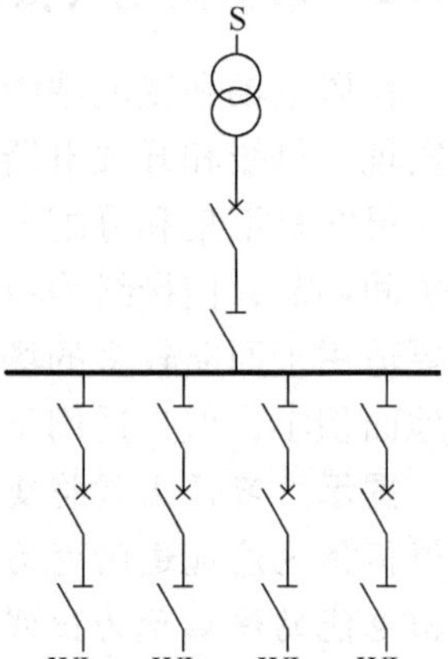

图 2-37　单母线接线图

单母线接线适用于电源数目较少、容量较小的场合，例如母线上只有一个电源（一台发电机或一台变压器）的情况。6～10kV 系统的出线回路不超过 5 回；35～63kV 系统的出线回路数不超过 3 回；110～220kV 系统的出线回路不超过 2 回。

4. 单母线分段接线

需要同时接有多个电源（发电机或变压器）的时候，可以根据电源的数目将母线分成若干分段,即采用单母线分段形式,如图 2-38 所示。

图中两台主变作为电源分别给两段母线供电。连接于两段母线之间的断路器称为分段断路器。分段断路器闭合时,两段母线并列运行;分段断路器断开时,两段母线分列运行。

注意: 为了减少在分段断路器上流过的功率,电源和负荷要尽量分配到每条母线上,以保证各段母线的功率基本平衡。

单母线分段接线的优点是:重要用户可以从两段母线上引出两个回路,由不同的电源(母线)供电;当一段母线发生故障或需要检修时,分段断路器断开即可保证另一段母线仍能正常运行。其可靠性和灵活性都比单母线接线有所提高。

当然,当一段母线发生故障或需要检修时,与其连接的各回路依然需要停电。当重要负荷采用双回线供电时,可能会造成架空线路的交叉跨越。为了使得两段母线负荷和电源均衡配置,在扩建的时候也要向两个方向均衡扩建。

母线分段的数目一般根据电源的数量和容量确定。分段数目越多,母线检修或故障时的停电范围就越小;但是分段越多,需要的开关电器的数目也越多,配电装置和运行方式也越复杂。母线分段数目一般以 2~3 段为宜。

单母线分段接线适用的回路数目:6~10kV 可以有 6 回及以上;35~66kV 可为 4~8 回;110~220kV 可以为 3~4 回。

5. 双母线接线

双母线接线方式如图 2-39 所示。设置两条独立的母线,母线之间通过母线联络断路器(简称母联断路器)支路连接。母联断路器支路接通时,两条母线并列运行;母联断路器支路断开时,两条母线分列运行。

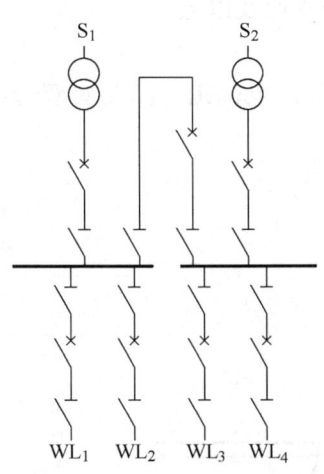

图 2-38 单母线分段接线图

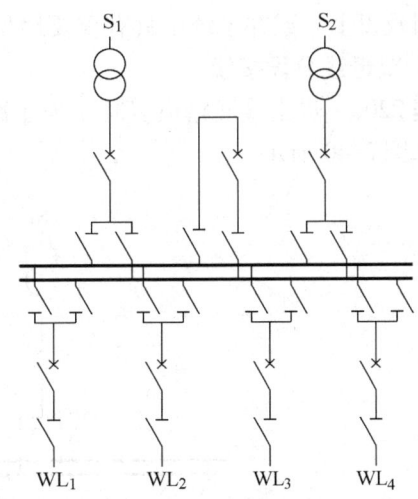

图 2-39 双母线接线图

每个回路配备一个断路器和两个母线隔离开关(在断路器和母线之间),回路的分合由断路器来实现,回路连接到哪条母线由母线隔离开关的状态确定。每条母线都可以和站内的任一回路相连接。每个回路也都可以和任一条母线相连接。

提示: 隔离开关不能切断大电流,如果两个母线隔离开关都闭合,当任一母线发生故障时将无法断开和非故障母线的联系。因此,两母线隔离开关都闭合的情况只允许在倒母操作的过程中短时存在。

除了母线检修以外,双母线接线一般采用固定连接运行方式,即两母线并列运行,电源和负荷平均分配在两条母线上。和单母线接线及单母线分段接线相比,双母线接线具有以下优点:

1)供电可靠。各回路可以在两条母线之间切换,当一条母线发生故障或需要检修时,所有回路都可以接到另一条母线继续运行。一条母线检修时所有回路不停电;一条母线故障时,相连回路可以快速倒换到带电母线而恢复供电。

2)调度灵活。电源和负荷可以灵活地在两条母线上进行分配,以适应各种运行方式的调度和潮流变化的需求。

3)扩建方便。向任一方向扩建都不会影响电源和负荷的平均分配,不会引起原有回路的停电。当存在双回架空线时可以顺序布置,不会出现交叉跨越的情形。

4)便于试验。若个别回路需要单独试验,可以将该回路单独接于一条母线。

由于增加了一条母线和一组母线隔离开关,双母线接线的配电装置较为复杂,投资也增加。尤其要注意的是,在母线故障或检修时,隔离开关作为操作电器实现倒母操作,增加了误操作的可能。

双母线接线适用的场合:回路或电源数目多,输送功率和穿越功率大,母线故障后要求迅速恢复供电,母线或母线隔离开关检修时不允许影响对用户的供电,系统运行调度对接线的灵活性有较高要求。

各个电压等级下适用的具体情况为:6～10kV,短路电流较大,出线需要加装电抗器;35～63kV,出线回路数超过8回,或连接电源较多,负荷较大;110～220kV,出线回路数在5回及以上,或在系统中具有重要地位,出线回路数为4回及以上。

6. 双母线分段接线

当220kV进出线回路很多时,为了减小母线故障时的停电范围,需要对双母线进行分段,如图2-40所示。

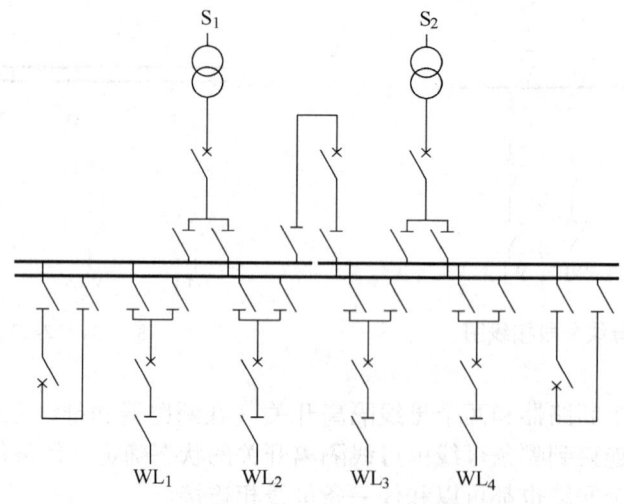

图2-40 双母线分段接线图

双母线分段的原则如下:
1) 进出线回路数为 10~14 回时,在一组母线上用断路器分段。
2) 进出线回路数为 15 回及以上时,两组母线都分段。
3) 为限制 220kV 母线短路电流或满足系统解列运行的要求,可根据需要将母线分段。

双母线分段缩小了母线发生故障时的停电范围,进一步提高了供电可靠性和灵活性,但是也增加了断路器等开关电器的投资,常用于 220~500kV 的大容量变电站中。

2.2.3 风电场的典型电气接线

并网型风电场发出的电能需要输送到电力系统中去。为了减少线路上损耗,要么风电场的选址尽量靠近电网(例如小于 20km),要么采用比较高的电压等级输电。中小型风电场往往可以满足第一种情况。而对于大容量的风电场,往往要经过逐级升压,将电能远距离送出。

目前国际市场上的风电机组,出口电压大部分是 0.69kV 或 0.4kV,需要在风电机组出口位置配备升压变压器(即箱变)。箱变的容量根据风电机组的容量进行配置,将机端电压升至 10kV 或 35kV。

风电场的集电线路可采用直埋电力电缆或架空导线。架空线路投资低,但在风电场内需要条形或格型布置,不利于设备检修,也不美观。采用直埋电力电缆敷设,虽然投资高,但风电场景观较好。如果风电场规模较小,可以在 10kV 或 35kV 直接接入电网。若风电场规模较大,采用 10kV 或 35kV 箱式变压器升压后直接将电量输送到电力系统中去,回路数太多,不合理。一般风电场都有自备的专用升压变电站。经机端箱变升压后的多台风电机组的电能分组汇集到一起,经 10kV 或 35kV 输电线路送到升压站,再统一升压接入电网。升压变电站中多采用单母线分段的接线方式,对于容量更大的风电场,也可以考虑双母线甚至双母线分段。

1. 风电机组的电气接线

这里所说的风电机组,除了风力机和发电机以外,还包括变流器等。目前,风电场的主流风力发电机本身输出电压为 690V,一般经过机端升压变压器(俗称箱变)将电压升高到 10kV 或 35kV。

风电机组的接线大都采用单元接线,一般情况下,多采用一机一变,即一台风电机组配备一台变压器,如图 2-41 所示;也可以采用两台风电机组或多台风电机组配备一台变压器。

2. 集电环节及其接线

集电系统将风电机组生产的电能按组收集起来。分组时可采用位置就近原则,每组包含的风电机组数目大体相同,多为 3~8 台。

每一组的多台风电机组输出,一般可在各机端变压器的高压侧由电力电缆(如图中带小三角的线段所示)直接并联,如图 2-42 所示。多组机群的输出汇集到 10kV 或 35kV 母线,

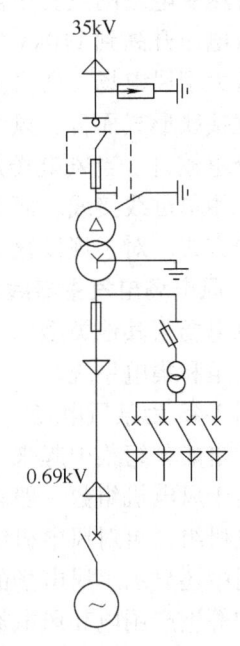

图 2-41 风电机组电气接线

再经一条 10kV 或 35kV 架空线路输送到升压变电站。当然，采用地下电缆还是架空线，还要看风电场的具体情况。

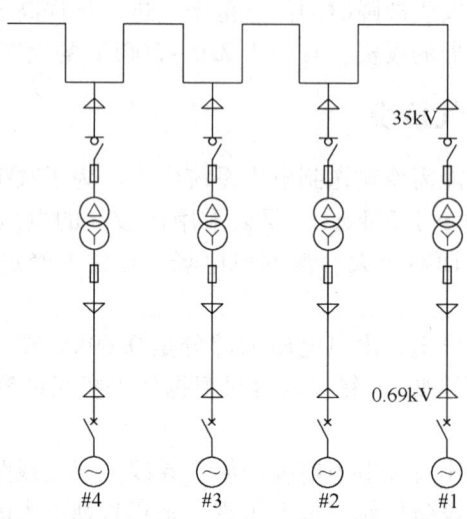

图 2-42　风电场集电系统的电气接线

3. 升压变电站的主接线

升压变电站的主变压器将集电系统汇集的电能进行再次升压。达到一定规模的风电场一般可将电压升高到 110kV 或 220kV 接入电力系统。对于规模更大的风电场，例如百万千瓦级的特大型风电场，还可能需要进一步升高到 500kV 或更高。

就接线形式而言，风电场升压站的主接线多为单母线或单母线分段接线，取决于风电机组的分组数目。当风电场规模不大，集电系统分组汇集的 10kV 或 35kV 线路数目较少时，可以采用单母线接线。而大规模的风电场，10kV 或 35kV 线路数目较多，就需要采用单母线分段的方式。对于规模很大的特大型风电场，还可以考虑双母线等接线形式。

4. 风电场电气主接线举例

风电场与其他类型的发电厂站不同，除了要表示集中布置的升压站，还需要在图中反映风电机组和集电系统。

图 2-43 为某风电场的电气主接线图（部分），可以很清楚地看到，集电系统将风电机组生产的电能分组集中起来，送给升压变电站，再经升压站升压后送入电力系统。

由于风电机组数一般较多，因此常在集电系统的绘制时候采用简化图形，即以发电机表示风电机组，再对风电机组进行单独的详细描述。

图中还显示了风电场的场用电接线。风电场的场用电包括维持风电场正常运行及安排检修维护等生产用电和风电场运行维护人员在风电场内的生活用电等，也就是风电场内部用电的部分。风电场的场用电至少应包含 400V 的电压等级。

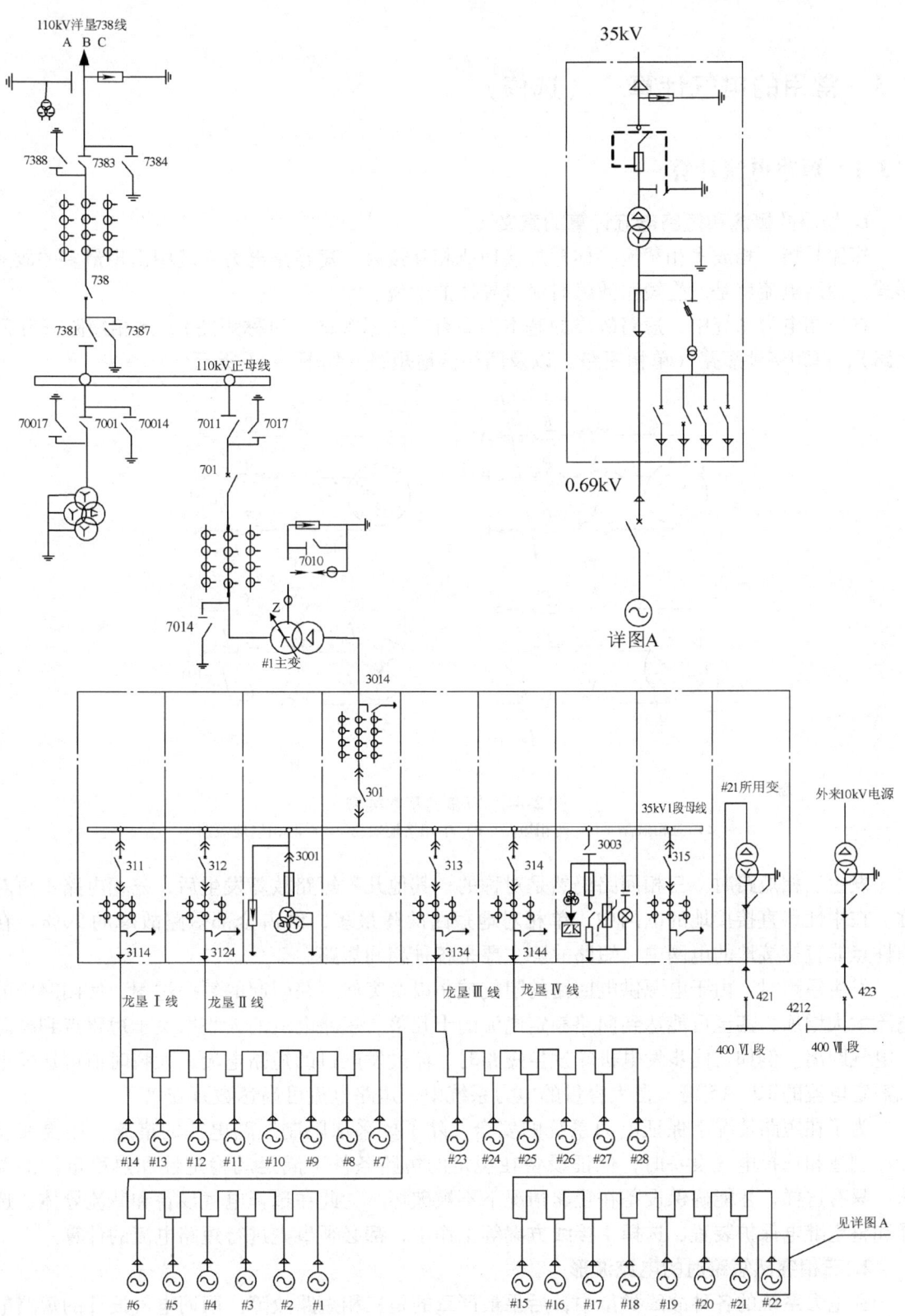

图 2-43　某风电场的电气主接线图

2.3 常用的电气计算** (选修)

2.3.1 短路电流计算

1. 短路的概念和短路电流计算的意义

短路是指一相或多相载流导体意外接地或相互接触。短路是电力系统中出现最多的故障形式。短路电流就是发生短路故障时流过导体的电流。

在三相电力系统中，短路故障的基本类型有：三相短路（对称短路）、两相短路（相间短路）、单相接地短路（单相短路）以及两相接地短路，如图2-44所示。

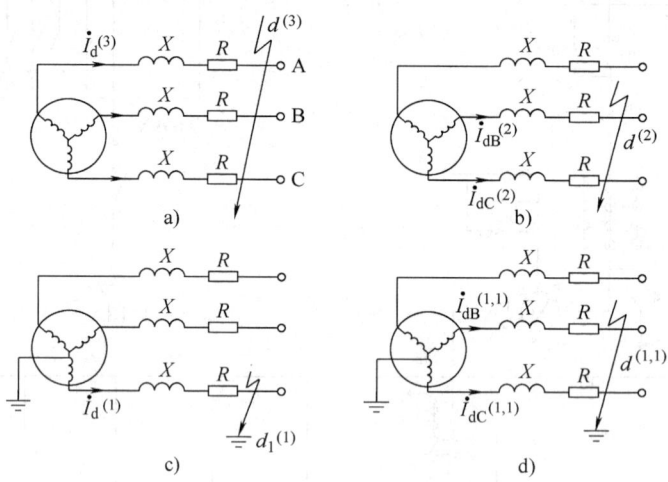

图2-44 短路的基本类型
a) 三相短路 b) 两相短路 c) 单相接地短路 d) 两相接地短路

发生三相短路时，三相回路仍然是对称的；其他几种短路故障发生后，三相电路不再对称。在中性点直接接地的电网中，单相对地短路故障最多，约占全部短路故障的90%。在中性点非直接接地的电网中，短路故障主要是各种相间短路。

发生短路时，由于电源供电回路的阻抗减小以及突然短路引起的暂态过程，使回路中的电流大大增加，甚至可能达到回路额定电流的十几倍。短路电流的大小取决于短路点到电源的电气距离。例如在同步发电机端发生短路时，流过发电机的短路电流最大瞬时值可达发电机额定电流的10~15倍。在大容量的电力系统中，短路电流可高达数万安培。

为了在短路情况下保证电力系统的安全，除了要采取限制短路电流的措施，还要在设计、制造和选择电气设备时，保证设备在规定的短路条件下满足动稳定性和热稳定性的要求。只有这样，才能确保设备在短路情况下不被破坏。为此在选择电气设备和载流导体、选择和整定继电保护装置、选择主接线方案等工作中，都必须事先进行短路电流的计算。

2. 三相突然短路时的电流波形

在电力系统的各种故障类型中，后果最严重的是三相短路故障。因而电气设计的短路电流计算一般是针对三相短路故障进行。

系统中发生短路故障时，由于负荷阻抗和部分线路阻抗被短路，根据欧姆定律可知，电路中的电流要突然增大。但是由于电路中存在着电感，电流不能突变，因而引起一个过渡过程，即短路暂态过程。最后短路电流达到一个新的稳定状态。故障后的电流波形大致如图 2-45 所示。

短路电流计算需要比较详细的电气系统接线图和电气参数。具体的计算方法和步骤，请查阅有关手册或关于电力系统暂态分析的书籍。

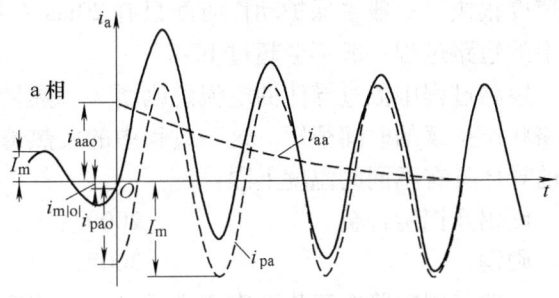

图 2-45　无穷大系统三相突然短路时的单相电流波形

2.3.2　导体发热计算

1. 导体长期发热和载流量

金属导体都有一定的电阻，当电流流过导体时，将会产生能量损耗（功率为 I^2R）。在导体附近的磁场中也会有一部分能量损耗（例如铁心中的涡流损耗和磁滞损耗）。这些损耗的电能将转变为热能，使导体的温度升高。导体温度升高会使附近绝缘材料的绝缘性能下降，使金属材料的机械强度下降，并会造成导体接合部分的接触电阻增大，这将给导体和电气设备造成损害。

为保证导体可靠工作，往往对导体正常工作情况下的最高允许温度做出限制：
一般裸导体　　　　　　　　　　　　　　70℃；
计及日照的钢心铝绞线、管形导体　　　　80℃；
接触面有镀锡的可靠覆盖层时　　　　　　85℃。

导体发热主要是由电流作用于导体电阻引起的，导体的最高温度主要取决于其所承载的最大电流。导体产生的热量一部分使自身温度升高，其余的通过对流和辐射传递给周围介质。正常运行时，额定电流引起的发热较小，可以持续运行而不超过导体的最高允许温度。导体正常运行时的发热过程称为长期发热。

考虑到导体自身的发热和散热过程，导体载流量 I（即流过导体的电流大小）和温度的关系如下：

$$I = \sqrt{\frac{\alpha_w F(\theta_w - \theta_0)}{R}} \qquad (2\text{-}8)$$

式中，α_w 为导体的散热系数，与通风方式、是否涂漆和表面光洁程度等因素有关；F 为散热面积，与导体的形状及摆放方式有关；θ_w 为导体的温度；θ_0 为环境温度；R 为单位长度的导体电阻，与导体材料和形状有关。

想一想：导体的最大载流量如何计算？如何提高导体的载流量？

2. 导体的短时发热

当由于设备绝缘损坏等原因发生短路故障时，系统阻抗与正常运行时相比明显降低，电流将明显增大，有时甚至能达到额定电流的几十倍。这么大的电流将使导体发热和电动力剧增，造成电气设备损坏，并危及电力系统的稳定运行。

为了尽快清除故障，防止故障对设备及电力系统的损坏，电气设备都装设有继电保护装置。发生故障时，继电保护控制断路器跳闸，使电气设备迅速脱离带电状态。继电保护的动作速度很快，一般主保护动作时间只有20ms左右，而后备保护也会在10s内动作，因此系统中的短路过程一般不会超过10s。

短路过程中流过导体的电流急剧增大，热量积累非常迅速，只不过在继电保护的作用下短路状态持续的时间很短。这一过程中的发热情况被称为短时发热。对于短时发热，不同材料的导体具有不同的温度上限：

硬铝及铝锰合金　　　　　200℃；
硬铜　　　　　　　　　　300℃。

一般采用短路电流热效应来表示导体短路后的热积累的大小。短路电流的变化规律十分复杂，很难用简单的解析表达式计算，工程中常用实用计算法来计算短路电流热效应 Q_k：

$$Q_k = \int_0^{t_k} I_{t_k}^2 \mathrm{d}t = Q_p + Q_{np} \tag{2-9}$$

式中，I_{t_k} 为短路电流；t_k 为短路时间（即从短路开始到断路器将电路断开的全部时间）；Q_p 为短路电流周期分量产生的热效应；Q_{np} 为短路电流非周期分量产生的热效应。

当短路电流切除时间超过1s时，发热主要由周期分量决定，可忽略非周期分量的影响。

3. 导体短路时的电动力

带电的导体在磁场中要受到力的作用。在三相电力系统中，每相导体都会受到其他相的电动力作用，正常运行时电流较小，可不考虑电动力对导体的影响。发生短路故障时，骤然增大的短路电流，会使导体所受的电动力也急剧增大，使其变形扭曲，导致电气设备损坏。

导体所受的电动力和自身电流及周围的磁场有关（$F = BLI$），而磁场又由其他相产生，因此电动力的大小和各相的电流都有关系。

最严重的情况（电动力最大）出现在电流最大的时候。一般来说，在各种故障情况中，三相短路造成的短路电流最大；而对于一次短路故障而言，短路电流的最大值出现在短路后最初的半个周期，可按 $t = 0.01\mathrm{s}$ 考虑。短路电流的最大峰值被称为最大冲击电流。

三相导体的布设方式不同，各相所受的电动力也不同。平行布置的三相导体（B相在中间），短路时各相的最大电动力可计算如下：

$$F_{\mathrm{Amax}} = F_{\mathrm{Cmax}} = 1.616 \times 10^{-7} \frac{L}{a} i_{\mathrm{sh}}^2 \tag{2-10}$$

$$F_{\mathrm{Bmax}} = 1.73 \times 10^{-7} \frac{L}{a} i_{\mathrm{sh}}^2 \tag{2-11}$$

式中，L 为导体长度，a 为导体的相间距离，i_{sh} 为短路电流最大值。

可见，电气设备中的导体可能受到的最大电动力，一般出现在三相短路情况下，在短路后的最初半个周期（一般按 $t = 0.01\mathrm{s}$ 考虑），平行放置的三相导体中B相（中间相）受到的电动力最大。电动力直接对应于 i_{sh}，因此一般使用 i_{sh} 来分析短路时导体所受到的电动力大小。

2.4　风电场电气设备的选择

这里先说明一下，2.4.1节和2.4.2节关于电气设备选择的原则和方法，理论上适用于任何电气设备,是各种电气设备都必须考虑的问题。而 2.4.3~2.4.6 节所提及的各种电气设备的选择,主要是针对该类电气设备需要另外考虑的特殊问题。

2.4.1 一般原则和技术要求

1. 电气设备选择的一般原则

选择导体和电气设备时,首先要求其电气参数满足要求,能够承载正常的工作电流和电压,能够承受短路大电流所造成的高温和电动力;还要综合考虑其所处的环境,如:海拔、环境温度、日照及风速等,此外也要注意电气设备运行可能给环境带来的影响,如:噪声和电磁干扰。

在选择电气设备时必须考虑以下原则:

1) 应满足正常运行、检修、短路故障和过电压情况下的要求,并考虑长远发展。
2) 需按应用场合的当地环境条件进行校核。
3) 尽量减少同类设备的品种。

此外,要力求技术先进和经济合理,而且与整个工程的建设标准协调一致。

2. 按照正常工作状态选择

电力系统中的任何电气设备,都要能够承载正常的工作电流和电压,其额定电压和额定电流是最重要的电气参数。

电气设备的额定电压 U_N 不能低于设备安装处的电网标称电压 U_{NS},即

$$U_N \geq U_{NS} \tag{2-12}$$

电气设备的额定电流 I_N 不能低于所在回路在各种可能运行方式下的最大持续工作电流,即

$$I_N \geq I_{max} \tag{2-13}$$

高压电气设备一般不会标明其过载能力,所以在选择额定电流的时候,要满足各种可能的运行方式下回路持续工作电流的要求。

此外,对于套管和绝缘子等承力设备,还需要考虑其机械负载能力。

3. 按照短路状态校验

短路以后电气设备将承受比正常情况大很多的热积累和电动力,即使时间很短,也会对设备产生明显影响,甚至造成严重破坏,因此必须要校验一下电气设备的热稳定和动稳定能力。

一般电气设备在出厂时都会给出以下参数:

(1) 设备允许通过的热稳定电流 I_t 和时间 t

可以据此校验其热稳定性是否满足要求。要求该参数满足

$$I_t^2 t \geq Q_k \tag{2-14}$$

式中,Q_k 是通过实际计算得到的短路电流热效应。

(2) 设备允许通过的动稳定电流幅值 i_{se} 及其有效值 I_{se}

可以据此校验电气设备是否满足动稳定的要求。要求该参数满足

$$i_{se} \geq i_{sh} \text{ 或 } I_{se} \geq I_{sh} \tag{2-15}$$

式中,i_{sh} 为实际计算得到的短路冲击电流幅值(kA);I_{sh} 为短路全电流有效值(kA)。

为计算 Q_k 和 i_{sh} 而进行的短路电流计算，需要做如下考虑：
1) 考虑系统远景发展规划，按照最终的容量进行计算；
2) 按照短路电流最大的接线形式进行分析；
3) 一般取最严重的三相短路；
4) 短路点的选取，应使通过设备的短路电流最大。

计算 Q_k 时需要合理选取短路时间。一般认为短路时间 t_k 包括保护动作时间 t_{pr} 和断路器全开断时间 t_{br}，即

$$t_k = t_{pr} + t_{br} \tag{2-16}$$

考虑到主保护可能拒动（该动作而不动作），t_{pr} 一般采用后备保护动作时间。而断路器全开断时间包含断路器分闸命令发出、断路器跳闸线圈动作、各相触头分离直至触头间电弧完全熄灭的过程，即

$$t_{br} = t_{in} + t_a \tag{2-17}$$

式中，t_{in} 为断路器固有分闸时间（断路器接受跳闸命令到跳闸机构开始拉开触头的时间）；t_a 为从断路器触头开始拉开到电弧完全熄灭所需的时间。

有些情况也可以不进行短路状态校验：
1) 用熔断器保护的电器，其热稳定由熔断时间保证，可不进行热稳定校验；
2) 采用有限流电阻的熔断器保护的设备，其回路电流被电阻限制，可不进行热稳定和动稳定校验；
3) 装设在电压互感器回路中的裸导体和其他电气设备，电流很小，可不进行热稳定和动稳定校验。

2.4.2 环境因素和环保问题

1. 电气设备选择的环境因素

电气设备必须要能适应工作场所的实际环境，因此必须要根据实际环境条件有针对性地选择电气设备的结构和型式。需要考虑的环境因素包括：

（1）温度。目前我国生产的电气设备，在设计时一般取周围介质温度为 40℃。如果周围环境温度不是 40℃，可以对电气参数进行相应的修正。环境温度高于 40℃时，每增高 1℃，设备的允许电流减小 1.8%；环境温度低于 40℃时，每降低 1℃，设备的允许电流可增加 0.5%，但是总的增量不超过 20%。

普通的高压电气设备一般可在环境最低温度为 -30℃ 的情况下正常运行。在高寒地区，应选择可以适应最低环境温度为 -40℃ 的高寒电气设备。在最高温度超过 40℃、长期处于低湿度的干热地区，应选用型号后带 "TA" 字样的干热型产品。

（2）日照。屋外高压电气设备在日照作用下将产生附加温升。电气设备的发热试验多是在避免阳光直射的条件下进行的，因此当设备提供的额定载流量未考虑日照因素时，在电气设计中可以按照其额定值的 80% 满足工作要求来选择设备。

（3）风速。一般高压电气设备可在风速不大于 35m/s 的环境下运行。当最大风速超过 35m/s 时，除向制造部门提出特殊订货外，还应在设计布置时采取有效防护措施，如降低安装高度、加强基础固定等。

（4）冰雪。在积雪和附冰严重的地区，应采取措施防止冰串引起的瓷件绝缘对地闪络。

(5) 湿度。一般高压电气设备可运行在 +20℃、相对湿度为 90% 的环境中。在长江以南和沿海地区，如果相对湿度超过一般产品的使用标准，可选用型号后标有"TH"的湿热带型高压电气设备。

(6) 污秽。电气设备工作于污秽环境时，要考虑污秽可能给电气设备造成的化学腐蚀。根据实际情况，应采取以下措施：

1) 增大电瓷外绝缘的有效泄漏比距，或选用有利于防污的电瓷造型，如采用半导体、大小伞、大倾角、钟罩等特制绝缘子。

2) 2 级及以上污秽区的 63~110kV 配电装置采用屋内型。当经济技术合理时，污秽区 220kV 配电装置也可采用屋内型。

(7) 海拔。电气设备的一般使用环境海拔不超过 1000m。安装在海拔超过 1000m 的高原地区，电气设备外绝缘一般应予以加强，可选用高原型产品或选用外绝缘提高一级的产品。在海拔 3000m 以下地区，220kV 及以下配电装置可选用性能优良的避雷器来保护一般电气设备的外绝缘。

当电气设备的安装在制造厂规定的海拔高度以上时，由于空气密度和湿度相应减少，会影响电气设备的外绝缘强度，规定的最大工作电压要下降。

试验指出，海拔高度为 1000~3500m 范围内，按 1%/100m 进行补偿，即海拔每增高 100m，电气设备最高允许工作电压应降低 1%。

(8) 地震。对于可能发生地震的安装环境，还要考虑当地的地震烈度，选用可以满足抗震要求的产品。

2. 电气设备选择的环保问题

选择电气设备时还应考虑其对于周围环境的影响，主要应考虑电磁干扰和噪声。

(1) 电磁干扰。频率大于 10kHz 的无线电干扰主要来自电流、电压突变和电晕放电。它会损害或破坏电磁信号的正常接收及电子设备的正常运行。电气设备及金具在最高工作相电压下，晴天的夜晚不应出现可见电晕。

根据运行经验和现场实测结果：

1) 110kV 以下的电气设备，一般可不校验无线电干扰电压。

2) 110kV 及以上电气设备，户外晴天无线电干扰电压不应大于 2500μV。

(2) 噪声。在距离电气设备 2m 处，噪声水平不应大于下列限值：

1) 连续性噪声：85dB。

2) 非连续性噪声：屋内 90dB，屋外 110dB。

2.4.3 变压器的选择

变压器的选择，主要是型式的选择和容量的确定。其他电气参数的选择方法和校验方法，只需按照电气设备选择的通用方法即可。

1. 变压器的型式选择

(1) 单相或三相。在不受运输条件限制时，330kV 及以下电力系统，一般都应选用三相变压器。目前基本上所有风电场升压站的最高电压等级都在 220kV 及以下。

对于将来可能出现的特大型风电场，不排除采用 500kV 电压等级进行大容量远距离输电。对于 500kV 升压变电站，除考虑运输条件外，还应根据系统和负荷情况，分析变压器故障对系统的影响，以确定选用单相或三相变压器。

(2) 绕组数。当变电站中的变压器对应三个电压等级时，可以选择采用 2 台双绕组或 1 台三绕组变压器。

对于最大主变容量为 125MVA 及以下的风电场升压站，可采用三绕组变压器，每个绕组的通过容量应不低于变压器额定容量的 15%。三绕组变压器的台数一般不超过 2 台，因为三绕组变压器比同容量双绕组变压器价格高 40%～50%，其运行检修也比较困难，台数过多容易造成中压侧短路容量过大，而且采用室外配电装置时布置也比较复杂。

(3) 联结组标号。变压器三相绕组的联结组标号必须保证变压器和系统电压相位一致。

我国 110kV 及以上电压等级中，变压器三相绕组都采用"YN"联结（N 表示中性点直接接地）；35kV 采用星形（Y）联结，其中性点多通过消弧线圈接地。35kV 以下，采用三角形（D）联结。

在风电场和变电站中，为了满足系统的同步并列要求以及限制三次谐波对电源的影响，主变压器一般都选用 YND11 的常规接线。

(4) 调压方式。有载调压方式是带负荷切换，而且调压范围大。对于出力变化很大的风电场，为了维持二次电压水平，一般都采用有载调压的变压器。

(5) 绝缘介质。风电机组的机端变压器（箱变），可以采用油浸变压器，也可以采用干式变压器；升压变电站中的主变，容量较大，电压等级较高，多采用油浸变压器。

(6) 冷却方式

1) 7500kVA 以下的小容量变压器，一般采用自然风冷，风电场很容易满足风冷的要求。

2) 容量大于 10000kVA 的变压器，辐射器的散热达不到要求时，常采用人工风冷。

3) 对于容量更大的变压器，还可以考虑水冷和强迫油循环等冷却方式。

2. 变压器的容量确定

风电机组和机端变压器采用单元接线方式，变压器容量按发电机额定容量扣除本机组的厂用负荷后，留 10% 的裕度确定。扩大单元接线的变压器容量，按上述算出的两台机组容量之和确定。

升压变电站中主变的选择，要考虑事故及检修时的备用，变电站一般选用两台主变。由于风电的成本较高，有时单台主变容量按照 100% 的发电容量计算。

2.4.4 开关设备的选择

断路器有油断路器（多油、少油）、压缩空气断路器、SF_6 断路器、真空断路器等很多种类，可根据各自特点和应用场合的特定需要选择其中的一种。

断路器的作用是分断或者接通电路，不但要分合正常的负荷电流，还要能分合故障时的短路电流。因此，选择断路器时，除了考虑其额定电压、额定电流之外，还要考虑其对故障电流的开合能力。

(1) 额定开断电流。断路器的额定开断电流 I_{Nbr} 指的是在额定电压下能够开断的最大电流，反映的是断路器的灭弧能力，该参数应不小于实际开断瞬间的短路电流周期分量 I_{pt}，即

$$I_{Nbr} \geq I_{pt} \qquad (2\text{-}18)$$

(2) 短路关合电流。有时要求断路器在切断故障电流后由重合闸结构触发再合闸；或者断路器合闸时，电气设备可能存在故障。这就要求断路器具有关合短路电流的能力。断路器的短路关合电流不能小于短路时的最大冲击电流。

$$I_{Ncl} \geq i_{sh} \quad (2\text{-}19)$$

隔离开关一般不作为操作电器，最主要的参数是额定电压和额定电流，只需按照电气设备选择的通用方法进行处理。

熔断器主要用于故障后的设备保护，除了满足正常工作时的额定电压、额定电流要求，还要能在故障时切断短路电流，因而也有开断能力的要求。此外，还要看是否需要限流。

2.4.5 载流导体的选择

1. 导体截面的选择

导体的截面一般按照工作电流或经济电流密度进行选择。对于年负荷利用小时数大（大于5000h）、传输容量大、母线较长（大于20m）的情况，一般按照经济电流密度选择，其他情况可根据持续工作电流选择。

（1）按回路持续工作电流 I_{max} 选择

$$I_{max} \leq K I_{al} \quad (2\text{-}20)$$

式中，I_{al} 为在额定环境温度25℃时导体允许电流；K 为与实际环境温度和海拔有关的综合校正系数。

（2）按照经济电流密度 J 选择

$$S = \frac{I_{max}}{J} \quad (2\text{-}21)$$

式中，S 为经济截面（mm^2）；I_{max} 为回路持续工作电流（A）；J 为经济电流密度（A/mm^2）。

风电场的年最大负荷利用小时，一般在1500~3000h左右，远小于煤电平均5000h左右的指标。因此，风电场并网线路，在采用架空钢心铝导线时，经济电流密度按表2-7拟取1.65A/mm^2。常用型号的导线经济传输容量见表2-8。

表2-7 我国规定的导线和电缆经济电流密度　　　　　　　（单位：A/mm^2）

线路类别	导线材料	年最大负荷利用小时/h		
		3000 以下	3000~5000	5000 以上
架空线路	铝	1.65	1.15	0.9
	铜	3	2.25	1.75
电缆线路	铝	1.92	1.73	1.54
	铜	2.5	2.25	2

表2-8 按经济电流密度 1.65A/mm^2 计算的输送容量

导线型号	经济电流/A	输送容量/MW			
		35kV	66kV	110kV	220kV
LGJ-120	198.00	11.40			
LGJ-150	247.50	14.25	26.88	44.80	

(续)

导线型号	经济电流/A	输送容量/MW			
		35kV	66kV	110kV	220kV
LGJ-185	305.25	17.58	33.15	55.25	110.50
LGJ-240	396.00	22.81	43.00	71.67	143.35
LGJ-300	495.00		53.76	89.59	179.18
LGJ-400	660.00				238.91

注：输送容量 $P = \sqrt{3}UI\cos\varphi \times 10^{-3}$，$\cos\varphi = 0.95$。

如果风电场接入输电网，这种电网的特点是电压较高、线路较长、输送容量大，首先应按经济电流密度选择导线截面，其次再按电压等级来校核电晕条件，并按各种运行方式来校验热稳定条件。此外，尽管区域电力网的线路较长，电压损耗可能较大，这个问题应通过调压设备来解决，电压损耗不能作为选择的控制条件。

如果风电场接入地方配电网，如前所选这种电力网中的导线截面是按电压损耗条件来选择的，即应以电压损耗条件为首要条件，再校验其他条件。

由于电力网的分类并没有严格的界限，它们的特点也不是绝对的，上面的分类选择条件只能说符合一般情况，有时为了选出最佳方案，还需要进行各种因素的深入分析比较。

2. 导体的校验

（1）电晕电压校验。对电压等级为110kV及以上的裸导体，需要按晴天不发生全面电晕的条件进行校验，即裸导体的临界电压 U_{cr} 应大于最高工作电压 U_{max}。可不进行电晕校验的最小导体型号及外径，可从相关资料中获得。

（2）热稳定校验。在校验导体热稳定时，若计及趋肤效应系数 K_f 的影响，由短路时发热的计算公式可得到由短路热稳定决定的导体最小截面为

$$S_{\min} = \sqrt{\frac{Q_k \cdot K_f}{A_h - A_w}} = \frac{1}{C}\sqrt{Q_k \cdot K_f} \tag{2-22}$$

式中，C 为热稳定系数，$C = \sqrt{A_h - A_w}$，其取值见表2-9；Q_k 为短路热效应（$A^2 s$）。

表2-9 不同工作温度下裸导体的 C 值

工作温度/℃	40	45	50	55	60	65	70	75	80	85	90
硬铝及铝锰合金	99	97	95	93	91	89	87	85	83	82	81
硬铜	186	183	181	179	176	174	171	169	166	164	161

（3）硬导体的动稳定校验。硬导体通常都安装在支柱绝缘子上，短路冲击电流产生的电动力将使导体发生弯曲，因此需要按弯曲情况进行应力计算。而软导体不必进行动稳定校验。

导体最大相间应力 σ_{ph} 不能超过导体材料允许应力 σ_{al}（硬铝 7×10^6 Pa、硬铜 140×10^6 Pa），即 $\sigma_{ph} \leq \sigma_{al}$。则满足动稳定要求的绝缘子间最大允许跨矩 L_{max} 为

$$L_{\max} = \sqrt{\frac{10\sigma_{al}W}{f_{ph}}} \tag{2-23}$$

式中，f_{ph} 为单位长度导体上所受的相间电动力（N/m）；W 为导体对垂直于作用力方向的轴

的截面系数（m^3）。

例如，三相导体平行布置，对于截面长边为 h、短边为 b 的矩形导体，当长边为水平方向，每相为单条时，W 取值为 $bh^2/6$（两条时为 $bh^2/3$，三条时为 $bh^2/2$）；当长边为垂直方向，每相为单条时，W 取值为 $bh^2/6$（两条时为 $1.44bh^2$，三条时为 $3.3bh^2$）。

显然，L_{max} 是根据材料最大允许应力确定的。当矩形导体平放时，为避免导体因自重而过分弯曲，所选跨矩一般不超过 $1.5\sim2m$。三相水平布置的汇流母线常取绝缘子跨距等于配电装置间隔宽度。

对于不同的截面形状、导体数目和布置方式，相间应力有所差别，不再一一列举。

（4）硬导体的共振校验。对重要回路（如发电机、变压器回路及汇流母线等）的导体须进行共振校验。若已知导体材料、形状、布置方式和应避开的自振频率（一般为 $30\sim160Hz$），则导体不发生共振的最大绝缘子跨距 L_{max} 为

$$L_{max} = \sqrt{\frac{N_f}{f_1}}\sqrt{\frac{EI}{m}} \quad (m) \tag{2-24}$$

式中，N_f 为母线频率系数，E 导体弹性惯量，f_1 导体自振频率，m 导体质量，I 导体惯性矩。

3. 其他说明

（1）封闭母线的选择方法。凡属定型产品，制造厂将提供有关的额定电压、额定电流和动稳定等参数，因此，可按电气设备选择的一般方法进行选择和校验；同时应根据具体工程情况，向制造厂提供有关资料，供制造厂进行布置和连接部分设计。

当选用非定型封闭母线时，应进行导体和外壳发热、应力及绝缘子抗弯的计算，并进行共振校验。

（2）架空线与电缆的选择。风电场的配电线路可采用直埋电力电缆敷设或架空导线。架空导线投资低，由于风电场内的风电机组基本上是按梅花形布置的，因此，架空导线在风电场内条形或格型布置不利于设备运输和检修，也不美观。采用直埋电力电缆敷设，虽然投资较高，但风电场内景观好。

2.4.6 互感器的选择

1. 电流互感器的选择

（1）额定电流。除了满足一次回路的额定电压和最大持续工作电流的要求，电流互感器的一次侧额定电流应尽可能与最大工作电流接近，以确保测量的准确度。一次电流较小（400A 及以下）时，宜优先采用多匝式，以提高准确度。

对于弱电控制系统或距离控制室较远的配电装置，为减小电缆截面、提高带二次负荷的能力及准确级，二次额定电流应尽量采用 1A，而对于强电系统采用 5A。

（2）准确级。为保证仪表测量的准确度，电流互感器的准确级不得低于所供测量仪表的准确级。当所供仪表要求不同准确级时，应按最高级别来确定互感器的准确级。

装于重要回路（如发电机、变压器、厂用馈线、出线等回路）的电流互感器，准确级不应低于 0.5 级；

对测量精度要求较高的大容量变压器、系统干线等，宜采用 0.2 级；

对接运行监视的电能表和控制盘上仪表的电流互感器，应为 $0.5\sim1$ 级；

供只需估计电参数仪表的电流互感器可用 3 级。

(3) 额定容量。电流互感器按选定准确级所规定的额定容量 S_{2N}，应不小于二次侧所接负荷，即

$$S_{2N} \geq I_{2N}^2 Z_{2L} \tag{2-25}$$

$$Z_{2L} = r_a + r_{re} + r_L + r_c \tag{2-26}$$

式中，r_a、r_{re} 分别为二次侧回路所接仪表和继电器的电流线圈电阻（忽略电抗）；r_c 为接触电阻，一般可取 0.1Ω；r_L 为连接导线电阻。

(4) 导线截面。在满足准确级要求的二次导线的允许最小截面为

$$S = \frac{I_{2N}^2 \rho L_c}{S_{2N} - I_{2N}^2 (r_a + r_{re} + r_c)} = \frac{\rho L_c}{Z_{2N} - (r_a + r_{re} + r_c)} \tag{2-27}$$

式中，ρ 为导线电阻率，铜 $\rho = 1.75 \times 10^{-2} \Omega \cdot mm^2/m$；$L_c$ 为连接导线的计算长度（m），与仪表到互感器的实际距离 L 及电流互感器的联结方式有关。

发电厂和变电站应采用铜心控制电缆，求出的铜导线截面若小于 $1.5mm^2$，应选 $1.5mm^2$，以满足机械强度要求。在接入表计中，有供收费的电能表时，最小截面不应小于 $2.5mm^2$。

(5) 接线方式。在图 2-46 所示的三种联结方式中，图 a 用于测量对称三相负荷的一相电流；图 b 为星形联结（可不计中性线电流），导线计算长度小，测量误差小，常用于 110kV 及以上线路和发电机、变压器等重要回路；图 c 为不完全星形联结，常用于 35kV 及以下电压等级的不重要出线。

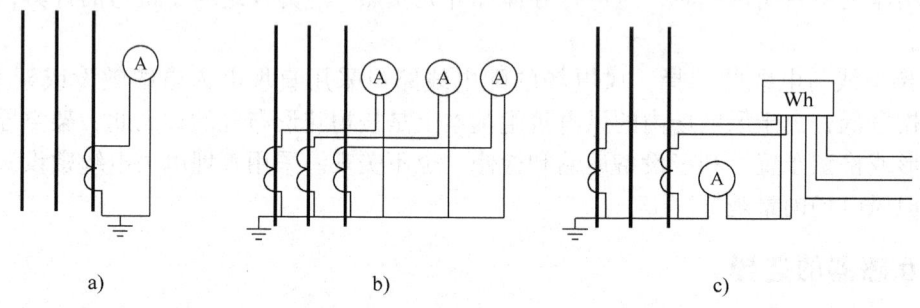

图 2-46 电流互感器的常用接线方式

2. 电压互感器的选择

(1) 类型。$6 \sim 35kV$ 屋内配电装置，一般采用油浸式或浇注式电压互感器；$110 \sim 220kV$ 配电装置，特别是母线上装设的电压互感器，通常采用电磁式电压互感器；当容量和准确级满足要求时，通常多在出线上采用电容式电压互感器。

(2) 额定电压。

1) 一台单相电压互感器，用于 110kV 及以上中性点接地系统时，可测量某一相对地电压；用于 35kV 及以下中性点不接地系统时，只能测量相间电压。

2) 三台单相三绕组电压互感器，YN/yn/d-11 联结或 YN/y/d-11 联结（二次侧星形绕组中性点不直接接地，而采用 b 相接地），广泛应用于各电压等级。而 $3 \sim 15kV$ 广泛用于测量相间电压或相对地电压，辅助二次绕组接成开口三角形，供接入中性点不接地电网的绝

缘监视仪表、继电器使用，或供中性点直接接地系统的接地保护用。

3）两台单相电压互感器，分别跨接于电网的 AB 及 BC 线电压上，接成不完全三角形（也称 V/v 接线），广泛应用在 20kV 以下中性点不接地的电网中，测量的是三个相间电压，不能测量相对地电压。

（3）容量和准确级选择。一般应根据仪表和继电器接线要求选择电压互感器的联结方式，并尽可能将负荷均匀分布在各相上，然后计算各相负荷大小，按照所接仪表的准确级和容量，选择互感器的准确级和额定容量。电压互感器的额定容量（对应于所要求的准确级），应不小于所带的二次负荷 S_2：

$$S_2 = \sqrt{(\sum S_0 \cos\varphi)^2 + (\sum S_0 \sin\varphi)^2} = \sqrt{(\sum P_0)^2 + (\sum Q_0)^2} \tag{2-28}$$

式中，S_0、P_0、Q_0、$\cos\varphi$ 分别为各仪表的视在功率、有功功率、无功功率和功率因数。

如果电压互感器的三相负荷不相等，为满足准确级要求，通常对负荷最大的一相进行比较。计算电压互感器各相的负荷时，必须注意互感器和负荷的联结方式。

思 考 题

1. 简述各主要电气一次设备的基本功能。这些一次设备有什么共同点？
2. 在电气系统中，变压器可以实现哪些功能？变压器运行时为什么会有损耗？
3. 网上查阅某变压器生产厂家的产品型号，根据这些型号，分析都是什么样的变压器。
4. 比较一下，断路器和隔离开关有哪些区别。
5. 结合单母线接线中检修母线的倒闸操作的过程，说明断路器、隔离开关、接地刀闸的不同作用。
6. 为什么电流互感器二次回路中不允许接入熔断器，电压互感器二次回路中需接入自动空气开关？
7. 在 10kV 配电装置中常采用矩形或槽型硬导体，在 110kV 以上如采用硬导体则截面常为圆形，为什么？
8. 某风电场 110kV 升压变电站有 110kV 进线两回，主变两台，现有两种接线方案，A-桥形、B-单母线分段，请列表对比两种方案的特点，并确定最终接线方案。
9. 某一回路的正常负荷电流为 100A，短路时流过的电流为 10000A，则短路时发热和电动力大约增大多少倍？
10. 某风电场有 30 台 1MW 的风电机组，升压站低压侧（10kV）采用单母线接线，请为升压站选择电气一次设备（各小题依次作为下一问的条件。可参阅《电力工程电气设备手册》）：
   (1) 确定主变压器的台数和容量、额定电压等；
   (2) 每 5 台风电机组集成一路接入升压站，请选择升压站中的 10kV 断路器；
   (3) 选择 10kV 侧的电流互感器和电压互感器；
   (4) 选择 10kV 侧的导体；
   (5) 这个风电场中是否需要装设串联电抗器和并联电容器？

第3章 风电场电气二次系统

教学目标：

了解风电场电气二次系统的构成，掌握二次设备和二次回路的基本功能，在对继电保护的作用、原理、要求有一定认知的基础上，基本掌握电气一次系统各种主要电气设备的继电保护整定计算方法，对风电厂的二次部分、升压变电站的二次部分及其综合自动化系统有所了解，并对我国目前已普遍采用的变电站综合自动化技术有一定的认知。

知识要点：

重要性	能力要求	知 识 点
****	识记	电气二次设备和二次回路及其功能
*****	理解	继电保护的作用、原理、设计要求及表示方法
****	分析	各种一次设备的继电保护整定计算方法
**	了解	中央信号系统的构成和作用
**	了解	风电厂的二次部分、升压变电站的二次部分
**	了解	升压变电站的综合自动化技术

重要术语：

电气二次系统，二次回路，原理接线图，展开接线图，相对编号法，安装接线图，二次设备，继电器，接触器，控制开关，小母线，成套保护设备，继电保护，中央信号系统，变电站综合自动化。

对一次设备的工作进行监测、控制、调节、保护以及为运行、维护人员提供运行工况或生产指挥信号所需的低压电气设备，称为二次设备，如测量仪表、熔断器、控制开关、控制电缆、继电器和自动装置等。在风电场中，为配合风力发电机、升压变电站、线路等一次电气设备运行的各种二次设备组成的电气回路构成了风电场电气二次系统或二次回路。电气二次系统是风电场安全可靠、经济运行的重要保障，是风电场不可缺少的重要组成部分。

电气二次系统通过电压互感器和电流互感器与一次设备取得电的联系。为了表述方便，本章将频繁出现的电压互感器简称为TV，电流互感器简称为TA。

3.1 二次系统的构成

3.1.1 二次设备

二次设备包括监测、控制、信号、继电保护等低压电气设备。

1. 继电器

（1）继电器的基本结构和原理

继电器是一种能够自动执行断续控制的结构紧凑的器件，用以在电路指定范围内检测各种异常状态或故障，并通过动作实现电路的"通"、"断"控制。在电路中，继电器控制逻辑的实现依赖于其自身结构，即线圈和触点的基本设计。

常规的电磁型继电器的基本结构如图 3-1 所示，由线圈、触点以及它们的接线端子和可动铁片、复位弹簧等部分组成。图 3-1a 为继电器线圈不带电或电流没有达到动作值时的状态；当继电器线圈电流 i 超过动作值后，电流所产生的电磁力吸引可动铁片，触点在可动铁片的带动下位置发生变化，如图 3-1b 所示，注意图 3-1a、b 中触点位置的变化。如果线圈中电流小于一定值，在复位弹簧的作用下，继电器触点位置将恢复到图 3-1a 的状态。

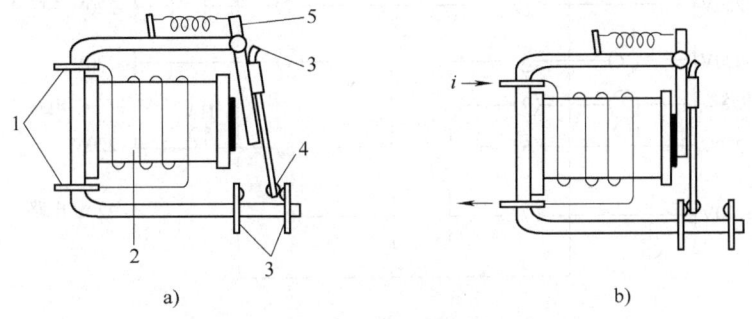

图 3-1 电磁型继电器的基本结构
a）线圈不带电的状态　b）线圈带电的状态
1—线圈端子　2—线圈部分　3—可动铁片　4—触点端子　5—触点

除了常规的电磁型继电器，还有晶体管继电器、静态继电器及微机型数字继电器等，分别采用二极管和晶体管、集成电路及微处理器等元器件来实现相同的逻辑。

线圈可以反映不同的电气量（例如某一特定的电流），以此来实现各种逻辑（例如是否过电流，可以对应逻辑上的"有"或"无"），进而用于实现触点位置的变换。

触点也可以有不同的逻辑，例如：正常时打开、动作后闭合的常开触点或动断触点，正常时闭合、动作后打开的常闭触点或动合触点，延时闭合的常开触点等，部分继电器触点的图形符号如表 3-1 所示。根据功能和实际需要，继电器往往装设多副触点，有时候还包括不同类型的触点。

表 3-1 部分继电器触点的图形符号

触点名称	图形符号	触点名称	图形符号
常闭触点		常开触点	
延时断开的常闭触点	或 （老标准）	延时闭合的常开触点	或 （老标准）
延时闭合的常闭触点	或 （老标准）	延时断开的常开触点	或 （老标准）

继电器的线圈和触点可以分别接入不同的电路中，从而实现由线圈至触点的顺序控制，完成各种逻辑功能。

（2）继电器的表示符号

在专业研究和工程实践中，往往采用类似于电气主接线的处理方式，以简化的符号来表示继电器和二次回路。一般用圆圈来表示触点端子，用方框来表示线圈。

例如，从在图3-2中可以直观地看出：该继电器有8个接线端子，其线圈通过7-8端子与外部电路连接，1-2端子间为常开触点，4-6端子间接有延时闭合的常开触点，5-9端子间为常闭触点，9-3端子间为常开触点，而端子5是端子3和9的公共端子。

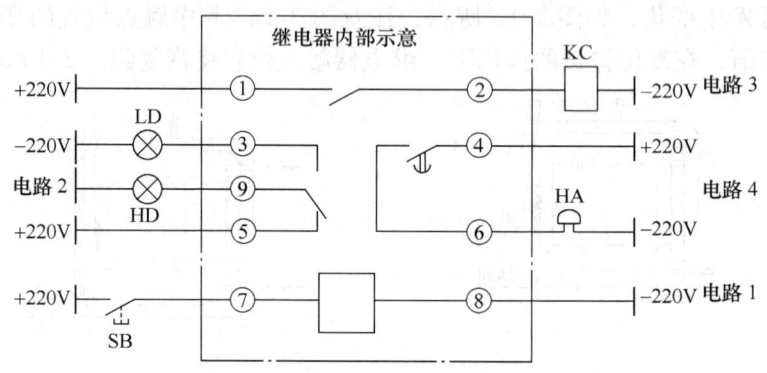

图3-2 继电器和二次回路的简化表示

（3）继电器的常见类型

电气二次系统中的继电器种类很多，按反应的物理量及功能可以分为电流继电器、电压继电器、功率方向继电器、差动继电器、中间继电器、时间继电器等。各种继电器的主要区别在于控制电路的不同。对于电流和电压继电器来讲，其控制电路是某一回路的电流或某一节点的电压，当电流或电压越过预先设定的限值时，继电器动作。而功率方向继电器判别的是功率的流向，需要同时采集某一支路的电流和对应节点的电压。这些继电器线圈上的控制电路多为交流的，采用的是经互感器采集的电流和电压。

1）电流继电器。电流继电器反映一次回路的电流越限。其线圈接入TA二次侧的交流电流回路，触点引出至直流控制回路，用以启动时间继电器或直接触发断路器分闸。

图3-3为继电保护中最常用的电流继电器的示意图。接线端子2和8之间的两个线圈以串联方式连接，端子2和8与继电器外部的TA二次侧交流电路相连，用于判别某线路中C相电流是否超过继电器的整定值。当电流越限时，继电器接线端子1和3之间的常开触点闭合，触发保护回路中的时间继电器动作，或直接用于控制回路中的断路器跳闸。

使继电器动作的最小电流值称为动作电流（或起动电流）I_{op}。使继电器返回原位的最大电流值称为返回电流I_{re}。二者的比值称为继电器的返回系数，定义为

$$K_{re} = \frac{I_{re}}{I_{op}} \tag{3-1}$$

为了保证动作后输出状态的稳定性和可靠性，电流继电器（以及一切过量型继电器）的返回系数都小于1，一般为0.85~0.9。

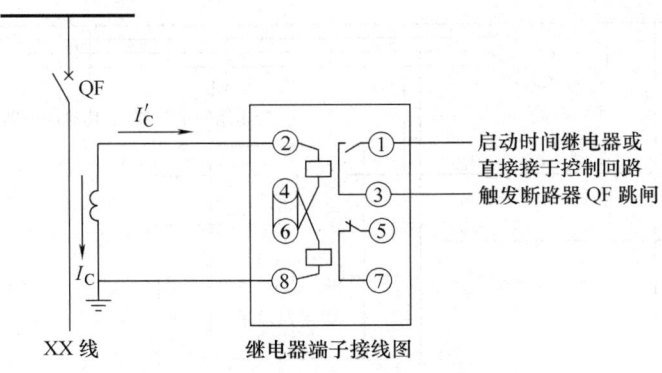

图 3-3 电流继电器示意图

2）电压继电器。电压继电器的结构和电流继电器类似，不同是电压继电器线圈匝数多、导线细、阻抗大，反应的是电网电压。

电压继电器分为过电压继电器和低电压（即欠电压）继电器，用于继电保护装置中的过电压保护或欠电压闭锁，其线圈接入 TV 二次侧的交流电压小母线上，触点用于启动控制回路跳闸或与其他保护继电器配合组成相关的保护逻辑。

低电压继电器的接线示意图如图 3-4 所示，电压继电器引入 TV 二次交流电压小母线的 A、C 相之间的线电压。当系统正常运行时，接线端子 2 和 8 串联的线圈带有 100V 左右的电压，其常闭触点处于断开状态，实现对其他电路的闭锁；当 AC 之间的线电压降低到整定值时，其触点闭合，将外部电路开放。

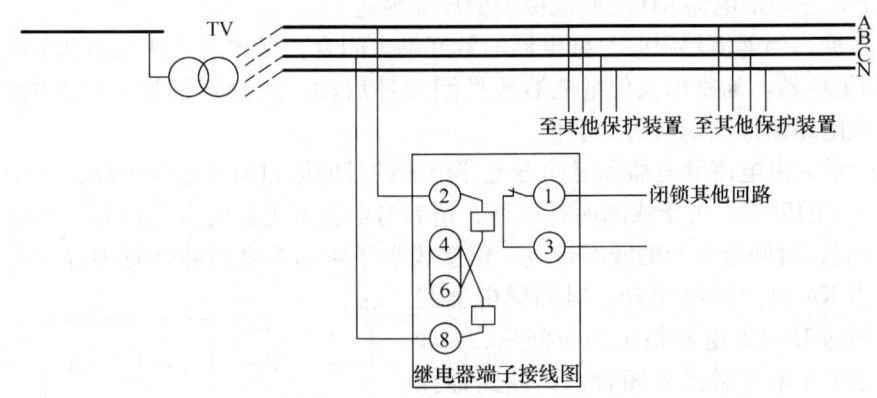

图 3-4 电压继电器示意图

3）功率方向继电器。功率方向继电器判别某支路上流过的功率的方向，动作限值是一个角度区间。当电流和电压的相位差处于某一设定的区间内时，继电器动作。

常用的采用 90°接线的功率方向继电器，如图 3-5 所示，其接线端子 5 和 6 之间的电压线圈接 BC 相电压，而接线端子 2 和 4 之间的电流线圈接入 A 相电流。当电压和电流的相位差落于整定区间内时，继电器接线端子 1 和 3 之间的常开触点闭合。

需要注意的是，在功率方向继电器中需要考虑电压和电流的相位关系，因此继电器有极性的概念，如图中"*"号表示为电流或电压的极性端。极性可以认为是事先标定好的参考方向。

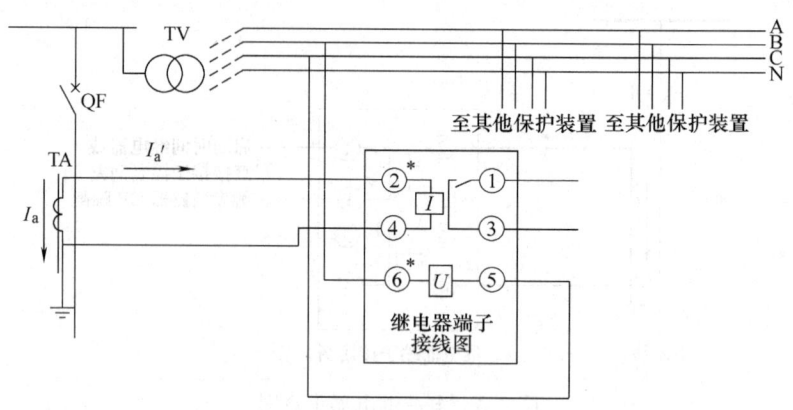

图 3-5　功率方向继电器示意图

4）差动继电器。差动继电器的基本原理是基尔霍夫电流定律，通过采用特定的接线方式来得到流入某一元件（线路、变压器、母线等）的电流和流出该元件的电流之差，该差值传递给一个电流继电器。如果差流越限，继电器的一对接线端子之间的常开触点闭合，触发保护动作。

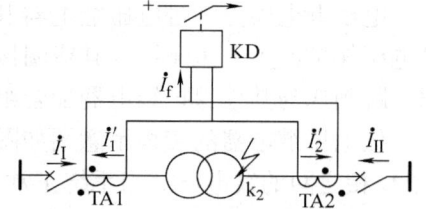

用于变压器内部保护的差动继电器 KD 接线示意图如图 3-6 所示，差动继电器 KD 反应被保护变压器流进、流出电流的差流，当差流越限时，继电器的常开触点闭合，保护整个变压器和引线。

图 3-6　差动继电器接线示意图

5）时间继电器。通常由其他继电器或控制元件启动，用以判别某一状态的持续时间，使被控设备或电路按照预定的时间动作。

图 3-7 所示为由电流继电器和时间继电器组成的带时限过电流逻辑电路。图中只显示了电流继电器 KA 的触点，关于线圈所在电路，请参考电流继电器的有关内容。当电流继电器 KA 触点闭合后，时间继电器的线圈带电，但接线端子 4 和 6 之间的延时闭合常开触点并不闭合，只有当 KA 触点持续闭合，时间继电器线圈持续带电超过时间继电器整定的时间后，4 和 6 之间的延时闭合常开触点才闭合，给断路器操作机构发出跳闸命令。可见，时间继电器的控制电路一般为直流电路。

6）中间继电器。中间继电器常用于在二次系统中增加某一控制电路的触点数量和容量。

在图 3-8 所示的二次回路中，当电流继电器 KA 触点闭合后，中间继电器的线圈带电，其三

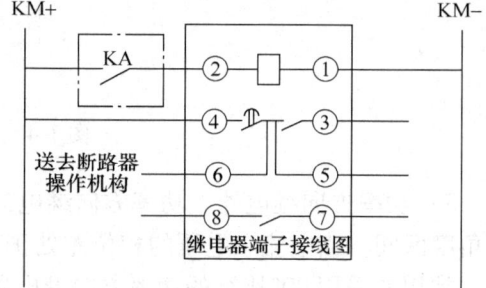

图 3-7　时间继电器示意图

个常开触点闭合，闭合的触点用于触发多个断路器操作机构的跳闸。可见，用中间继电器可以方便地实现将某一控制命令下发到多个控制回路中。

前 4 种继电器直接和 TA、TV 二次回路相连接，用于判断回路中的电流和设备上的电压是否正常，以确定设备是否处于故障状态，也被称为度量继电器。

第3章 风电场电气二次系统

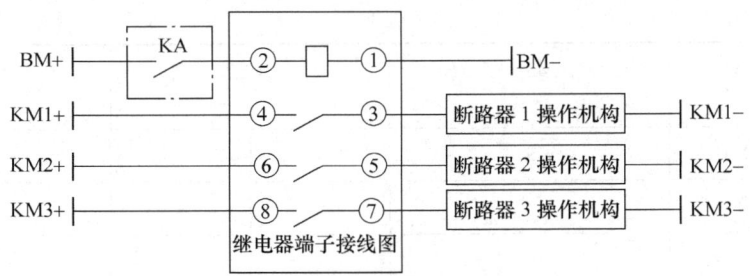

图 3-8　中间继电器示意图

而时间继电器、中间继电器等类型的继电器，常由度量继电器启动后实现后续逻辑，实现的只是有或无的简单顺序控制逻辑，被称为有无继电器。

2. 接触器

接触器的原理和继电器类似，电气系统中常用的电磁型接触器，也是依靠线圈带电来吸附触点的分合。与继电器相比，接触器的触点容量明显要大，可以通过较大电流。为了保证能对较大的电流进行分合，接触器往往装设有灭弧装置。

在电气一次系统中，接触器和熔断器配合使用可以取代较为昂贵的断路器；在电气二次部分，接触器常用于断路器的合闸，其线圈接于断路器的操作回路，触点接入合闸回路，用以分合较大的合闸电流。

断路器合闸时，由于回路中需要较大的电流，不能将合闸线圈直接接入控制回路，需要用接触器进行控制。而分闸的时候电流较小，可以直接将跳闸线圈接入控制回路中。

为了显示断路器的当前状态，在电动合闸回路和电动分闸回路中并联有红绿灯指示回路。在电力系统中常用红灯表示断路器处于合闸位置，绿灯表示断路器处于分闸位置；但电路连接中，却是绿灯串联高电阻接入合闸回路，而红灯串联高电阻接入分闸回路。

3. 控制开关

人工对电路的控制可由按钮来实现，但其触点数目太少，实现的逻辑很简单。除了一些简单控制回路以外，常用控制开关来实现电路的复杂逻辑控制。

图 3-9 所示为 LW15 型控制开关，其正面有用于人工控制的手柄，有三个可能位置，中间位置可以顺时针和逆时针旋转 45°。其后部为接线端子，用来连接电路，最终实现对于电路的控制。

图 3-9　LW15 型控制开关
1—手柄　2—接线端子

表 3-2 为 LW5-15B48 型转换开关的触点通断表。手柄的一次转动，关联着多个触点通断状态的变化。通过这些触点的合理组合，用一个开关就能实现比较复杂的逻辑操作。

表 3-2　LW5-15B48 型转换开关触点通断表（×表示接通）

手柄位置 触点	45° ←	0° → ←	45° →
1 o—|—|—o 2			×

(续)

手柄位置 触点	45° ←	0° → ←	45° →
3 ⊶┤├⊶ 4	×	×	
5 ⊶┤├⊶ 6		×	×
7 ⊶┤├⊶ 8	×		
9 ⊶┤├⊶ 10		×	

4. 小母线

在一次系统中，母线用于实现电能的集中和分配。在二次系统中，小母线实现类似的功能，所不同的是除了直流电源小母线用于给不同的设备分配电能，交流电压小母线和辅助小母线主要用于集中和分配信号。

直流电源小母线用于实现直流屏柜向不同的保护装置、测控装置等设备供电，如图3-7、图3-8中KM、BM均为直流电源小母线。控制电源、信号电源、保护电源需要分别设置，直流屏一般提供双回路供电。

交流电压小母线用于TV二次侧电压信号向不同保护测量装置的分配。各类保护测量装置，根据其所对应的一次设备的实际连接，有选择地接入不同的TV电压。

小母线一般布置在控制室的屏上和配电装置内。布置在控制室内的小母线，安装在屏柜的顶部，一般使用直径为6~8mm的铜棒或铜管，保护和测控装置采用外部绝缘的导线和它相连接。

5. 连接导体和接线端子

继电器、接触器、控制开关、指示灯、各类保护和自动装置的连接需要依靠导体和接线端子来实现。

装设于各类屏柜内、断路器操作机构内部的不同的二次元器件，如继电器、信号指示灯、控制开关等，它们之间也需要相互连接形成电路，这类屏柜或装置内部的连线一般以绝缘导线来实现。

而屏柜之间、室内外之间的二次设备的连接则需要采用控制电缆来实现。控制电缆常由多芯独股铜导线外裹绝缘材料和屏蔽层构成。用于连接TA二次的交流电流回路和需要流过大电流的直流电源回路常采用单芯截面2.5mm^{2}及以上的电缆，而用于实现逻辑控制功能的电缆常采用单芯截面1.5mm^{2}的电缆。

接线端子是二次系统中用于连接屏柜内部和外部的连接元件，一般成组排列，形成端子排，以实现屏柜内的保护测控装置和屏柜外的其他装置的集中连接。在二次系统中，各种基本元件被装设于保护屏、控制屏等屏柜上，以实现功能的集中。端子排可以认为是屏柜内部设备和屏柜外部设备的接口元件。在室外配电装置中，为了使得TA、TV及断路器隔离开关等设备的二次回路可以集中布设，还设置有专用的端子箱，以实现室内的各类二次设备和室外的一次设备的连接。

6. 成套保护装置和测控装置

现在电力系统中常采用成套保护装置和测控装置来实现二次系统的构建。

成套式的保护装置，即将保护元件、控制元件等集中于单一装置内，装设于保护、测控屏柜中提供给用户使用。用户只需要使用电缆将保护、测控屏柜和其他屏柜及断路器等设备连接起来就完成了二次回路的构建。

图 3-10 为我国普遍采用的成套保护和测控装置，实现保护、测控功能的具体元器件集成在单一的装置之中，不需要运行人员关注如何连接。

3.1.2 二次回路

由二次设备相互连接，构成对一次设备进行监测、控制、调节和保护的电气回路，称为二次回路或二次接线系统。

（1）保护回路。继电保护回路用于实现对一次设备和电力系统的保护功能，它引入 TA 和 TV 采集的电流和电压并进行分析，最终通过跳闸或合闸继电器的触点将相关的跳闸/合闸逻辑传递给对应的断路器控制回路。

图 3-10　成套保护和测控装置

（2）控制回路。控制对象主要是断路器、隔离开关。控制回路要求不仅可以人工对被控对象进行操作，还可以引入继电器等设备的触点实现自动控制。

由于断路器在分合电流的时候有爆炸的可能性，一般采用远方控制方式；只允许在检修时用就地控制方式对断路器进行试验。隔离开关可以根据现场实际情况采用就地或远方控制。

在控制回路中需要有直流电源，这是因为控制回路中设备的运行需要电能，同时控制回路功能的实现还依赖于可以传递逻辑的电信号。控制电源按照其电压和电流的大小可分为强电控制和弱电控制两种。强电控制采用较高电压（直流 110V 或 220V）和较大电流（5A），弱电控制采用较低电压（直流 60V 以下，交流 50V 以下）和较小电流（交流 0.5~1A）。

（3）测量回路。测量回路是由各种测量仪表及其相关回路组成的，其作用是指示和记录一次设备的运行参数，以便运行人员掌握一次设备运行情况。它是分析电能质量、计算经济指标、了解系统潮流和主设备运行工况的主要依据。

测量回路分为电流回路与电压回路。

电流回路各种设备串联于电流互感器（TA）二次侧，TA 将一次电流统一变为 5A 左右的测量电流。计量与保护分别用各自的互感器（计量用的互感器精度要求高），计量测量串接于电流表以及电度表、功率表与功率因数表的电流端子。保护测量串接于保护继电器的电流端子。微机继电保护一般将计量及保护集成于一体，分别有计量电流端子与保护电流端子。

电压测量回路，低压系统可以直接连接到 220V 或 380V 回路，3kV 以上高压系统全部经过电压互感器（TV）将各种等级的高电压变为统一的 100V 左右的电压，电压表以及电度表、功率表与功率因数表的电压线圈经其端子并接在 100V 电压母线上。微机继电保护单元的计量电压与保护电压统一为一种电压端子。

（4）信号回路。在风电场和变电站中，除了用各种仪表监视电气设备的运行状况，还要借助灯光和音响信号装置反映设备的正常和非正常运行状况，并作为主控室与生产车间联络、传送信息的工具。信号系统由信号发送机构、接收显示元件及其传递网络构成，其作用是准确、及时地显示出一次设备的工作状态，为运行人员提供操作、调节和处理故障的依据。

信号回路按用途可分为：

1）位置信号。包括断路器位置信号、隔离开关位置信号和有载调压变压器调压分接头位置信号。为便于识别，不同的位置信号要采用不同的形式。

2）事故信号。当断路器事故跳闸时，继电保护动作启动蜂鸣器发出较强音响，引起运行人员的注意，同时断路器位置指示灯发出闪光，指明事故对象及性质。

3）预告信号。当一次设备出现异常情况时，继电保护启动警铃发出音响，同时光字牌亮，帮助运行人员发现隐患，以便及时处理。变电站可能发生的异常状态很多，如变压器过负荷、变压器轻瓦斯动作、变压器油温过高、电压互感器二次回路断线、交/直流回路绝缘损坏和控制回路断线等。

4）指挥信号和联系信号。指挥信号用于主控制室向各控制室发出操作命令的过程，联系信号用于各控制室之间的联系。

（5）操作电源系统。各种二次回路的工作电源，称为操作电源，由电源设备和供电网络构成。

在变电站中，一般采用蓄电池组作为直流操作电源。配电单元提供的交流电整流为直流，给蓄电池充电储存。即使交流系统故障，该电源也能在一段时间内正常供电，保证二次设备正常工作，具有高度的可靠性。

交流操作电源系统就是直接使用交流电源，正常运行时一般由 TV 或站用变压器作为断路器的控制和信号电源，故障时由 TA 提供断路器的跳闸电源。这种操作电源简单、廉价，还可使操作回路单元化，减少二次回路之间的相互影响。但其可靠性差，一旦一次系统停电，操作电源也同时失去，所以使用有局限性。

还有一种交流不间断电源系统（UPS），可向需要交流电源的负荷进行不间断地供电（即使一次系统停电，也可以坚持一定的时间而不间断供电）。基本原理是将来自蓄电池的直流变换成正弦交流电。

3.2 继电保护的基本知识

3.2.1 继电保护的作用和基本原理

1. 继电保护的作用

风电场在运行中可能发生各种故障和不正常运行状态。

最常见同时也是最危险的故障是各种类型的短路故障（即相与相或相与地之间的非正常连接），其危害包括：短路电流和所燃起的电弧使故障设备或线路损坏；短路电流通过非故障设备时，发热和电动力引起电气设备损伤或损坏，缩短使用寿命；更为严重的是，使风电场母线电压大大下降，破坏风电场与电力系统并列运行的稳定性，引起电网振荡，甚至导致整个电力系统瓦解。

最常见的异常运行状态是风电场电气设备的电流超过其允许值,即过负荷状态。长时间的过负荷会使电气设备的载流部分和绝缘材料的温度过高,加速绝缘老化,甚至损害设备。

为了在故障后迅速恢复风电场的正常运行,或尽快消除运行中的异常情况,必须在每个电气设备上安装继电保护装置。

继电保护装置是一种自动装置,能够对风电场中电气设备的故障或异常运行状态进行反应,并触发断路器动作或发出报警信号。

继电保护装置的基本任务是:

1) 有选择地、自动、迅速地切断故障元件与其余电气部分的联系,使故障元件免于继续遭到破坏,也保证其他无故障部分迅速恢复正常运行。

2) 对电气设备的不正常运行状态作出反应,根据运行维护的要求发出信号。

2. 继电保护的基本原理

风电场发生故障后,工频电气量变化的主要特征是:

(1) 电流增大。短路时故障点与电源之间的电气设备和输电线路上的电流将由负荷电流增大至远超过负荷电流水平的短路电流。

(2) 电压降低。当发生相间短路和接地短路故障时,风电场各节点的电压值下降,且越靠近短路点,电压越低。

(3) 电流与电压之间的相位角改变。正常运行时电流与电压间的相位角是负荷的功率因数角,一般约为20°;三相短路时,电流与电压之间的相位角是由线路的阻抗角决定,一般60°~85°;而在保护反方向三相短路时,电流与电压之间的相位角则是180° + (60°~85°)。

(4) 不对称短路时,出现相序分量,如单相接地短路及两相接地短路时,出现负序和零序电流和电压分量。这些分量在正常运行时是不出现的。

利用短路故障时电气量的变化,可构成各种原理的继电保护装置。例如:

1) 根据短路故障时电流的增大,可构成过电流保护;

2) 根据短路故障时电压的降低,可构成欠电压保护;

3) 根据短路故障时电流与电压之间相位的变化,可构成功率方向保护;

4) 根据故障时电压与电流比值的变化,可构成距离保护;

5) 根据故障时被保护元件两端电流相位和大小的变化,可构成差动保护;

6) 根据不对称短路故障时出现的电流、电压相序分量,可构成零序电流保护、负序电流保护和负序功率方向保护等。

3. 继电保护装置的基本组成

继电保护装置的种类很多,它们都由测量回路、逻辑回路和执行回路三个主要部分组成,其原理结构图如图3-11所示。

1) 测量部分的作用是测量被保护对象工作状态的一个或几个物理量,并与给定的整定值进行比较,确定继电保护是否应该动作。

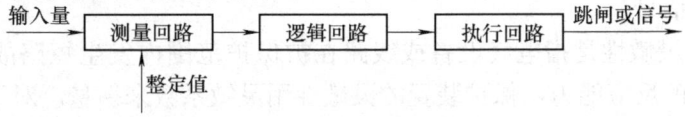

图3-11 继电保护装置的原理结构图

2）逻辑部分的作用是根据测量元件输出量的大小、性质、出现的顺序等，判断被保护对象工作状态是正常工作、异常工作还是故障状态，使保护装置按一定的逻辑程序工作，最后传到执行部分。

3）执行部分的作用是根据逻辑部分做出的判断，执行继电保护装置的任务，给出跳闸或信号脉冲。

3.2.2 继电保护的基本要求

继电保护在技术上一般应满足四项基本要求，即选择性、速动性、灵敏性和可靠性。各项基本要求之间紧密联系，既矛盾又统一，需要针对继电保护装置的具体使用条件进行协调与配合。

（1）选择性。选择性是指当风电场中的电气设备或线路发生短路时，其继电保护只把有故障的部分从系统中切除；当故障部分的继电保护装置或断路器拒绝动作时，应由相邻电气设备或线路的继电保护装置将故障部分切除。

在如图 3-12 所示的系统中，当线路 AB 上 k_1 点发生短路时，应由保护 1 和保护 2 动作将断路器 QF_1 和 QF_2 断开，故障部分被切除；而在线路 CD 上 k_3 点发生短路时，应由保护 6 动作将断路器 QF_6 断开，此时只有母线 D 停电。保护装置有选择性地切除故障，可以使停电范围最小，甚至不停电。

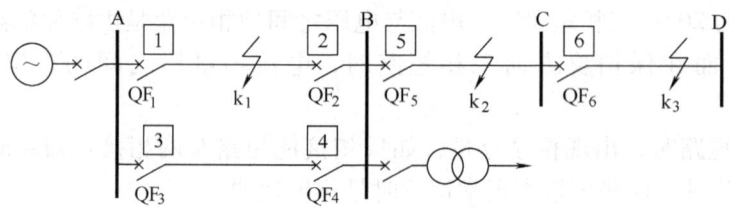

图 3-12 继电保护选择性说明图

如果 k_3 点发生短路时，由于种种原因，断路器 QF_6 拒绝动作，相邻线路的保护 5 会动作使断路器 QF_5 断开，这种保护的动作也是有选择性的。

如果 k2 点短路时，保护 5 本来能够动作将断路器 QF_5 断开，而保护 1 和保护 3 抢先动作使断路器 QF_1、QF_3 断开，这种保护动作就不符合选择性的要求。

（2）速动性。速动性是指继电保护装置应能尽快地切除故障。对于反应短路故障的继电保护，要求快速动作的主要理由和必要性在于：快速切除故障可以提高电力系统并列运行的稳定性；可以减少风电场场用电及用户电压降低的时间，加速恢复正常运行的过程，保证场用电及用户用电的稳定性；可以减轻电气设备和线路的损坏程度；可以防止故障的扩大；提高自动重合闸和备用电源或设备自动投入的成功率。

对于反应不正常运行情况的继电保护装置，一般不要求快速动作，而应按照选择性的条件，带延时地发出信号。

（3）灵敏性。灵敏性是指电气设备或线路在被保护范围内发生短路故障或不正常运行情况时，保护装置的反应能力。保护装置的灵敏性用灵敏系数来衡量。对于反应故障参数量增加（如过电流）的保护装置，灵敏系数表示式为：

$$K_{\text{sen}} = \frac{\text{保护范围内部故障某突变物理量的最小值}}{\text{同一物理量保护整定值}} \tag{3-2}$$

对于反应故障参数量降低（如低电压）的保护装置：

$$K_{\text{sen}} = \frac{\text{同一物理量保护整定值}}{\text{保护范围内部故障某突变物理量的最小值}} \tag{3-3}$$

国家标准《继电保护和安全自动装置技术规程》（GB 14285—2006）中对各种保护方式的灵敏度系数 K_{sen} 有具体规定，一般为 1.2~2.0。

（4）可靠性。可靠性是指在保护范围内发生了故障，该保护应动作时，不应由于它本身的缺陷而拒动作；而在不属于它动作的任何情况下，则应可靠地保持不动作。

以上四项基本要求是设计、配置和维护继电器保护的依据，又是分析、评价、研究继电保护的基础。因此，在实际工作中，要根据被保护元器件在风电场中的地位和作用来确定具体的保护方式，以满足其相应的保护要求。

实践表明，继电保护装置或断路器确实有拒绝动作的可能性，所以需要考虑配置后备保护。实际上，每一电气元件一般都有两种继电保护装置，即主保护和后备保护。必要时还另外增设辅助保护。

反应被保护元器件内部的短路故障，并能满足系统稳定和设备安全要求的有选择地切除故障的保护，称为主保护。

当主保护或断路器拒绝动作时，用以将故障切除的保护称为后备保护。后备保护可分为远后备和近后备两种：远后备是指主保护或断路器拒绝动作时，由相邻元器件的保护部分实现的后备保护；近后备是指当主保护拒绝动作时，由本器件的另一套保护来实现的后备保护。

为了补充主保护和后备保护的不足而增设的简单保护称为辅助保护。

3.2.3 继电保护的接线图

1. 原理接线图

可以用原理接线图（二次系统）来描述搭建电气设备继电保护回路的基本原理。

图 3-13 为 10~35kV 线路中常用的采用两相 TA/KA 作相间保护的电流速断保护原理接线图。注意继电器的线圈和触点的对应关系，对应于断路器 QF 的辅助常开触点 QF（其位置对应于断路器位置）串接于跳闸回路与跳闸线圈 YT 相连，用于控制跳闸回路的分合。压板 XB 的作用是人工选择速断保护跳闸逻辑的投入和退出，当 XB 打开时，即使继电器 KA_1 或 KA_2 动作跳闸，回路也无法导通。

正常运行时，电流继电器 KA_1 和 KA_2 接收 A 相和 C 相 TA 的二次电流，因其整

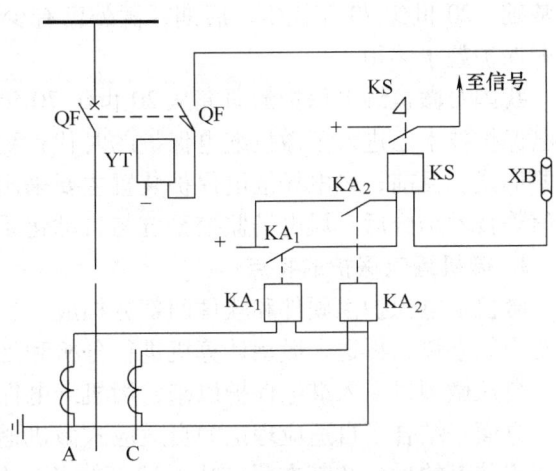

图 3-13 相间电流速断保护的原理接线图
KA_1、KA_2—电流继电器　KS—信号继电器
QF—断路器　YT—断路器跳闸线圈　XB—连接片（压板）

定值大于正常负荷电流,其常开触点处于打开的位置。当线路中发生相间短路故障时,KA_1 或 KA_2 中流过的电流大于整定值,其触点闭合,跳闸回路的正极经过 KA_1 或 KA_2 的触点以及 KS、XB、QF 和 YT 与负极接通;YT 触发断路器跳闸,QF 变为分位,其辅助触点 QF 同时打开,从而断开跳闸回路(断路器辅助触点比继电器触点容量大,不易烧坏);同时电流继电器 KA_1 和 KA_2 中不再流有电流,其常开触点断开。

需要注意的是:跳闸回路导通时,信号继电器 KS 也带电,从而其触点闭合,但其触点需要人工复位(注意触点图形符号的不同)以便于人员检查和记录。

2. 展开接线图

使用原理图来描述二次回路比较复杂,不易于表示不同功能的实现顺序。在实践中常使用展开接线图,以回路功能来描述二次回路的基本结构。

与图 3-13 相对应的展开接线图,如图 3-14 所示。在展开接线图中,继电器的线圈和触点往往放在不同回路中。整个回路的布置采用从上往下、从左往右

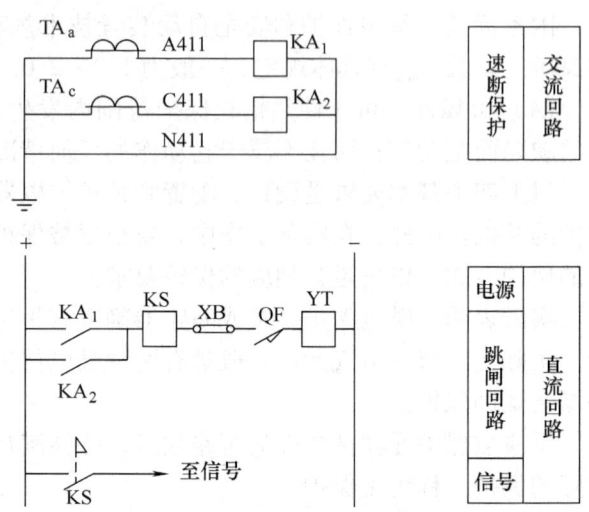

图 3-14 相间电流速断保护的展开接线图

的方式来描述逻辑功能的实现顺序。为了便于理解,图形描述的右侧一般加入对回路的文字描述。

3.2.4 微机继电保护

微机继电保护也称为数字式继电保护。20 世纪 60 年代末,国外提出用小型计算机实现微机继电保护的设想,并对继电保护算法进行了研究,为后来微机继电保护的发展奠定了理论基础。20 世纪 70 年代中、后期,国外已有少量的样机在电力系统中试运行,微型计算机继电保护趋于实用。

我国对微机继电保护的研究从 20 世纪 70 年代后半期开始,从 20 世纪 90 年代开始我国继电保护技术已进入了微机继电保护的时代;到 21 世纪,微机继电保护已成为继电保护的主要形式。目前,风电场继电保护装置主要采用微机继电保护产品;在微机继电保护和网络通信等技术结合后,风电场监控系统与自动化系统也得以广泛应用。

1. 微机继电保护的特点

微机继电保护由硬件和软件两部分构成,它是将被保护设备输入的模拟量经模数转换器后变为数字量,再送入微型计算机进行分析和处理的保护装置。

自从微型机引入继电保护以来,微机继电保护在利用故障分量方面取得了长足的进步;另一方面,结合了自适应理论的自适应式微机继电保护也得到较大发展,同时,计算机通信和网络技术的发展及其在系统中的广泛应用,使得风电场的集成控制、综合自动化更易实现。微机继电保护装置的特点包括:

(1) 高可靠性。可靠性是继电保护的基本要求,通过不断的完善,微机继电保护的可

靠性已经完全能够满足电力系统的要求。

（2）调试维护方便。保护功能是由程序完成，只要程序和设计时一样，就必然会达到设计时的要求，不用逐台检验每一种功能是否正确。微机继电保护具有很强的自检功能，一旦发现硬件损坏就会发出警报。

（3）易于获得附加功能。可以通过配置的打印机、显示屏、网络等提供电力系统故障后的多种信息，有助于运行部门对事故的分析和处理。

（4）灵活性大。只需通过改变软件来改变保护性能和功能。

（5）保护性能得到很好改善。充分利用计算机的智能特点，改善了继电保护性能。

未来几年内，微机继电保护将朝着高可靠性、简便性、通用性、灵活性和网络化、智能化、模块化等方向发展，并可以与电子式互感器、光学互感器实现连接；同时，充分利用计算机的计算速度、数据处理能力、通信能力和硬件集成度不断提高等各方面的优势，结合模糊理论、自适应原理、行波原理、小波技术等，设计出性能更优良和维护工作量更少的微机继电保护设备。

2. 微机继电保护的硬件构成

微机继电保护整套硬件通常是用单独的专用机箱组装，如图3-15所示。

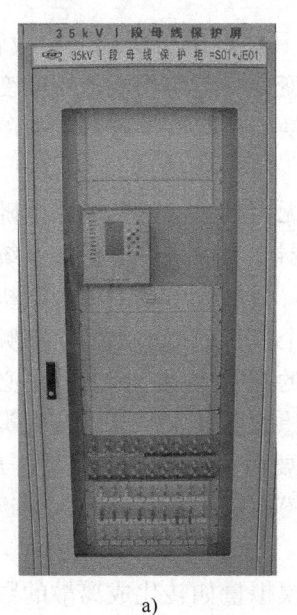

a)　　　　　　　　　　　b)

图3-15　风电场微机继电保护装置
a）保护屏　b）插件及机箱

如图3-16所示，微机继电保护硬件主要包含以下四个部分：

（1）数据采集系统即模拟量输入单元。数据采集系统包括电压形成、模拟低通滤波器（LPF）、采样保持（S/H）、多路转换（MPX）以及模数转换（A/D）等功能块，可以将模拟输入量准确地转换为所需的数字量。

微机继电保护要从被保护设备的电流互感器、电压互感器或其他变换器上取得信息，但这些互感器的二次数值的输入范围对微机电路并不适用，故需要降低和变换，在微机继电保

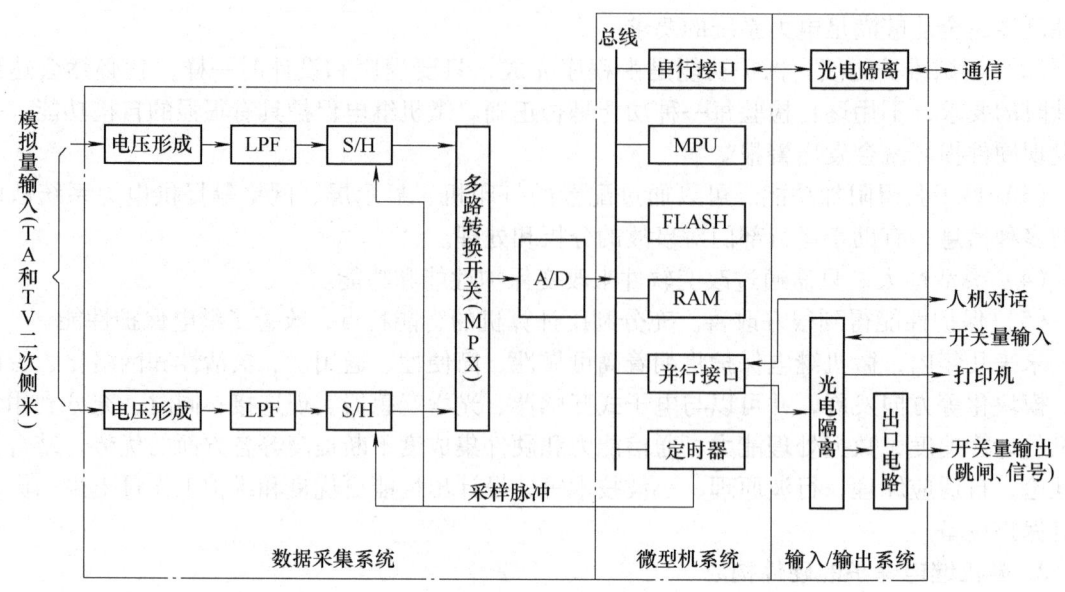

图 3-16　微机继电保护硬件示意图

护中通常要求输入信号为 ±5V 或 ±10V 的电压信号，具体取决于所用的模数转换器。因此，一般采用中间变换器来实现以上的变换。交流电流的变换一般采用电流中间变换器并在其二次侧并联电阻以取得所需的电压。此外，这些中间变换器还起到屏蔽和隔离的作用，提高了保护的抗干扰能力和可靠性。

滤波器是一种能使有用频率信号通过，同时抑制无用频率信号的电路。随着数字处理技术的发展，除了模拟滤波器之外，还出现了数字滤波器。对微机继电保护系统来说，在故障发生瞬间，电压、电流中可能含有相当高的频率分量。目前大多数的模拟微机继电保护原理都是反映工频量的，在这种情况下可以在采样前用一个模拟低通滤波器将高频分量滤掉。此外，电流互感器、电压互感器对高频分量已有相当大的抑制作用，因此，不必对抗混叠的低通模拟滤波的频率特性提出很严格的要求。模拟低通滤波器通常可分为两大类，一类是无源滤波器，由 RLC 元件构成；另一类是有源滤波器，主要由集成运算放大器和 RC 元件构成。

采样保持电路的作用是在一个极短的时间内测量模拟输入量在该时刻的瞬时值，并在模拟/数字转换器进行转换的期间内保持其输出不变。

在微机继电保护中，常需将检测到的连续变化的模拟量如转化成离散的数字量，才能输入到单片微机中进行处理。实现模拟量变换成数字量的设备称为模数转换器（ADC），简称 A/D。根据 A/D 转换器的原理可将其分成两大类。一类是直接型 A/D 转换器，另一类是间接型 A/D 转换器。在直接型 A/D 转换器中，输入的模拟电压被直接转换成数字代码，不经任何中间变量；在间接型 A/D 转换器中，首先把输入的模拟电压转换成某种中间变量（频率），然后再把这个中间变量转换成数字代码输出。

当需要对多个模拟量进行模数变换时，由于 A/D 转换器的价格较贵，通常不是每个模拟量输入通道设置一个 A/D，而是多路输入模拟量共用一个 A/D，中间经过多路转换开关切换。模拟量多路转换开关中最重要的部分是电子开关，它是用数字电子逻辑控制模拟信号通、断的一种电路，通常是由双极型晶体管（BJT）、结型场效应晶体管（J-FET）或金属氧化物半导体场效应管（MOS-FET）等类型组成的电子开关。

（2）微型机系统即数据处理单元。数据采集系统包括微处理器（MPU）、只读存储器（ROM）、闪存内存单元（FLASH）以及定时器等。微处理器执行存放在只读存储器中的程序，对由数据采集系统输入至闪存内存单元中的数据进行分析处理，以完成各种继电保护测量、逻辑和控制的功能。

目前，国内外微机继电保护装置所用的微处理器主要有两大类：一类是单片机；另一类是数字信号处理器（DSP）。数字信号处理器是进行数字信号处理的专用芯片，是伴随着微电子学、数字信号处理技术、计算机技术的发展而产生的新器件，具有强大、快速的数据处理能力和定点、浮点运算功能，因此，将DSP融合到微机继电保护中，将大大提高微机继电保护的性能。

一般的单片机都有一定的内部寄存器、存储器和输入/输出口。但当单片机用于实现保护功能时，首先遇到的问题就是存储器的扩展。单片机内部虽然设置了一定容量的存储器，但这种存储器一般容量较小，远远满足不了实际需要，因此需要从外部进行扩展，配置外部存储器，包括程序存储器和数据存储器。为了满足继电保护定值设置的需求，还配置了电可擦除的可编程只读存储器。程序常驻于只读存储器（EPROM）中。计算过程和故障数据记录所需要的临时存储是由随机读写存储器（RAM）实现。设定值或其他重要信息则放在电可擦可编程只读存储器（E^2PROM）中。它可在单一5V电源下反复读写，无需特殊读写电路，写入成功后即使断电也不会丢失数据。处理器通过其数据线、地址线、控制线及译码器来与存储器部件进行通信。根据不同保护功能的要求，一般还要扩展一些并行口等。

（3）数字量输入/输出系统即开关量输入/输出接口。输入/输出系统包括若干并行接口、人机对话接口回路及光电隔离器、中间继电器，以完成各种保护的出口跳闸、信号警报、外部接点输入及人机对话等功能。

对微机继电保护装置的开关量输入，即接点状态（接通或断开）的输入可以分成以下两大类：

1）安装在装置面板上的接点。这类接点包括在装置调试时用的或运行中定期检查装置用的键盘接点以及切换装置工作方式用的转换开关等。

对于装在装置面板上的接点，可直接接至微机的并行接口，如图3-17所示。只要在初始化时规定图中可编程的并行口的PA_0为输入口，则中央处理器CPU就可以通过软件查询，随时知道图3-17中外部接点K_1的状态。

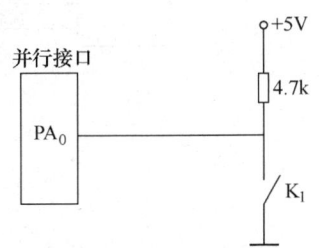

图3-17　装置面板上的接点与微机接口连接图

2）从装置外部经过端子排引入装置的接点。例如需要由运行人员不打开装置外盖而在运行中切换的各种压板、转换开关以及其他保护装置和操作继电器的接点等。

对于从装置外部引入的接点，如果也按图3-17所示的接线将会给微机引入干扰，所以应增加光电隔离，如图3-18所示。

开关量输出主要包括保护的跳闸出口以及本地和中央信号等。一般都采用并行接口的输出口来控制有接点继电器（干簧或密封小中间继电器）的方法，但为提高抗干扰能力，最好也经过一级光电隔离，如图3-19所示。

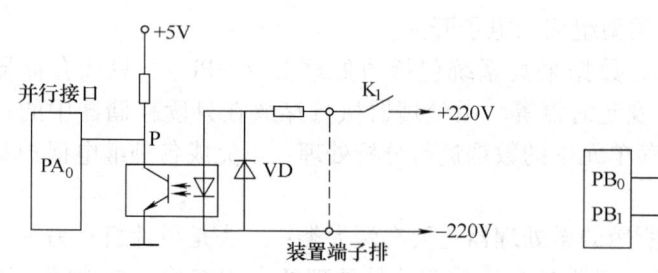
图 3-18 装置外部接点与微机接口连接图

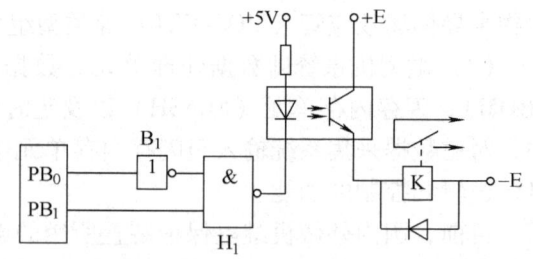
图 3-19 装置开关量输出回路接线图

微机通过并行接口芯片与打印机相连接。由于继电保护对可靠性要求特别高,又由于它的装设环境电磁干扰比较严重,所有的输入/输出线均应增加光电隔离。

人机对话接口回路主要包括以下两部分内容:

1) 由可编程键盘/显示控制器实现对数码显示管和键盘的控制或由专门控制电路实现对液晶显示器和面板键盘的控制,为调试、整定与运行提供简易的人机对话功能。

2) 由硬件时钟芯片提供日历与计时,可实现从毫秒到月份的自动计时。

(4) 通信接口及外围设备。通信接口及外围设备包括通信接口电路及其他辅助设备,以实现多机通信或联网及其他基本功能。

在微型计算机系统中,CPU 与外部的基本通信方式有两种:并行通信,即数据各位同时传送,如图 3-20a 所示;串行通信,即数据一位一位顺序传送,如图 3-20b 所示。

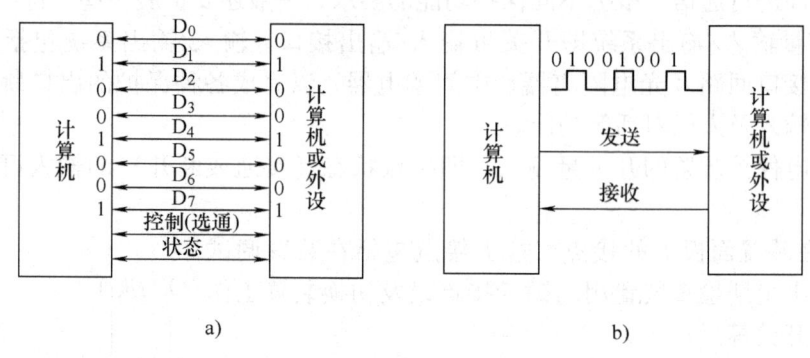

图 3-20 通信方式示意图
a) 并行通信 b) 串行通信

前面涉及的数据传送,都是采用并行方式,如主机与存储器,主机与打印机之间的通信。从图 3-20a 可以看到,在并行通信中,数据有多少位就需要多少条传送线。

而串行通信只需要一对传送线,故串行通信能节省传送线,特别是当数据位数很多和远距离数据传送时,这一优点更加突出。串行通信的主要缺点是传送速度比并行通信要慢。

3. 微机继电保护的软件构成

微机继电保护与传统继电保护的区别在于增加了保护软件,不同的保护功能可以由不同保护算法实现。

微机继电保护装置的软件通常分为监控程序和运行程序两部分。

微机继电保护装置监控程序包括人机对话接口命令处理程序及为插件调试、定值整定、结果显示等所配置的程序。

微机继电保护装置运行程序一般可分为三个模块。

1）主程序：包括初始化、循环自检、开放及等待中断等。主程序框图见图 3-21。

给继电保护装置上电或按复归按钮后，进入图 3-21 上方的程序入口，进行必要的初始化［初始化（一）］，如堆栈寄存器赋值、控制口的初始化。如在调试位置则进入监控程序，否则进入运行状态。此时，CPU 开始运行状态所需的各种准备工作［初始化（二）］。首先是向并行控制口写数，让所有继电器处于正常位置；然后，询问面板上定值切换开关的位置，按照定值套号从 E^2PROM 中取出定值，放在规定的定值 RAM 区。准备好定值后，CPU 将装置各部分进行全面自检，在确证一切良好后，才允许数据采集系统开始工作。完成采集系统初始化后，开放采样定时器中断和串行口中断，中断发生后转入中断服务程序。

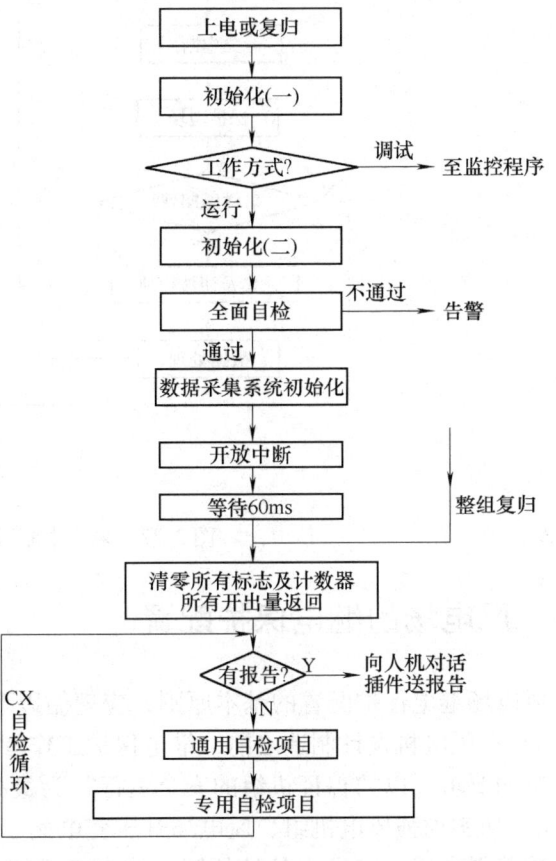

图 3-21　微机继电保护装置主程序框图

如果中断时刻未到，就进入循环自检及专用自检项目。如果继电保护有动作及自检出错报告，则向人机对话插件送报告。

全面自检包括：RAM 区读写检查，EPROM 中程序和 E^2PROM 中定值求和检查，开出量回路检查等。通用自检包括：定值套号的监视和开入量的监视等。专用自检项目依据不同的保护元件或不同保护原理而设置，例如风电场通信信号的通道检查等。

2）采样中断服务程序：包括采样中断、串行口中断等。前者包括 A/D 转换、数据处理、起动判定等，后者为通信、数据传送、监控等。

采样中断服务程序示于图 3-22，这部分程序主要执行数据的采样、处理及存储，启动判定等功能。

因为循环寄存区有一定的存储和记忆容量，可以方便地取得电流的突变量，所以微机继电保护通常采用电流突变量起动元件。

3）故障处理程序。在保护起动后才投入，用以进行保护特性计算、判定故障性质等。

进入故障处理程序后，先查电压和电流求和自检标志，以确定采样中断服务程序中是求和自检出错，还是相电流突变量起动元件而来；是出错则闭锁保护并报警，是起动元件动作则进行故障判定以确定保护是否动作。故障处理完后，延时整组复归回到主程序以准备下一次故障的到来。

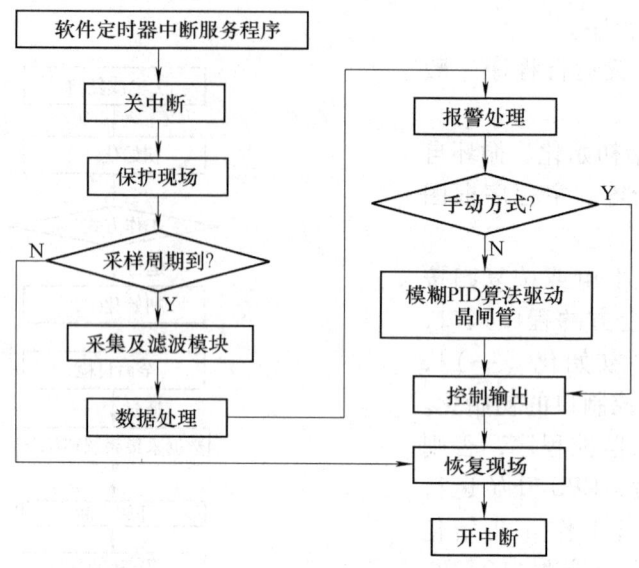

图 3-22 采样中断服务程序框图

3.3 风电场的继电保护配置

风电场继电保护配置的基本原则,应遵循以下几点:

1)在风电机设计制造之前,继电保护工作者应主动向电机专业人员介绍有关风电机继电保护的要求,以"保证机组的安全运行"为最高原则配置继电保护。

2)切实加强风电机组、风电场升压变电站、风电场内部线路及变压器的主保护,保证在保护范围内任一点发生各种故障,均有双重或多重原理不同的保护,有选择性地、快速地、灵敏地切除故障,使机组、变压器、线路的损伤最轻、对电力系统的影响最小。

3)在切实加强主保护的前提下,同时注意后备保护的简化。比如,仅在升压变电站主变压器高压侧配置反应相间和单相接地的后备保护,这些后备保护均不连锁跳高压母线上的联络断路器和分段断路器。

下面将对风电厂和升压变电站主要电气一次设备的继电保护配置及原理进行分别介绍。

3.3.1 电力线路的保护

电力线路发生短路故障时,电流会突然增大,故障相间的电压会降低。利用这一特征,可以设计电力线路的继电保护方案。

1. 单侧电源线路相间短路的电流保护

(1)单侧电源网络相间短路时的电流特征

对于图 3-23 所示的单侧电源供电系统,任意点发生三相或两相短路时,流过短路点与电源之间线路的短路周期分量可以用下式近似计算:

$$I_k = K_\varphi \frac{U_N}{\sqrt{3}(Z_S + Z_k)} \tag{3-4}$$

式中,U_N 为系统额定电压或平均额定电压;Z_k 为短路点与保护安装处之间的阻抗;Z_S 为保护安装处与电源或等值系统之间的阻抗；K_φ 为短路类型系数，三相短路时取 1，两相短路时取 $\sqrt{3}/2$。

由式（3-4）可见，当电力系统运行方式改变、短路点变化或短路类型不同时，短路电流都会改变。在被保护线末端发生短路时，系统等效阻抗最小而通过保护装置的短路电流为最大的运行方式，称为系统最大运行方式；在同样短路条件下，系统等效阻抗最大而通过保护装置的电流为最小的运行方式，称为系统最小运行方式。系统等效阻抗的大小与投入运行的电气设备及线路的多少等因素有关。

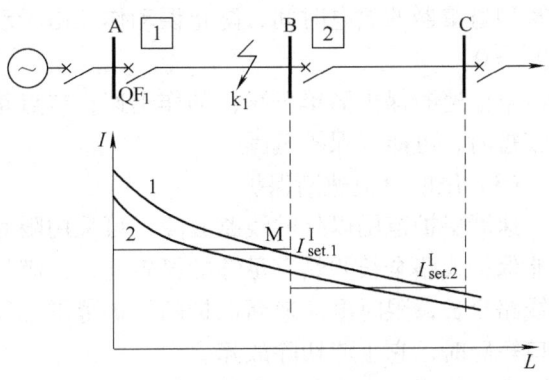

图 3-23 线路相间故障电流保护示意图

在最大运行方式下三相短路时通过保护装置的电流最大，称为最大短路电流；而在最小运行方式下两相短路时，通过保护装置的短路电流最小，称为最小短路电流。它们随短路点距离变化的情况，分别如图 3-23 中的曲线 1、2 所示。

（2）电流速断保护

各种电气设备应尽量都装快速动作的继电保护。只反应电流增大而瞬时动作切除故障的保护，称为电流速断保护，也称为无时限电流速断保护。

对于单侧电源供电线路，电源侧应装电流速断保护。为保证动作的选择性，电流速断保护一般只保护线路的一部分，保护装置的动作电流整定值应躲开下一条线路出口处短路时通过该保护装置的最大保护电流。以图 3-23 为例，对保护 1 来讲，其整定的动作电流 $I^{\mathrm{I}}_{\mathrm{set.1}}$ 必须大于母线 B 上三相短路时电流 $I^{\mathrm{I}}_{\mathrm{k.B.max}}$

$$I^{\mathrm{I}}_{\mathrm{set.1}} > I_{\mathrm{k.B.max}} = \frac{U_{\mathrm{N}}}{\sqrt{3}(Z_{\mathrm{S.min}} + Z_{\mathrm{A-B}})} \tag{3-5}$$

即

$$I^{\mathrm{I}}_{\mathrm{set.1}} = K^{\mathrm{I}}_{\mathrm{rel}} I_{\mathrm{k.B.max}} \tag{3-6}$$

引入可靠系数 $K^{\mathrm{I}}_{\mathrm{rel}} = 1.2 \sim 1.3$ 是考虑短路电流非周期分量的影响、实际的短路电流可能大于计算值、保护装置的实际动作值可能小于整定值以及留有一定的裕度。

把动作电流标于图 3-23 中，可见在交点 M 与保护 1 安装处的一段线路上短路时，保护 1 能够动作。在交点 M 以后的线路上短路时，保护 1 不会动作。因此，一般情况下，电流速断保护只能保护本条线路的一部分，而不能保护全线路，通常应进行保护范围的校验。

规程规定，在最小运行方式下，电流速断保护范围要求大于被保护线路全长的 15% ~ 20%。

电流速断保护的接线如图 3-24 所示，电流继电器 KA 接于 TA 的二次侧，它动作后启动中间继电器 KM，其触点闭合后，经信号继电器 KS 发出信号并接通断路器跳闸线圈 YR。考虑到线路

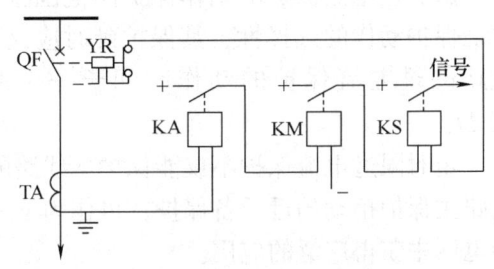

图 3-24 电流速断保护的单相原理接线图

中管型避雷器放电时间为 0.04~0.06s，在避雷器放电时速断保护不应该动作，为此在速断保护装置中加装一个保护出口中间继电器 KM，一方面扩大接点的容量和数量，另一方面躲过管型避雷器的放电时间，防止误动作。由于动作时间较小，可认为电流速断保护的动作时间 $t^I = 0$。

电流速断保护简单可靠，动作迅速；缺点是不能保护线路全长，运行方式变化较大或线路较短时，可能无保护范围。

（3）限时电流速断保护

速断保护范围以外的线路故障，可采用限时电流速断保护。对它的要求是在任何情况下都能保护线路全长并具有足够的灵敏性，在满足这个前提下具有较小的动作时限。为了保护本线路全长，限时电流速断保护的保护范围必须延伸到下一条线线路去，这样当下一条线路出口短路时，它也能切除故障。

参见图 3-23，保护 1 的限时电流速断保护的动作电流 $I^{II}_{set.1}$ 应按躲开下一条线路电流速断保护的电流 $I^I_{set.2}$ 进行整定，即

$$I^{II}_{set.1} = K^{II}_{rel} I^I_{set.2} \quad (3-7)$$

式中，K^{II}_{rel} 为可靠系数（又称配合系数），取值为 1.1~1.2。

为了保证选择性，必须使限时电流速断保护的动作带有一定的时限。为了保证速动性，时限尽量缩短，通常限时电流速断保护的动作时限 t^{II}_1 比下一条线路的速断保护时限 t^I_2 高出一个时间阶段 Δt，即

$$t^{II}_1 = t^I_2 + \Delta t \quad (3-8)$$

式中，Δt 为时限级差，对于不同类型的断路器及保护装置，一般取值为 0.3~0.6s，常常取 $\Delta t = 0.5s$。

电流速断和限时电流速断保护构成线路的"主保护"，二者联合工作，就可以在 0.5s 内切除全线路范围的故障。

图 3-25 为限时电流速断保护的接线图，时间继电器 KT 用来设置保护的延时。

（4）定时限过电流保护

定时限过电流保护（简称过电流保护），其动作电流按躲过最大负荷电流来整定，而时限按阶梯性原则来整定。

由于过电流保护的动作保护的范围很大，为保证保护动作的选择性，其保护延时应比下一条线路的过电流保护的动作时间长一个时限阶段 Δt。

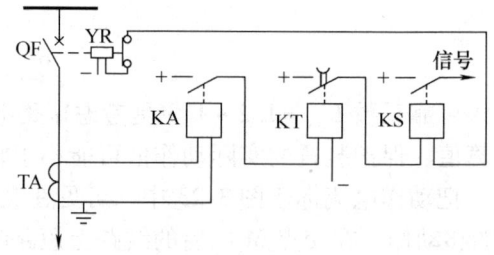

图 3-25 限时电流速断保护的单相原理接线图

定时限过电流保护不仅能保护本线路的全长，还能保护下一条线路的全长。既能作为本线路主保护拒动的近后备保护，也作为下一条线路保护和断路器拒动的远后备保护，在放射型电网中获得广泛的应用。

（5）阶段式电流保护的配合

电流速断保护只能保护线路的一部分；限时电流速断保护能保护线路全长，但却不能作

为下一相相邻的后备保护；定时限过电流保护作为本条线路和下一段相邻线路的后备保护。由电流速断保护、限时电流速断保护及定时限过电流保护相配合构成一整套保护，叫做三段式电流保护。

实际上，风电场中线路并不一定都要装设三段式电流保护，有时可采用两段式保护。

2. 线路的方向性电流保护简介

对于多电源的复杂网络，简单的电流保护已不能满足要求。在图 3-26 所示的双电源网络中，为保证选择性，k_1 点短路时要求 $t_2 < t_3$；而当 k_2 点短路时又要求 $t_2 > t_3$。为解决上述矛盾，可以在电流保护中增加一个功率方向继电器，只有当短路功率从母线流向线路时才动作，而短路功率从线路流向母线时不动作。

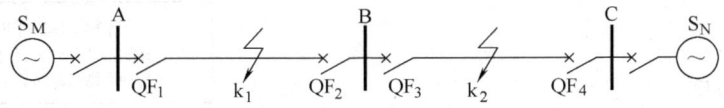

图 3-26　双侧电源网络

图 3-26 所示的双侧电源网络中的电流保护装设方向器件后，就可以把它们等效为两个单侧电源网络的保护，即电源 S_M、保护 1、保护 3 是一个系统，电源 S_N、保护 4、保护 2 是另一个系统。这样，保护 2 和保护 3 的过电流保护动作时间不需要进行配合，按阶梯原则满足 $t_1 > t_3$ 和 $t_4 > t_2$ 即可。

功率方向继电器简称功率继电器或方向器件，用于判别短路功率的方向。图 3-27 为方向过电流保护的单相原理接线图。方向器件 KP 和电流器件的触点串联，只有当两个器件都动作时，保护才能动作跳闸。

3. 微机三段式电流保护流程图

在上一节所阐述的微机继电保护硬件系统的基础上配备不同的应用软件、不同的算法即可实现各种保护功能。继电保护算法是对数据

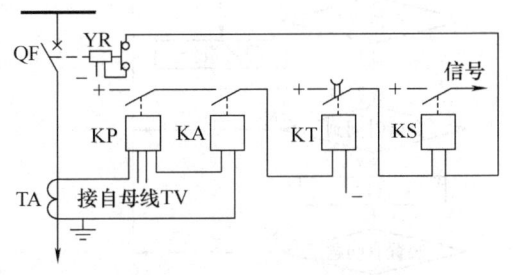

图 3-27　方向过电流保护的
单相原理接线图

处理的数字处理方法、保护启动、故障选相、故障性质判断和各种不正常状态闭锁的数字计算方法，也可以认为是将传统继电保护原理中故障量测定、动作方程、动作特性和与整定值比较的公式数字化的方法。

在微机三段式电流保护中，可以将主程序和定时中断服务程序设计成如图 3-28a、b 所示，其他中断方式的使用，可以根据实际应用情况予以综合考虑。

每当给微机电流保护装置上电或按复归按钮（RESET）后，便进入图 3-28a 上方的程序入口，进行初始化。经过初始化和全面自检后，开放中断，将数据采集系统投入工作，于是，可编程的定时器将按照初始化程序规定的采样间隔 T_s 不断发出采样脉冲，随即产生中断请求，然后转入中断服务程序，如图 3-28b 所示。

在图 3-28b 所示的中断服务程序流程图中，只显示出电流元件和时间元件的工作流程，这是三段式电流保护的主体，主要包括以下的功能：

1) 控制数据采集系统，将各模拟输入量的信号转换成数字量的采样值，然后存入 RAM

区的循环寄存器中。

2）时钟计时功能，用以记录带有故障时刻的信息。

3）计算继电保护装置中用到的测量值，如电流、电压、序分量等。在图 3-28b 中，为使流程更清晰起见，将用于比较的电流仅取为各相电流的最大值。

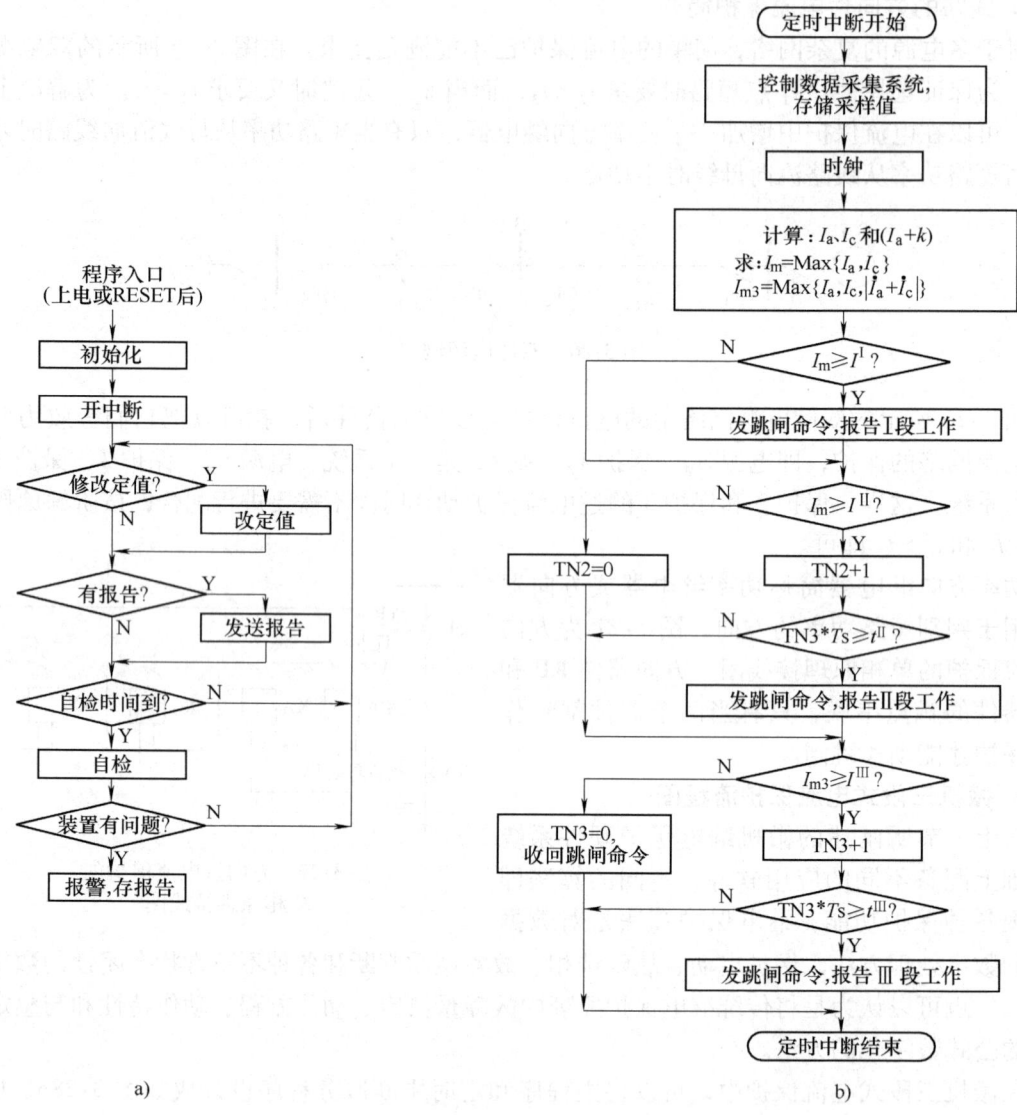

图 3-28　电流保护程序流程图
a）主程序　b）中断服务程序

4）将测量电流与 I 段电流整定值进行比较。如果测量电流大于 I 段电流整定值，则立即控制出口回路，发出跳闸命令和动作信号，同时保存 I 段动作信息，用于显示、打印、查询和上传。

5）执行完电流 I 段的功能之后，执行电流 II 段的功能。当 II 段电流元件持续动作到 t^{II} 时，立即发出跳闸命令和动作信号。当测量电流小于 II 段电流整定值时，可以考虑一个返回系数后，才让电流 II 段返回（TN2 = 0）。

延时 t^{II} 时间段可以利用计数器 TN2 计数的方式实现。由于采样间隔 T_s 是一个固定和已知的常数，所以计数器 TN2 的计数值代表的延时为 TN2×T_s，比如 T_s = 0.5ms，若 TN2 = 600，则 II 段 "时间继电器"的持续延时就为 300ms。如果 TN2×T_s < t^{II}，则 II 段 "时间继电器"不满足动作条件。

6）电流 III 段的功能、逻辑判断过程均与电流 II 段相似，仅仅是在电流测量元件中考虑了第三相电流的合成，用以提高第 III 段电流保护的灵敏度。

4. 线路的距离保护

距离保护反应保护安装处至故障点的电气距离，并根据距离的远近确定动作时限。电气距离一般用保护安装处至故障点之间的阻抗大小来衡量，故又称阻抗保护。系统正常运行时，保护安装处的电压为 U_m，电流为负荷电流 I_L，则测量阻抗为 $Z_m = U_m/I_L = Z_L$，基本是负荷阻抗。短路时，母线电压为残余电压 U_k，线路电流为短路电流 I_k，测量阻抗 $Z_m = U_k/I_k = Z_k$，是保护安装处至故障点的短路阻抗。短路后电压下降、电流增大，短路阻抗 Z_k 比正常时 Z_L 大大降低。利用电压和电流的比值，不但能判断线路是否短路，还能反映短路点到保护安装处的距离。距离越大，Z_k 越大。

距离保护的保护范围由整定阻抗 Z_{set} 来确定。当 $Z_m < Z_{set}$ 即短路点在保护范围以内时保护动作。因此，距离保护也叫低阻抗保护。

阻抗继电器是距离保护的核心器件，主要用作测量器件，也可以作起动器件和兼作功率方向器件。

按相测量阻抗继电器称为单相式阻抗继电器，加入继电器的只有一个电压 U_m 和一个电流 I_m。继电器动作情况取决于比值 U_m/I_m（即测量阻抗），当测量阻抗小于预定的整定值 Z_{set} 时动作。

若以坐标原点（对应保护安装处）为圆心，以 Z_{set} 为半径作圆 1，如图 3-29 所示，具有这种特性的继电器称为全阻抗继电器。当正方向短路时，测量阻抗位于第 I 象限，当反方向短路时，测量阻抗位于第 III 象限，但保护的动作行为与方向无关，只要测量阻抗小于整定阻抗 Z_{set}，落在动作特性圆内，阻抗继电器就动作。

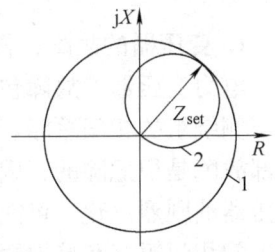

图 3-29 阻抗继电器及其动作特性

若以 Z_{set} 为直径，圆周通过坐标原点，则得到图 3-29 中的圆 2，这种特性的继电器称为方向阻抗继电器。当反方向短路时，继电器不动作，继电器本身有方向性。

距离保护同样可以用微机实现，距离保护的各个环节都可以用程序模块实现，并且还可以依据微机数字式数据处理能力的增强功能，如数字滤波、自适应在线整定、优化处理、循环比较、定义动作特性，使得微机距离保护的性能大大优于传统距离保护。

5. 线路的纵联差动保护

电流保护与距离保护在整定值上必须与相邻元件的保护相配合才能保证动作选择性要求，不能实现全线瞬时切除故障。在短线路上采用这些保护也会发生困难。

导引线通道构成的纵联差动保护，一般适用于 10km 以内的短线路。它以基尔霍夫电流定律为基础，主要是比较被保护线路始端、末端电流的大小和相位，其基本接线如图 3-30 所示。

当线路正常运行或外部故障（指故障在两侧电流互感器所包括的范围之外）时，流入继电器线圈的电流为

$$\dot{I}_r = \frac{\dot{I}_M + \dot{I}_N}{n_{TA}} = 0 \quad (3-9)$$

当故障在线路内部时，如图 3-30 中 k_1 点，流入继电器 KD 线圈的差动电流为

$$\dot{I}_r = \frac{\dot{I}_M + \dot{I}_N}{n_{TA}} = \frac{\dot{I}_k}{n_{TA}} \quad (3-10)$$

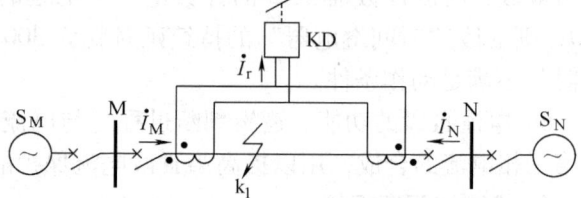

图 3-30 线路纵联差动保护基本接线

式中，$\dot{I}_k$ 为流入故障点总的短路电流；n_{TA} 为电流互感器变比。

当流入继电器的差动电流大于启动电流时，继电器启动跳开线路两侧的断路器。

为了保证差动保护动作的选择性，差动继电器动作电流必须躲过外部短路流过保护的最大不平衡电流。

此外，差动继电器的动作电流还必须躲过单个电流互感器二次回路断线的情况：

$$I_{set} = K_{rel} I_{L.max} \quad (3-11)$$

式中，K_{rel} 为可靠系数，取值为 1.5~1.8；$I_{L.max}$ 为线路正常运行时的最大负荷电流。

导引线通道构成的纵联差动保护的缺点是辅助导线长，可能使电流互感器二次负载阻抗难以满足要求。

同样，线路的纵联差动保护也可以用微机实现。

3.3.2 电力变压器的保护

1. 变压器的故障、异常运行方式及保护配置

电力变压器的故障包括油箱内部故障和油箱外部故障。油箱内部故障主要包括高压侧或低压侧绕组的相间短路、匝间短路，中性点直接接地系统的绕组单相接地短路。变压器油箱内部故障是很危险的，因为故障点的电弧不仅会损坏绕组绝缘和铁心，而且会使绝缘物质和变压器油剧烈汽化，可能引起油箱的爆炸。油箱外部故障主要是变压器绕组引出线和套管上发生的相间短路和接地短路（直接接地系统）。

变压器的异常工作状态主要有过负荷、外部短路引起的过电流、外部接地短路引起的中性点过电压、油箱漏油引起的油面降低或冷却系统故障引起的温度升高等。

变压器继电保护的任务就是反应上述故障或异常状态，并通过断路器切除故障变压器，或发出信号告知运行人员采取措施消除异常运行状态。同时，变压器保护还能用作相邻电气设备的后备保护。

变压器应装设如下各种继电保护：

(1) 瓦斯保护。容量为 800kVA 及以上的油浸式变压器，应装设瓦斯保护。

(2) 电流速断保护。容量 $S_{TN} \leq 6.3$MVA 的厂用工作变压器和并列运行变压器，容量 $S_{TN} \leq 10$MVA 的厂用备用变压器和单独运行变压器，均应装设电流速断保护。

(3) 纵联差动保护。容量 $S_{TN} > 6.3$MVA 的厂用工作变压器和并列运行变压器，容量 $S_{TN} > 10$MVA 的厂用备用变压器和单独运行的变压器，容量 $S_{TN} > 2$MVA 用电流速断保护灵敏

度不满足要求的变压器,均应装设纵联差动保护。

(4) 相间短路后备保护。相间短路的后备保护有多种形式。过电流保护宜用于降压变压器;复合电压启动过电流保护宜用于升压变压器、系统联络变压器和过电流保护不满足灵敏度要求的降压变压器;负序电流保护和低电压启动过流保护用于大容量的升压变压器。

(5) 接地保护。若变压器的中性点直接接地运行,应装设零序电流保护;若变压器的低压侧有电源,且变压器中性点可能接地运行,应装设零序电流电压保护。

(6) 过负荷保护。对于容量 $S_{TN} \geqslant 0.4\mathrm{MVA}$ 的变压器,一般装设过负荷保护,带 9~15s 时限发出信号。

2. 变压器的瓦斯保护

变压器内部故障时,局部高温将使变压器油体积膨胀,甚至出现沸腾,油内空气被排出而形成上升气泡。若故障点产生电弧,则变压器油和绝缘材料将分解出大量气体,这些气体自油箱流向油枕上部。故障越严重,产生的气体越多,流向油枕的气流速度越快。利用这些气体实现的保护,称为瓦斯保护。

瓦斯保护的主要器件是气体继电器,它安装在变压器油箱与油枕之间的连接导油管中,如图 3-31 所示。油箱内的气体必须通过气体继电器才能流向油枕。为使气体能顺利地进入气体继电器和油枕,变压器安装时应使顶盖沿气体继电器方向与水平面保持 1%~1.5% 的升高坡度,导油管的升高坡度不小于 2%。

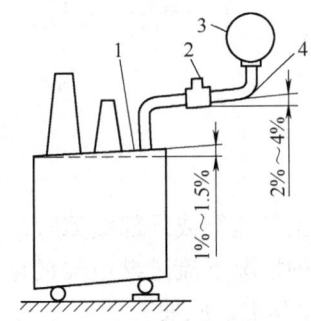

图 3-31 气体继电器安装示意图
1—油箱顶盖 2—气体继电器
3—油枕 4—导油管

气体继电器有两个输出触点:一个反映变压器内部的不正常情况或轻微故障,称为"轻瓦斯";另一个反映变压器内部的严重故障,称为"重瓦斯"。轻瓦斯反映油箱内部气体(主要是甲烷、一氧化碳)的数量,当气体聚集总量 $V \geqslant 250~300\mathrm{cm}^3$ 时,轻瓦斯动作,发出警告信号。重瓦斯反映油气流通过气体继电器的速度,当速度 $v \geqslant 0.7~1.5\mathrm{m/s}$ 时,重瓦斯动作,发出跳闸脉冲,切除变压器。

如果变压器内部发生严重漏油或匝数很少的匝间短路、铁心局部烧损、线圈断线、绝缘劣化和油面下降等故障时,往往差动保护及其他保护均不能动作,而瓦斯保护却能够动作。因此,瓦斯保护是变压器内部故障最有效的一种主保护。

3. 变压器电流速断保护

电流速断保护的动作电流应按以下两个条件计算,并取其中的大者作为动作电流的整定值。

1) 躲开被保护变压器二次侧母线短路时的最大短路电流,即

$$I_{set} = K_{rel} I_{k.max} \tag{3-12}$$

式中,K_{rel} 为可靠系数,取值为 1.2~1.3;$I_{k.max}$ 为变压器二次侧母线短路时,流过保护安装处的最大短路电流。

2) 躲开被保护变压器空载合闸时的最大励磁电流,即

$$I_{set} = (3~5) I_{TN} \tag{3-13}$$

式中，I_{TN} 为保护安装侧变压器的额定电流。

保护装置的灵敏系数要求大于2，保护安装处的最小短路电流应大于整定电流的两倍。

电流速断保护的优点是结构简单、动作快速，缺点是只能保护变压器的一部分。

4. 变压器的纵联差动保护

(1) 变压器纵联差动保护的基本原理

变压器纵联差动保护主要是用来反映变压器绕组、引出线及套管上的各种短路故障，也是变压器的主保护。

图 3-32 所示为双绕组变压器差动保护单相原理接线图。变压器两侧分别装设电流互感器 TA_1 和 TA_2，并按图中所示的极性关系进行连接。

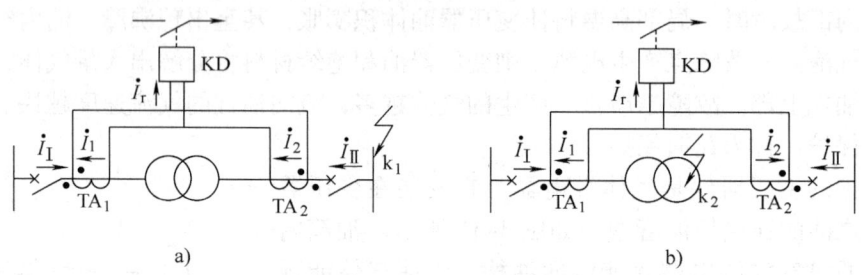

图 3-32　变压器纵联差动保护原理接线
a) 外部故障　b) 内部故障

正常运行或外部故障时，差动继电器中的电流等于两侧电流互感器的二次电流之差，为使这种情况下流过继电器的电流基本为零，应恰当选择两侧电流互感器的变比。例如，在图 3-32a 中，应使

$$\dot{I}_1 = \frac{\dot{I}_\mathrm{I}}{n_{TA_1}} = \dot{I}_2 = \frac{\dot{I}_\mathrm{II}}{n_{TA_2}} \tag{3-14}$$

或

$$\frac{n_{TA_2}}{n_{TA_1}} = n_T \tag{3-15}$$

式中，n_{TA_1} 为变压器一次侧的电流互感器变比；n_{TA_2} 为变压器二次侧的电流互感器变比；n_T 为变压器电压比。

这样，当变压器发生内部故障时，如图 3-32b 所示 k_2 点，流入继电器 KD 线圈的电流为

$$\dot{I}_r = \dot{I}_1 + \dot{I}_2 = \frac{\dot{I}_\mathrm{I}}{n_{TA_1}} + \frac{\dot{I}_\mathrm{II}}{n_{TA_2}} \tag{3-16}$$

流入继电器的差动电流大于启动电流时，继电器就启动跳开变压器两侧断路器。

(2) 变压器纵联差动保护的整定计算原则

由于变压器励磁涌流、接线方式和电流互感器误差等因素的影响，即使变压器两侧电流互感器的变比等于变压器的电压比，也会使正常运行或外部短路时流入继电器中的电流不为零（不平衡电流）。

电力变压器常采用 Yd11 接线方式，Y侧电流滞后△侧电流30°，通常要将变压器Y侧的三个电流互感器接成△形，而变压器△侧的三个电流互感器接成Y形，把二次电流的相位校正过来。但是必须注意，在电流互感器接成△形的一侧，流入差动臂中的电流要比电流互感器的二次电流大$\sqrt{3}$倍，必须在该侧电流互感器的变比中考虑这个$\sqrt{3}$倍。

由于电流互感器在制造上的标准化，实际能选择的变比往往不等于计算得到的所需变比，也会造成不平衡电流。

以一台容量为 31.5MVA、电压比为 110/11 的 Yd11 变压器为例，表 3-3 中列出了正常运行情况下由于电流的实际电压比与计算电压比不等引起的不平衡电流。

表 3-3 差回路电流计算表

参数	高压侧	低压侧
U_{TN}/kV	110	11
I_{TN}/A	165	1650
变压器绕组接线	星形	三角形
电流互感器 TA 接线	三角形	星形
TA 计算变比	$165 \times \sqrt{3}/5 = 286/5$	1650/5
TA 实际变比	300/5 = 60	2000/5 = 400
差回路中电流/A	$165 \times \sqrt{3}/60 = 4.76$	1650/400 = 4.13
不平衡电流/A	0.63	

在变压器差动保护范围之外短路时，若流过变压器最大短路电流为 $I_{k.max}$，则此时的不平衡电流为 $0.63 \times I_{k.max}/I_{TN}$。当采用具有速饱和铁心的差动继电器时，通常都是利用它的平衡线圈进行补偿。

另外，在风力发电场中，为了维护母线的电压水平，经常需要带负荷调整变压器的分接头。差动保护整定值如果是按变压器额定条件进行计算的，调分接头改变了变压器电压比，必然会产生不平衡电流，在整定计算时应予以考虑。

变压器在正常运行时，励磁电流很小，一般不会超过额定电流的2%～10%。当变压器空载投入或变压器外部故障切除后电压恢复时，就可能产生很大的励磁电流，其数值最大可达到变压器额定电流的6～8倍，这种励磁电流称为励磁涌流。

变压器纵联差动保护的整定计算，必须考虑以下原则：

1）躲过变压器最大的励磁涌流

$$I_{set} = K_\mu K_{rel} I_{TN} \tag{3-17}$$

式中，I_{TN} 为变压器的额定电流；K_μ 为励磁涌流系数，如果保护可以鉴别励磁涌流和故障电流，在励磁涌流时将差动保护闭锁，这时取 $K_\mu = 0$；采用带有速饱和变流器的差动保护时（如 BCH-1、BCH-2 型差动继电器），取 $K_\mu = 1$。K_{rel} 为可靠系数，取 1.3～1.5（对于 BCH-2 型，取 $K_{rel} = 1.3$；对于 BCH-1，取 $K_{rel} = 1.5$）。

2）躲过外部故障时流过保护的最大不平衡电流

$$I_{set} = K_{rel}(\Delta f_{za} + \Delta U + K_{st} K_{unp} f_{er}) I_{k.max} \tag{3-18}$$

式中，K_{rel} 为可靠系数，取 $K_{rel} = 1.3$；K_{unp} 为非周期分量影响系数，有速饱和变流器时取

$K_{unp} = 1$,否则取 $K_{unp} = 1.5 \sim 2$;K_{st} 为电流互感器同型系数,取 $K_{st} = 1$;f_{er} 为电流互感器的 10% 误差,取 $f_{er} = 0.1$;ΔU 为由变压器分接头改变引起的相对误差,一般取分接头调整范围的一半;Δf_{za} 为电流互感器计算变比与实际变化不同引起的相对误差,对于单相变压器 $\Delta f_{za} = |1 - n_{TA1} n_T / n_{TA2}|$,对于 Yd11 接线三相变压器 $\Delta f_{za} = |1 - n_{TA.Y} n_T / (\sqrt{3} n_{TA.d})|$;当采用中间变流器进行补偿时,取补偿后剩余的相对误差;$I_{k.max}$ 为外部短路时流过被保护线路的最大电流。

3)躲过电流互感器二次回路断线引起的差电流

$$I_{set} = K_{rel} I_{L.max} \tag{3-19}$$

式中,K_{rel} 为可靠系数,取 $K_{rel} = 1.3$;$I_{L.max}$ 为变压器正常运行时的最大负荷电流。

整定值取上面三个条件计算的最大值。

保护装置的灵敏系数要求大于 2,其计算式为

$$K_{sen} = \frac{I_{k.min}}{I_{set}} \tag{3-20}$$

式中,$I_{k.min}$ 为变压器内部短路时流过保护的最小短路电流值。

5. 变压器微机比率制动特性的纵联差动保护

与传统式变压器纵联差动保护装置相比,变压器微机纵联差动保护装置采用微处理器,可以将差动量与制动量改为数字量计算。与此同时,前面所述的变压器两侧电流相位调整、励磁涌流鉴别、TA 计算变比与实际变比不同产生的不平衡电流补偿系数等,都可以利用微机保护强大的计算与存储功能加以实现。

目前,在变压器微机纵联差动保护装置中,广泛采用比率制动特性的差动器件,不同型号的纵联差动保护装置,其差动器件的动作特性不相同,一般有两段折线式、三段折线式、灵敏变斜率等多种比率制动特性。

两段折线式比率制动特性如图 3-33 所示,不论是双绕组变压器还是三绕组变压器,变压器微机纵联差动保护装置的动作量 I_d 均是流入变压器电流相量和的绝对值;对于制动量 I_{res} 均可以由多种形式,比如在图 3-32 中的双绕组变压器,可以取 $I_{res} = |\dot{I}_1 - \dot{I}_2|/2$,或 $I_{res} = \max\{\dot{I}_1, \dot{I}_2\}$。各种制动量的选择均应满足在外部故障时制动量等于或正比于穿越性短路电流。

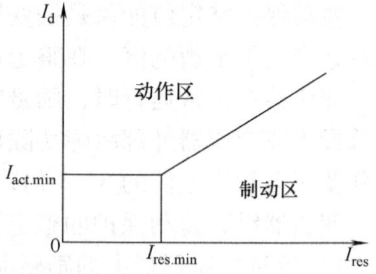

图 3-33 两段折线式差动元件的比率制动特性

如图 3-33 所示的两段折线式比率制动特性由 2 段折线组成。在变压器外部短路时,当短路电流较小时,不平衡电流也较小,可以不考虑制动作用。为此,制动特性的起始部分可以是一段水平线,水平线的动作电流定值称为最小动作电流值 $I_{act.min}$;差动保护开始具有制动作用的最小制动电流称为拐点电流 $I_{res.min}$。

从图 3-33 可见,两段折线式比率制动元件的动作特性由三个物理量坚定,这三个物理量分别为最小动作电流值 $I_{act.min}$、拐点电流 $I_{res.min}$ 和折线的斜率。

新型变压器微机纵联差动保护装置的动作特性,是把传统的比率制动特性抬高,称为高

值比率特性，用特性躲过区外故障时 TA 饱和的影响；并且新增加了灵敏变斜率比率制动曲线，以防止在区外故障时 TA 暂态与稳态饱和状态可能引起的稳态比率差动保护误动作。保护装置采用各相差电流的综合谐波作为 TA 饱和闭锁动作的判据，灵敏变斜率比率制动曲线可以保证区外严重故障不误动，区内轻微故障可靠动作。图 3-34 是新型变压器微机纵联差动保护装置的动作特性，图 a 所示是区内故障，高值比率差动动作，可发跳闸令；图 b 所示是区内严重故障，差动速断动作，可发跳闸令。

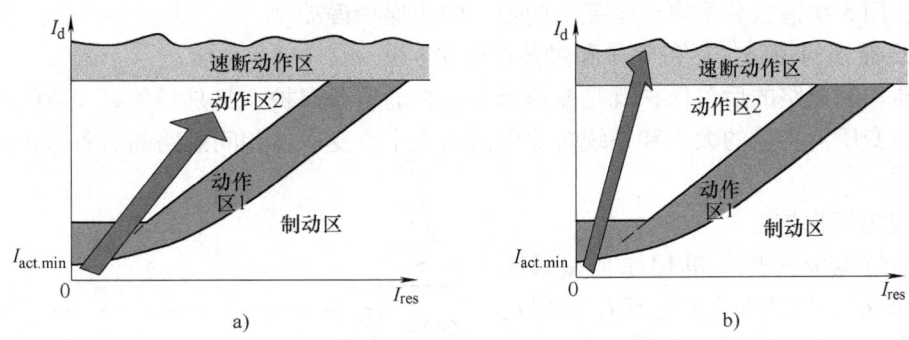

图 3-34　新型差动元件的比率制动特性
a）区内故障　b）区内严重故障

变压器微机纵联差动保护的逻辑构成如图 3-35 所示。

由图 3-35 可见，变压器微机纵联差动保护具有 TA 断线判别功能，并能闭锁差动或报警，当电流大于额定电流时应自动解除闭锁并可动作出口跳闸，同时发出断线信号。虽然，差动保护具有上述功能，但是，从安全考虑，当差动保护发生 TA 断线时，应允许差动保护动作跳闸，而不应闭锁保护。TA 断线时是否闭锁纵联差动保护，可以根据具体情况和各风电场的运行经验，通过对 KG 控制字的设置更改。

为防止由于故障电流过大时，变压器差动保护用的电流互感器将要饱和，电流互感器饱和时将产生各种高次谐波，其中包含二次谐波分量。而

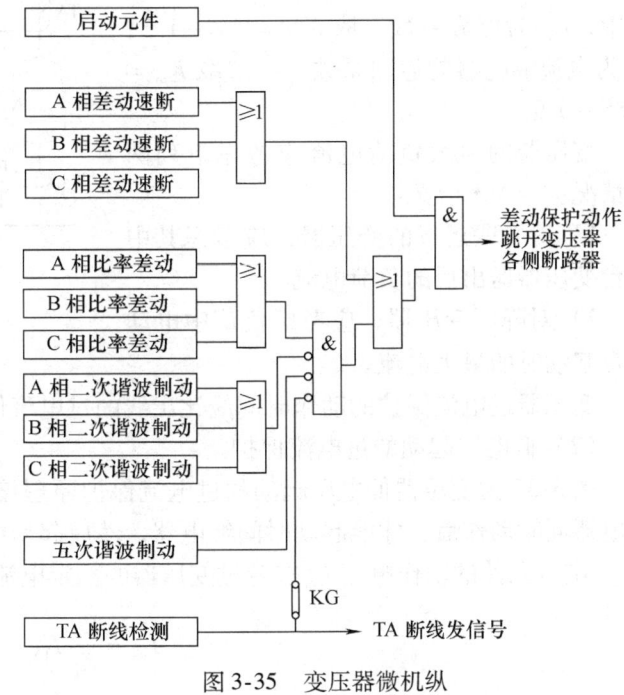

图 3-35　变压器微机纵联差动保护逻辑图

变压器差动保护的涌流闭锁功能，目前大部分采用二次谐波闭锁，当电流互感器饱和时，电流中的二次谐波分量将会使差动保护闭锁，不能动作出口。这时，只能靠差动速断保护动作出口，因为涌流闭锁不闭锁速断保护。因此，变压器差动保护中要设置速断保护，能够有效保证在区内发生各种短路故障时，保护装置可靠动作，如图 3-34b 所示。

根据差动速断保护的特点,要求差动速断保护满足以下两点要求:①动作电流应能躲过最大励磁涌流电流;②区内发生最大短路电流故障时,应有足够的灵敏度(一般这种故障都是发生在高压套管引线上)。

当系统电压过高,将引起变压器过励磁,当变压器过励磁时,变压器铁心将饱和,铁心饱和后,变压器的传变特性会变坏,造成变压器输入输出电流不成比列,从而导致差动保护误动。因此当这种现象出现时应将差动保护闭锁。根据分析,过励磁时,电流中的5次谐波分量较大,用5次谐波分量将差动保护闭锁,防止保护误动。

6. 变压器相间短路的后备保护和过负荷保护

变压器相间短路的后备保护既是变压器主保护的后备保护,又是相邻母线或线路的后备保护。根据变压器容量的大小和系统短路电流的大小,变压器相间短路的后备保护可采用下列各种形式。

(1)过电流保护

变压器过电流保护的单相原理接线图如图3-36所示。保护的动作电流 I_{set} 按躲过变压器的最大负荷电流 $I_{L.max}$ 整定,即

$$I_{set} = \frac{K_{rel}}{K_{re}} I_{L.max} \quad (3-21)$$

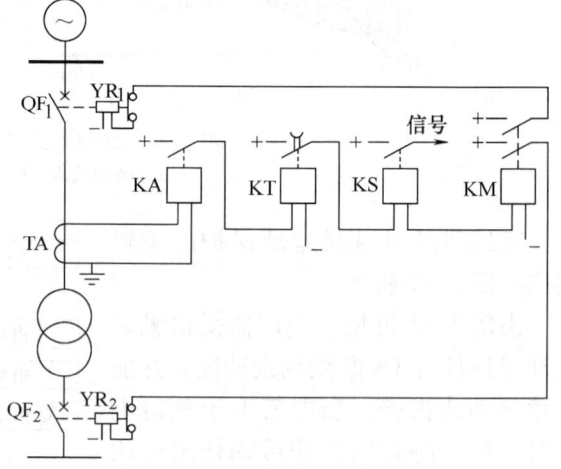

图3-36 变压器过电流保护的单相原理接线图

式中,K_{rel} 为可靠系数,取 $K_{rel} = 1.2 \sim 1.3$;K_{re} 为电流继电器的返回系数,一般取 $K_{re} = 0.85 \sim 0.9$。

变压器的最大负荷电流应考虑下列两种情况:

1)对并联运行的变压器,应考虑其中一台变压器退出后的负荷电流。

2)对降压变压器,应考虑负荷中电动机自起动时的最大电流。

变压器过电流保护的动作时间应比出线的过电流保护大一个时限级差 Δt。

(2)低电压起动的过电流保护

图3-37为变压器低电压起动的过电流保护原理接线图,只有当过电流继电器和低电压继电器同时动作后,才能起动时间继电器,然后起动中间继电器动作与跳闸。

电流元件的动作电流 I_{set} 按躲过变压器的额定电流 I_{TN} 整定,即

$$I_{set} = \frac{K_{rel}}{K_{re}} I_{TN} \quad (3-22)$$

低电压元件的动作电压 U_{set} 按正常运行情况下母线可能出现的最低工作电压来整定,同时,在外部故障切除后电动机自起动的过程中,保护必须返回。根据运行经验,通常取

$$U_{set} = 0.7 U_{TN} \quad (3-23)$$

式中,U_{TN} 为变压器的额定电压。

(3)变压器的过负荷保护

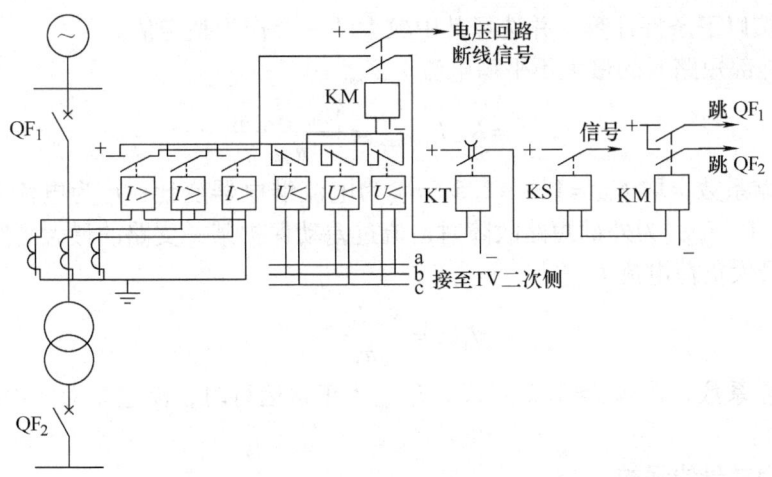

图 3-37 变压器低电压起动的过电流保护的原理接线图

变压器的过负荷保护反映变压器对称过负荷情况下的过电流。保护用一个电流继电器接于一相电流回路中，经较长的延时（一般取 10~15s）后发出信号。

过负荷保护的安装侧的选择，应能反映变压器各绕组的过负荷情况。比如，对于双绕组变压器，过负荷保护一般安装在电源侧。

保护的动作电流按躲过变压器额定电流 I_{TN} 整定，参见式（3-22）。其中可靠系数取 $K_{rel}=1.05$；电流继电器的返回系数 K_{re} 一般为 0.85~0.9。

3.3.3 母线的保护

母线是电能集中和分配的重要元件，是风电场的重要组成元件之一。母线发生故障，将造成风力发电机退出运行，电气设备遭到严重破坏，风电场停电，甚至破坏电力系统的稳定运行。

1. 完全电流差动保护

图 3-38 为母线的完全电流差动保护的原理接线图。在母线的所有连接元件上装设具有相同变比和特性的电流继电器。正常运行或外部故障时，流进、流出母线的电流之和为零，即流入差回路的电流为零，保护不动作；母线故障时，流入差回路的电流为短路电流的二次值，保护动作，接于母线上的所有断路器断开。

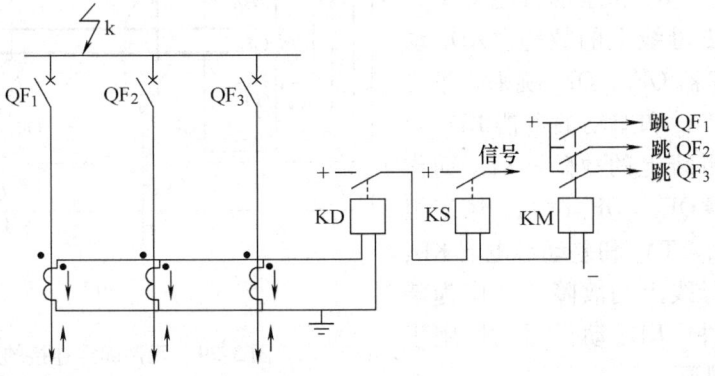

图 3-38 母线的完全电流差动保护的原理接线图

动作电流按以下条件计算，并选择其中较大的一个作为整定值。

（1）躲开外部短路时的最大不平衡电流 $I_{\text{unb. max}}$

$$I_{\text{r. set}} = K_{\text{rel}} I_{\text{unb. max}} = \frac{K_{\text{rel}} f_{\text{er}} I_{\text{k. max}}}{n_{\text{TA}}} \quad (3\text{-}24)$$

式中，K_{rel} 为可靠系数，取 $K_{\text{rel}} = 1.3 \sim 1.5$；$n_{\text{TA}}$ 为电流继电器变比；f_{er} 为电流互感器的 10% 误差，取 $f_{\text{er}} = 0.1$；$I_{\text{k. max}}$ 为外部短路故障时，流过差动保护某一支路的最大短路电流。

（2）躲开最大负荷电流 $I_{\text{L. max}}$

$$I_{\text{r. set}} = \frac{K_{\text{rel}} I_{\text{L. max}}}{n_{\text{TA}}} \quad (3\text{-}25)$$

式中，K_{rel} 为可靠系数，取 $K_{\text{rel}} = 1.2 \sim 1.3$；$I_{\text{L. max}}$ 为正常运行时，流过差动保护最大负载支路的最大负荷电流。

2. 电流比相式母线保护

电流比相式母线保护的基本原理，是根据母线外部短路或内部短路时连接在该母线上各元件电流相位的变化来实现的。

正常运行或保护范围外部故障时，流进、流出母线电流的相位相反，相位差为 180°，保护不动作。当母线短路故障时，各有源支路的电流相位几乎相同，保护瞬时动作。

3. 双母线同时运行时的母线保护

双母线是大型风电场常用的接线方式之一。任一组母线故障后，需要有选择地切除故障母线，缩小停电范围。因此，母线保护应具有选择故障母线的能力。

双母线同时运行时，元件固定连接的电流差动保护主要由三组差动保护组成，其原理接线图如图 3-39 所示。第一组差动保护由 TA_1、TA_2、TA_5 和差动继电器 KD_1 组成，用以选择 Ⅰ 母线上的故障。KD_1 动作后，作用于断路器 QF_1、QF_2 跳闸。第二组由 TA_3、TA_4、TA_6 和差动继电器 KD_2 组成，用以选择 Ⅱ 母线上的故障。KD_2 动作后，作用于断路器 QF_3、QF_4 跳闸。第三组由 TA_1、TA_2、TA_3、TA_4 和差动继电器 KD_3 组成，反映两组母线上的故障，并作为整个保护的起动元件。KD_3 动作后，作用于母联断路器 QF_5 跳闸。

当元件固定连接且 Ⅰ 组母线故障时，

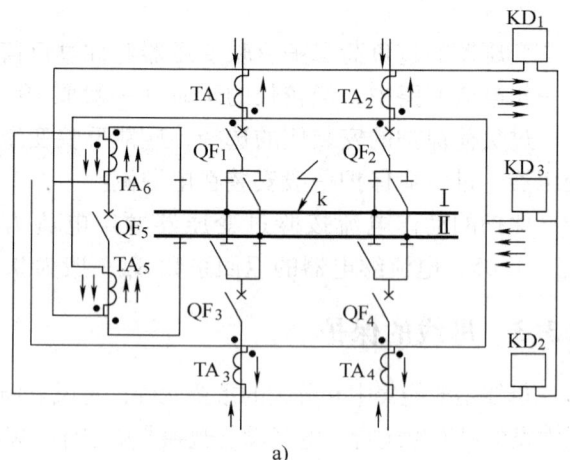

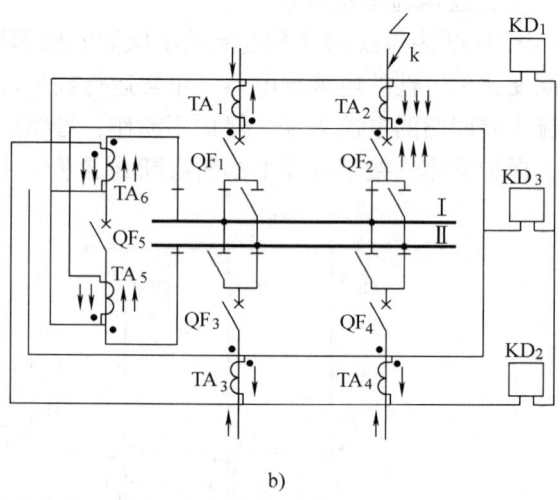

图 3-39 元件固定连接的双母线电流差动保护原理接线图
a) 母线上故障 b) 外部故障

KD_1、KD_3 通过短路点全部短路电流而动作,并作用于断路器 QF_1、QF_2 及 QF_5 跳闸,切除故障母线,如图 3-39a 所示。当元件固定连接且外部故障或正常运行时,KD_1、KD_2、KD_3 通过电流均为不平衡电流,因此,保护不会误动作,如图 3-39b 所示。

当元件固定连接破坏后,外部故障时,KD_3 通过不平衡电流,因此,保护不会误动作。但母线短路时,KD_1、KD_2、KD_3 均通过短路电流而动作,导致两组母线上所有的断路器跳闸,保护动作失去选择性,这就限制了母线运行的灵活性,这是该保护的主要缺点。

3.3.4 风电机组的保护

风力发电机作为大惯性系统,在异常情况下脱离电网存在一定的危险,保护动作时,对其动作的时序和延时有一定的要求。

1. 电压保护

电压保护为上限、下限两级保护,以不损害电机绝缘、保证有关执行器件能够可靠动作为原则来整定保护值。

(1) 瞬态过电压保护

三相电压中任一相电压瞬时过高时,发电机都应退出运行。根据运行经验,过电压元件的动作电压 U_{set} 通常取

$$U_{set} = K_{rel} U_{GN} \tag{3-26}$$

式中,K_{rel} 为可靠系数,取 $K_{rel} = 1.1 \sim 1.2$;U_{GN} 为风力发电机的额定电压。

动作时间一般取为 $t = 0.15 \sim 0.3s$。相电压在规定的时间(一般大于复位时间 5min)持续低于复位设置值时,保护必须返回。

(2) 持续过电压保护

根据运行经验,过电压元件的动作电压 U_{set} 通常取

$$U_{set} = K_{rel} U_{GN} \tag{3-27}$$

式中,K_{rel} 为可靠系数,取 $K_{rel} = 1.07 \sim 1.15$。

动作时间一般取为 $t = 1min$。相电压在规定的时间(一般大于复位时间 5min)低于复位设置值时,保护必须返回。

(3) 低电压保护

低电压元件的动作电压 U_{set} 按三相电压中任一相电压低于正常运行情况下母线可能出现的最低工作电压来整定。根据运行经验,通常取

$$U_{set} = K_{rel} U_{GN} \tag{3-28}$$

式中,K_{rel} 为可靠系数,取 $K_{rel} = 0.8 \sim 0.85$。

动作时间一般取为 $t = 0.15 \sim 0.3s$。相电压高于复位设置值时,保护必须返回。

2. 三相不平衡保护

在风力发电机并网及运行时,必须对三相不平衡度进行检测。如果三相电流不平衡度过大,保护必须可靠动作停止发电机运行,而且禁止自动复位。

根据对称分量法,三相系统中的电气量可以分解为正序、负序和零序三个对称分量。三相负载的不平衡度通常表示为

$$\varepsilon_1 = \frac{I_2}{I_1} \times 100\% \tag{3-29}$$

式中，I_1 为电流正序分量方均根值；I_2 为电流负序分量方均根值。

发电机并网后，需停止发电机运行的三相不平衡度要求：

1）如果有功功率 >0.5 倍的额定功率，且三相中有一相电流与其他两相相差过大（大于 20%～25%）；

2）有功功率 <0.5 倍的额定功率，但各相电流相差大于 50%～80%。

3. 过电流保护

发电机过电流保护采用单相式定时限电流保护，动作电流 I_{set} 按躲过发电机的最大负荷电流 $I_{L.max}$（一般取发电机的额定电流）来整定，即

$$I_{set} = K_{rel} I_{L.max} \tag{3-30}$$

式中，K_{rel} 为可靠系数，取 1.05～1.15。

返回系数 K_{re} 一般为 0.85～0.9。过电流的动作时间一般取 $t = 0.15～0.3s$，使断路器跳闸，并且不允许自动复位。

4. 过功率保护

快速变化的风速可能引起的剧烈功率波动，虽然新型风电机组采用了各种控制技术进行必要的调节，但是发电机功率仍有可能超过额定功率，此时必须正常停机。

Ⅰ段过功率保护动作条件为：10min 平均有功功率大于 1.05～1.1 倍的发电机额定功率，动作时间一般为 3s。当 30s 平均风速低于复位值且持续了 10min 时，保护应自动复位。

Ⅱ段过功率保护动作条件为：有功功率大于 1.15～1.25 倍的发电机额定功率，动作时间一般为 3s。当 30s 平均风速低于复位值且持续了 10min 时，保护应自动复位。

5. 超速保护

当发电机转速或风轮转速远超过额定转速时，都必须立即停机。

发电机过速保护动作条件为：发电机转速超过额定转速的 110%，动作时间为 0s，并且不允许自动复位。

风轮过速保护动作条件为：风轮转速超过额定转速的 110%，动作时间为 0s，并且不允许自动复位。

6. 频率保护

风力场全场大范围停机、电网或升压变电站故障、产生励磁涌流干扰时，有可能导致电力系统频率大幅度下降或上升，这时风力发电机应正常停机。

低频率保护的动作条件为：系统频率小于 47.5Hz，动作时间为 0.2s。当频率值在 5min 之内持续高于 47.5Hz 后，机组执行自动复位。

过频率保护的动作条件为：系统频率小于 51.5Hz，动作时间为 0.2s。当频率值在 5min 之内持续低于 51.5Hz 后，机组执行自动复位。

7. 齿轮油温保护

发电机运行前，应保证齿轮油温度高于 0℃（根据润滑油的要求设定），否则应加热齿轮油后再运行。齿轮箱体内装有温度传感器。齿轮油温上升或下降过大时，风力发电机都应正常停机。

齿轮油过温保护的动作条件为：齿轮油温度大于 70℃，动作时间为 1min。当齿轮油温

度在10min之内持续低于65℃后，机组执行自动复位。

齿轮油低温保护动作的条件为：齿轮油温度小于0℃，动作时间为1min。当齿轮油温度在10min之内持续高于3℃后，机组执行自动复位。

8. 发电机温度保护

通常在发电机的三相绕组及前后轴承内各装有一个温度传感器。发电机在额定状态下的绕组温度一般为130~140℃，当发电机功率长时间较大并且定子状况不良时，可能导致发电机绕组温度过高；当轴承变形、油脂或多或少时，可能导致前后轴承温度过高，这时风力发电机都应正常停机。

发电机绕组温度保护的动作条件为：绕组温度大于150~155℃，动作时间为1min。当发电机绕组温度在10min之内持续低于100~120℃后，机组执行自动复位。

发电机前轴/后轴保护的动作条件为：前轴/后轴温度大于100~120℃，动作时间为1min。当发电机前轴/后轴温度在10min之内持续低于90~100℃后，机组执行自动复位。

9. 逆功率保护

当发电机的功率采集环节不正常、刹车片收回不充分或传动系统的传动链阻尼过大时，都可能导致发电机吸收功率，这时风力发电机应正常停机。

发电机逆功率保护的动作条件为：风机并网和运行过程中吸收有功功率大于5%~10%发电机额定功率，动作时间为3s，并且禁止自动复位。

10. 切出风速保护

风速通过机舱外的数字风速仪测得，通常每秒采集一次风速数据，每10min计算一次平均值。在风速过高时，风力发电机应正常停机。

持续切出风速保护的动作条件为：10min平均风速大于25m/s，动作时间为1s。当10min平均风速在10min之内持续低于18m/s后，机组执行自动复位。

瞬时切出风速保护的动作条件为：风速大于30m/s，动作时间为5s。当30s平均风速在10min之内持续低于18m/s后，机组执行自动复位。

11. 并网次数限制保护

当风速不稳定或人为操作过于频繁时，风力发电机的并网次数会太多，对发电机本身和系统的正常运行都不利，因此，在并网次数超出一定极限时，风力发电机应正常停机。

并网次数限制保护的动作条件为：一小时内旁路接入器吸合的次数大于6~8次，动作时间为0s。当一小时内旁路接入器吸合的次数小于2~4次，并且风速大于启动风速时，机组执行自动复位。

12. 风力发电机的其他保护

根据发电机的类型、容量、安装位置等条件的不同，风力发电机还安装有其他的保护形式，比如：堵转、缺相、并网超时、环境温度、齿轮箱主轴承温度、机舱温度、发电机接触器反馈信号、齿轮油泵过载、偏航电机过载、液压泵过载、机舱振动、液压油位、液压建压时间、叶尖压力、电缆扭转、机械刹车状况保护等，详见有关风力发电机产品说明书。

3.3.5 无功补偿设备的保护

对单台电容器内部绝缘损坏而发生的极间保护，通常是对每台电容器分别装设专用的熔断器，其熔丝的额定电流可以取电容器额定电流的1.5~2倍。

当电容器组与断路器之间连线发生短路故障时，应装设反映外部故障的过电流保护。保护可以采用两相两继电器或三相三继电器接线。三相三继电器接线的过电流保护原理接线图如图3-40所示。

电流继电器的动作电流按下式计算

$$I_{\text{r.set}} = \frac{K_{\text{rel}} I_{\text{NC}}}{n_{\text{TA}}} \quad (3\text{-}31)$$

式中，K_{rel}为可靠系数，取1.3~2.5；n_{TA}为电流继电器变比；I_{NC}为电容器组的额定电流。

当电容回路谐波监视仪检测到某次谐波含量异常时，通常要求发出信号，并禁止电容器组投、切操作。

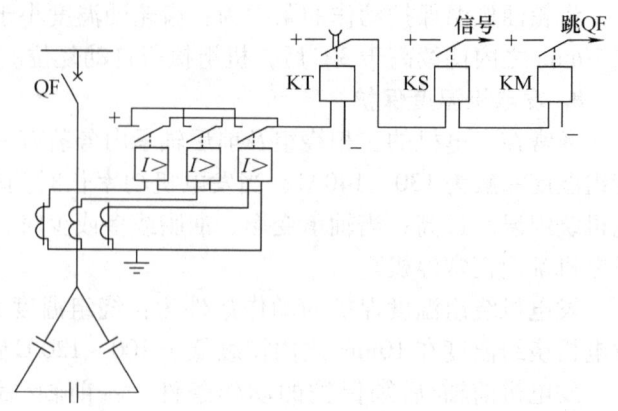

图3-40 电容器组的过电流保护原理接线图

此外，双三角形连接的电容器组可以采用横联差动保护，双星形连接的电容器组可以采用中性线电流平衡保护。电容器组也可装设过电压保护。

SVC的继电保护原理与电容器组继电保护原理基本相同。目前，多采用数字信号处理器实现SVC的投切运行及继电保护，用工控计算机实现SVC自动化管理。

3.4 风电厂的二次部分

3.4.1 风电机组的保护、控制、测量和信号处理

风力发电厂的监控系统分为三种形式：
1) 风力发电机现场控制单元，该控制单元由微处理器构成，对机组实现单机控制、保护、测量和信号处理。
2) 对各台风力发电机组进行集中监控的中控室监控系统。
3) 远方（业主营地或调度机构）对风力发电机组进行监视的远方监视系统。

这些监控单元或监控系统的主要功能为：
1) 根据风速信号自动进行启动、同期并网或从电网切出。
2) 根据风向信号自动对风。
3) 根据功率因数及输出电功率大小自动进行电容切换补偿。
4) 脱网时保证机组安全停机。
5) 运行中对电网、风况和机组状态进行监测、分析与记录，异常情况判断及处理。

3.4.2 箱式变电站中变压器的保护、控制、测量和信号处理

依据《继电保护和安全自动装置技术规程（GB 14285—2006）》和《电力装置的继电保护和自动装置设计规范（GBT_50062—2008）》，箱式变电站中变压器可以配置高压熔断器保护、避雷器保护和负荷开关，采用高压熔断器作为短路故障的保护，避雷器用于防御过电压，负荷开关用于正常分、合电路，不装设专用的继电保护装置。

3.4.3 风电厂控制室的控制、测量和信号处理

风电厂控制室布置在升压变电所内，与升压变电所中控室在同一房间内。
在中控室内采用微机对风电厂厂区中的风力发电机组进行集中监控和管理。

3.4.4 风电厂远动

风电厂远动是指应用通信技术，完成风力发电厂遥测、遥信、遥控、遥调等功能的总称。遥测、遥信、遥控、遥调即为风电场综合自动化中的"四遥"，加上遥视单元，可以构成"五遥"。

遥测即远程测量，是指电流、电压等模拟量数据的本地采集及远方传输与监视；遥信即远程信号，是指发生在发电厂和变电站中的某一设备或系统状态变化的监视，如开关位置、告警状态等；遥控即远程命令，是指完成改变运行设备状态的命令，控制对象多为断路器、隔离开关等电气设备；遥调即远程调节，是指应用通信技术，完成对具有两个以上状态的运行设备的调整，调整不同于控制，控制最终实现了状态的变化，而调整是在某一状态范围的调整。遥视即远程视频，它利用摄像设备和通信技术，远方监视风电厂、变电站内的场景和设备的视频信息。

目前，远程监控人员可通过人机对话完成远方监视任务。操作方法与在升压变电站控制室的值班人员的操作方法基本相同。

3.5 升压变电站二次部分

目前，风电场的升压变电站均按无人值守或少人值班设计，根据用户需要可配置当地功能。升压变电站二次部分设计的原则是技术先进，基本功能完备，安全可靠；同时，注重其实用性、实时性及较好的可维护性，采用全计算机监控方式，通过计算机监控系统进行风力发电机组的起、停及并网操作，主变压器高压侧断路器和线路断路器的操作，站用电切换、辅助设备控制等。

3.5.1 升压变电站的控制、测量、信号

对于110kV及以上电压等级的升压变电站，其控制、测量和信号系统选择主要遵循以下原则：

1）变电站的主要电气设备可就地控制也可采用集中监控系统。

2）隔离开关与相应的断路器和接地开关之间，装设闭锁装置。隔离开关的控制分为就地控制和远方控制两种，110kV及以下一般用就地控制，220kV及以上既可以采用就地控制，也可以采用远方控制。为了避免带负载拉、合隔离开关，除了在隔离开关控制电路中串联相应的断路器辅助常闭节点外，还需要装设专门的闭锁装置。常见的闭锁装置有机械闭锁和电气闭锁两种，6~10kV配电装置，一般采用机械闭锁装置；35kV及以上电压等级的配电装置，主要采用电气闭锁装置，通常采用电磁锁实现操作闭锁。为防止带负载操作接地合闸，控制回路必须考虑接地开关的闭锁，以保证接地开关在合闸状态下，不能操作隔离开关。

3）变电所监控系统结构分为站级层和间隔层，网络按双网考虑，通信介质采用光纤，站级层采用总线型结构。

升压变电站监控系统的功能应包括：

1）运行监视功能。

2）事故顺序记录和事故追忆功能。

3）运行管理功能。

4）远动功能。

5）运行管理功能。

全站应配置一套计费装置，关口计费点设置为产权分界点，即在升压变电站与电力系统连接线及对侧变电站接入间隔中实施。同时，在升压变电站中配置一台电量采集器，完成对电能表的数据采集。

电度测量选择智能式电子电度表。

电气测量仪表的数量及其测量电路必须满足电压互感器和电流互感器误差的要求，即仪表的电压线圈并入电压互感器二次侧后，电压互感器的负载总容量不能超过在相应准确度等级下的容量；仪表电流线圈串入电流互感器二次侧后，电流互感器的二次负载阻抗不能超过其允许阻抗值，否则测量误差增大。

升压变电站信号分为电气设备运行状态信号，电气设备和线路事故的故障信号。依据《风电场接入电力系统可行性研究报告》，应将系统要求的遥测量和遥信信号通过相互独立的通道传输到地调。

3.5.2 升压变电站的继电保护配置

(1) 主变压器保护配置

主变压器主保护应配置一套二次谐波制动原理的微机型比率制动纵联差动保护，保护动作跳变压器各侧断路器。除了比率制动差动保护，一般还装设差动速断保护用于快速动作于较为严重的故障。

非电量保护：包括重瓦斯、轻瓦斯、油温、绕组温度、压力释放等保护，保护动作于发信号。非电量保护也用于保护变压器本体。

除了装设主保护，变压器还装设后备保护。后备保护用于防御变压器本身和外部系统的故障，常见的后备保护是用于防止相间短路的电流保护和用于防止接地短路的零序电流和零序电压保护。容量较大的变压器则一般采用带时限的过电流保护作为后备保护。

在220kV及以上电压等级，为了保护变压器本身，复合电压闭锁过流还需要加装方向器件。

为了防御外部或变压器本体的接地故障，还装设有零序电流和零序电压保护。

此外，变压器还装设有主变压器过负荷保护，带时限动作于发信、启动风扇、闭锁有载调压或跳低压侧分段断路器。

(2) 110kV 或 220kV 线路保护

对于风电场中的220kV或110kV线路，也需要装设相应的线路保护。

对于国内成套式线路保护来讲，110kV线路保护常装设三段式距离保护和四段式零序保护，成套保护本身一般还装设自动重合闸，用于区分线路的瞬时性故障和永久性故障。

对于220kV及以上的电气设备要求继电保护双重化配置,即装配两套独立工作的继电保护装置,同时一般加装可以保护线路全长的全线速动保护,即高频、电流差动保护。

(3) 站用变压器保护

站用变压器一般设置电流速断、限时电流速断和过电流保护,保护动作于跳开所用变断路器。

(4) 10kV或35kV线路保护

对于风电场中的35kV或10kV线路,一般设置限时电流速断、过电流、零序过电流保护,保护动作于断开本进线断路器。

在35kV及以下中性点不直接接地系统(即小电流接地系统)中,正常运行时,三相对地电压等于相电压。单相接地时,接地相对地电压小于相电压(极限值为零),其他两相对地电压大于相电压(极限值为线电压),接地点流过较小的电容电流;由于线电压不变,电气设备仍能正常工作。因此,在小电流接地系统中,发生单相接地后,允许继续运行一段时间,但如果单相接地未被及时发现而加以处理,则由于非故障相对地电压升高,可能在绝缘薄弱处引起另一相绝缘击穿而造成相间短路。所以,这种系统必须装设绝缘监察装置。根据现场情况,35kV或10kV线路也可以配置小电流接地系统单相接地选相及测距装置。

(5) 10kV或35kV电容器保护

10kV或35kV电容器一般装设限时电流速断、定时限过电流、过欠电压、不平衡电压、零序过电流保护,保护动作于断开电容器回路断路器。

(6) 其他配置

在升压变电站,通常需要配置一个录波装置柜,记录设备事故时的线路和主变压器电流、电压等参数值的变化波形。

线路及主变压器部分综合自动化设备布置在主控室或单独的继电保护室。

3.5.3 升压变电站的操作电源系统

升压变电站操作电源系统包括直流和交流两种形式。

交流电源供电的集中监控设备可由交流不停电电源供电。

升压变电站直流系统电压一般采用DC 220V,并配以蓄电池及其充放电装置。

蓄电池的作用是把一定量的电能储存起来,供特定的场合使用。按电解液可分为酸性蓄电池和碱性蓄电池。

酸性蓄电池常采用铅酸蓄电池。铅酸蓄电池端电压较高,冲击放电电流较大,适用于断路器跳、合闸的冲击负载。但是酸性蓄电池寿命短,充电时逸出有害的硫酸气体。因此,蓄电池室需设置较复杂的防酸和防爆设施。

碱性蓄电池体积小、机械强度高、工作电压平稳、能大电流放电、使用寿命长、便于携带,而且无酸性气体腐蚀,事故放电电流较小,适用于110kV以下的变电站。变电站常用镉镍碱性蓄电池。

在蓄电池以恒定的放电电流放电到终止电压的过程中,放电电流I的安培数与放电时间t的小时数的乘积称为蓄电池的容量Q,单位为安时(Ah)。蓄电池的额定容量是指充足电的蓄电池在25℃时以10h放电率放出的电能。

蓄电池的容量与放电电流关系很大:以大电流放电时,到达终止电压的时间短,放电反应不充分，放出容量达不到甚至远小于额定容量；以小电流放电时，到达终止电压的时间长，放电反应充分，放出容量可以达到或超过额定容量。

蓄电池不允许用过大的电流放电，但是它可以在几秒钟的短时间内承担冲击电流，此电流可以比长期放电电流大得多。每一种蓄电池都有其允许的最大放电电流值，其允许的放电时间约为5s。

蓄电池的运行方式有充电—放电方式和浮充电方式两种。

充电—放电运行方式就是将已充好电的蓄电池接带全部直流负载，即正常运行时处于放电工作状态。为了保证操作电源供电的可靠性，当蓄电池放电到一定程度后，应及时进行充电，故称之为充电—放电运行方式。通常，每运行1~2昼夜就要充电一次。可见，充电—放电运行方式操作频繁，蓄电池容易老化，极板也容易损坏，所以在变电站应用不多。

浮充电运行方式就是将充好电的蓄电池与浮充电整流器并联运行，即整流器接带母线上的经常性负载，同时向蓄电池浮充电，使蓄电池经常处于充满电的状态，以承担短时的冲击负载。浮充电运行方式既提高了直流系统供电的可靠性，又提高了蓄电池的寿命，所以得到了广泛应用。

蓄电池直流系统由充电设备、蓄电池组、浮充电设备和开关及测量仪表组成。

3.5.4　升压变电站的图像监控

升压变电站图像监控系统主要监视的场所包括：主变压器、电容器室、GIS室、高低压开关室、进厂大门、主要风力发电机位等重要部分。

监控系统可采用具有多媒体技术支持数字式装置，该系统主要由三部分组成：第一部分在主要监视的场所的各个重要部位，安装监控前端设备———一体化球机；第二部分为传输网络，主要完成将前端设备的音视频信号和监控信号传输到监控中心，并预留远程传输接口，传输介质采用同轴电缆或光纤；第三部分为监控中心，主要包括多媒体数字监控系统主机、长时间录像机、打印机等。

3.6　升压变电站综合自动化系统

3.6.1　概念和特点

随着计算机、通信、控制技术的不断发展，风电场升压变电站综合自动化系统取代传统的变电站二次系统，已成为一种发展趋势。

变电站综合自动化系统是将变电站的二次设备（包括测量仪表、信号系统、继电保护装置、自动及远动装置等智能电子设备，经过功能的组合和优化设计，利用现代的计算机技术、电子技术、通信技术和信号处理技术，实现对变电站的二次设备的功能进行重新组合和优化设计，完成对变电站主要设备及输配电线路的自动化监视、测量、控制及保护，并具有与上级调度中心通信等调度自动化功能。

国内变电站自动化经历了以下三个发展阶段：

1) 20世纪70年代以前的传统变电站阶段；

2）内含微机远动系统 RTU 的变电站阶段；

3）变电站综合自动化系统的发展阶段。

完整的升压变电站综合自动化系统除在各控制保护单元保留紧急手动操作跳/合闸的手段外，其余的全部控制、监视、测量和报警功能均可通过计算机监控系统来完成。升压变电站无需另设远动设备，监控系统完全满足遥信、遥测、遥控、遥调的功能以及无人值班的需要。

从系统设计的角度来看，升压变电站综合自动化系统有以下特点：

（1）分布式设计。系统采用模块化、分布式开放结构，各控制保护功能均分布在开关柜或尽量靠近开关的控制保护柜上的控制保护单元，所有的控制、保护、测量、报警等信号均在就地单元内处理成数据信号后经光纤总线传输至主控室的监控计算机，各就地单元相互独立，不相互影响。

（2）集中式设计。系统采用模块化、集中式立柜结构，各控制保护功能均集中在专用的采集、控制保护柜，所有的控制、保护、测量、报警等信号均在采集、控制保护柜内处理成数据信号后经光纤总线传输至主控室的监控计算机。

（3）简单可靠。由于用多功能继电器替代了传统的继电器，可大大简化二次接线。分布式设计在开关柜与主控室之间接线；而集中式设计的接线也仅限于开关柜与主控室之间，其特点是开关柜内接线简单，其余接线在采集、控制保护柜内部完成。

（4）可扩展性。系统设计可考虑用户今后变电站规模及功能扩充的需要。

（5）兼容性好。系统由标准化软硬件组成，并配有标准的串行通信接口以及就地的 I/O 接口，用户可按照自己的需要灵活配置，系统软件也能容易适应计算机技术的急速发展。

3.6.2 系统功能

现代的升压变电站综合自动化系统的功能主要体现在以下几个方面：

1）监测变电站运行状态，并对变电站设备进行实时控制。

2）调整有功潮流、无功补偿设备，保证电能质量，降低网损，提高运行经济性。

3）自动抄表和负荷控制，实现用户自动化，保证重要用户供电，提高负荷率，提高供电综合效益及减少抄表工作量。

4）继电保护管理及处理事故，迅速恢复供电。

5）小电流接地系统单相接地选相及测距。

6）一次变电设备在线状态检测，为状态检修提供依据。一次设备（包括电力变压器、馈线、开关设备）在线状态检测，需要配置检测元件，如各种传感器（压力、温度、湿度、电压、电流、位移等）、采集器、集中器、后台机软件及主屏；通信通道，如光纤、微波、GPRS 分组无线通信、VPN 路由器构成的虚拟专网等。

目前，升压变电站综合自动化系统与用户之间的交互界面为视窗图形化显示，利用鼠标控制所有功能键等标准方式，使操作人员能直观地进行各种操作。一般来说，系统应用程序菜单为树状结构，用户利用菜单可以容易到达各个控制画面，每个菜单的功能键上均有文字说明用途以及可以切换到哪一个画面，每个画面都有报警显示。

系统应用程序的每一项功能均能按用户要求及系统设计而改变，以符合实际需要，并可随升压变电站的扩建或运行需要而灵活地进行扩充和修改。一般情况下系统可按以下基本功能配置。

1. 升压变电站单线图

单线图可显示升压变电站系统接线上各控制对象的运行状态并动态更新，例如：馈线断路器的状态可用颜色区别；断路器的操作可以由鼠标选择对应断路器进行遥控；每路馈线的测量值可在同一画面上显示；继电器整定值可修改。

2. 数据采集、处理

采集有关信息，如开关量、测量量、外部输入信号、风力发电机的电流与功率等数据，传至监控系统作实时处理，更新数据库及显示画面，为系统实现其他功能提供必需的运行信息。

3. 运行监视

系统的运行状况可通过文字、表格、图像、声音或光等方式为值班人员及时提供变电所安全监控所必需的全部信息。

（1）报警。按系统实际需要，用户可以指定在某些事件发生时或保护动作时自动发出报警，如一般可设置在以下情况发出报警：开关量突变（如保护跳闸动作）；断路器位置错位；模拟量超过整定值；变压器保护动作（如瓦斯、温度）。模拟量之越限值可在线修改。每个报警均有时间、报警信息及确认状态显示。

（2）事件。系统中所有动作事件，如继电保护动作，断路器、隔离开关、接地开关的操作等，均可自动打印及存入系统硬盘记忆，如设置对以下情况的事件进行记录：所有报警信息；操作人员确认有关报警；开关的操作；继电器动作和状态信息；系统通信状况。每个事件均有时间及有关信息文字说明，并可自动打印记录。

4. 调整继电器整定值

可通过系统主机或集中控制柜修改各继电器的保护功能和整定值。所有遥改功能均为在线方式，修改完成后的定值将直接传回对应的继电器储存。

5. 操作闭锁

系统对所有操作对象均可设定闭锁功能，以防止操作人员误操作。

6. 模拟量采集及报表产生

采集的数据储存于系统硬盘作为编辑报表的基础。按升压变电站实际输入的信号，可制作出不同的报表：有功电量日、月、年报表；馈线电流日、月、年报表。

3.6.3 系统结构

1. 系统逻辑分层

根据 IEC 6185A 通信协议草案定义，升压变电站综合自动化系统在逻辑上可分为三层：过程层、间隔层、站控层，如图 3-41 所示。

过程层是一次设备与二次设备的结合面，也是监控系统的终端（远方数据终端 RTU）。过程层的主要功能包括：

（1）运行参数实时检测

电气参数主要有电流、电压、相位以及谐波分量的检测，其他电气量如频率、有功、无功、电能等可通过间隔层的设备运算得出。传统的电磁式电流互感器、电压互感器、光电电

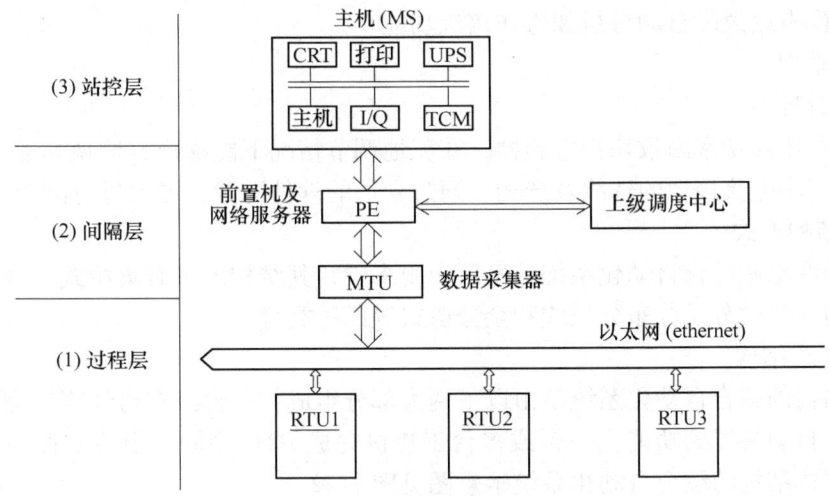

图 3-41 综合自动化系统的逻辑分层

流互感器必改为光电的电流、电压互感器；非电气参数有温度、压力、密度、绝缘、机械特性等。

(2) 开关设备运行状态在线采集、检测

变电站需要进行状态参数检测，主要有变压器、断路器、刀闸、母线、电容器、电抗器以及直流电源系统的切投、起停等。

(3) 操作控制的执行与驱动

包括对变压器分接头调节控制，电容、电抗器投切控制，断路器、刀闸合分控制，直流电源充放电控制。过程层的控制执行与驱动大部分是按上层控制指令。例如接到间隔层保护装置的跳闸指令、电压无功控制的投切命令、对断路器的遥控开合命令等。在执行控制命令时具有智能性，能判别命令的真伪及其正确性，并对即将进行的动作精度进行控制，能使断路器定相合闸，选相分闸，在选定的相位下实现断路器的关合和开断，要求操作时间限制在规定的参数内。又例如对真空开关的同步操作要求能做到开关触头在零电压时关合，在零电流时分断等。

间隔层主要设备有前置机及网络服务器，主要功能包括：

1) 汇总本间隔过程层实时数据信息；

2) 实施对一次设备保护控制功能；

3) 实施本间隔操作闭锁功能；

4) 进行同期操作及其他控制功能；

5) 对数据采集、统计运算及控制命令的发出具有优先级别的控制；

6) 承上启下的通信功能，即同时高速完成与过程层及站控层的网络通信功能。上下网络接口具备双口全双工方式，以提高信息通道的冗余度，保证网络通信的可靠性。

站控层是变电站的监控中心，配置在变电站值班室，内有工控机、显示器、打印机、键盘、UPS 电源、报警设备等，其主要功能包括：

1) 实现 SCADA 功能（数据采集与监视控制）。

2) 具有对间隔层、过程层各设备的在线维护、在线组态，在线修改参数的功能。

3）具有配电站故障自动分析和操作培训功能。
4）用电管理。
5）线损管理。
6）根据电压和功率因数切投电容器，在就地调节情况下能够远方监视和远方控制。
7）可进行小电流接地的选线及选相，通过合适的软件配置，亦可进行测距。

2. 系统结构形式

从国内外变电站综合自动化系统的发展历史来看，其结构形式有集中式、分布式系统集中组屏，面向对象的分层分布分散式和全分散式等四种类型。

（1）集中式结构

集中式结构的综合自动化系统是由以下两大部分组成：一台或多台计算机完成变电站所有继电保护和自动装置的功能；一台或多台工控机完成 RTU 功能、当地监控功能、人机联系功能。集中式结构的综合自动化系统示意图见图 3-42。

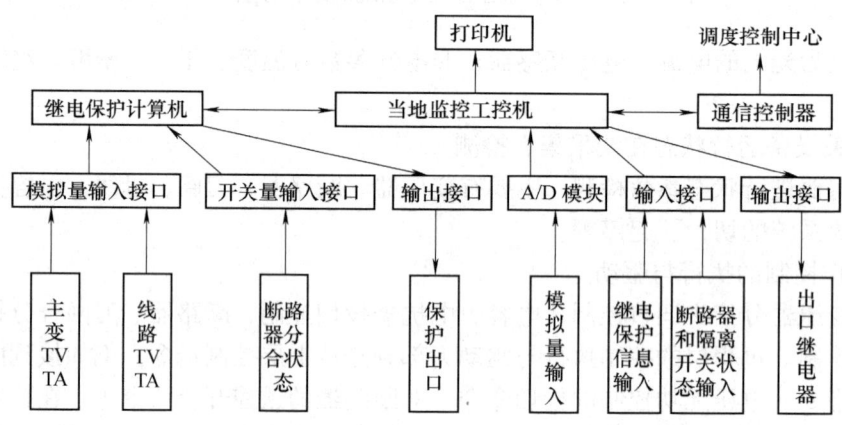

图 3-42 集中式结构的自动化系统示意图

在集中式结构的综合自动化系统中，每台计算机的功能比较集中，如果一台计算机发生故障、退出运行，则影响面很大。而且这种结构的计算机软件复杂，调试麻烦，组态不灵活，修改工作量大。

（2）分布式系统集中组屏结构

为解决集中式结构自动化系统引起的问题，可以采用分布式系统集中组屏结构的综合自动化系统。这种系统采用分布式结构，其最主要特点是把集中式结构系统的工控机用多个小计算机系统代替，以减轻工控机的工作、提高系统的可靠性。

分布式系统集中组屏结构的综合自动化系统示意图见图 3-43。

（3）面向对象的分层分布分散式结构

这种分层分布分散式结构的系统按纵向分为三层：间隔层，网络层，变电站层。

每个间隔层由多种不同的单元设备组成。网络层包括间隔层上的通信接口、通信导线和变电站层通信接口等通信设备。变电站层是指直接面向当地监控人员和调度用户的高层设备。所谓的"面向对象"是指把间隔层按所属一次设备的不同划分为不同的间隔。

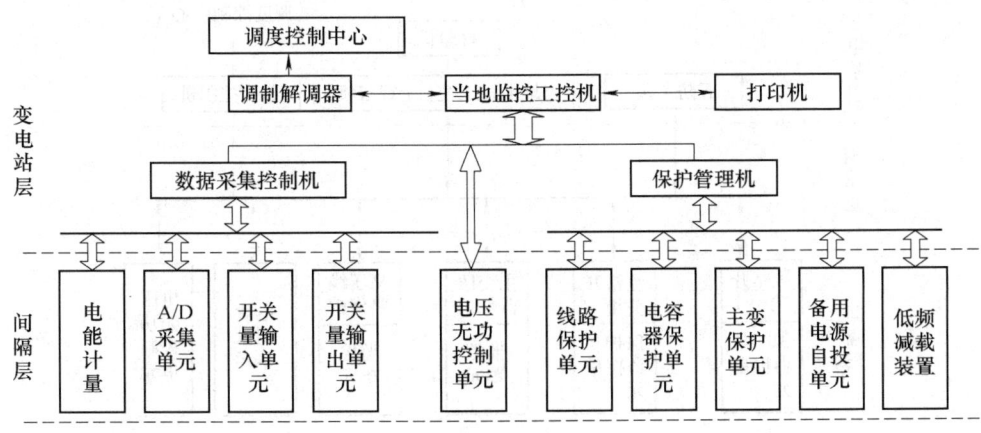

图 3-43　分布式系统集中组屏结构的自动化系统示意图

面向对象的分层分布分散式结构的综合自动化系统示意图见图 3-44，其最主要的特点是：面对对象进行适当综合；系统分散化。

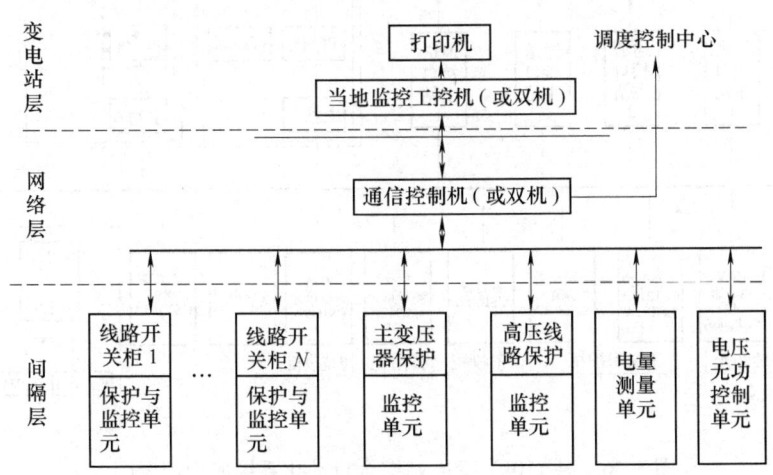

图 3-44　面向对象的分层分布分散式结构的自动化系统示意图

（4）全分散式结构

全分散式结构在面向对象的分层分布分散式结构的基础上进行了更进一步改进，取消了保护管理机、电能管理机；当地监控主机直接接在网络上，与总控机不直接通信，即当地监控功能与远动功能基本分开；间隔层分散安装在开关柜上；主控室内的变电站层（监控主机等），直接通过网络与间隔层联系。这种改进有效地提高了系统的综合可靠性。

全分散式结构的综合自动化系统示意图见图 3-45。

某 110kV 变电站综合自动化系统典型配置图如图 3-46 所示，它取消了集中式的管理机，很接近全分散式结构形式。

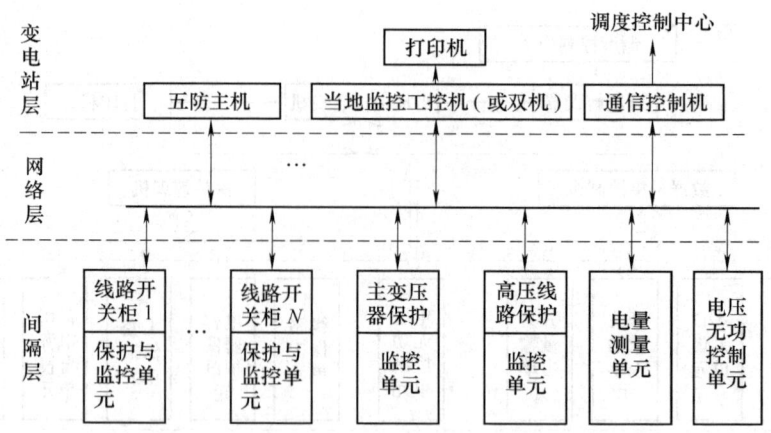

图 3-45 全分散式结构的自动化系统示意图

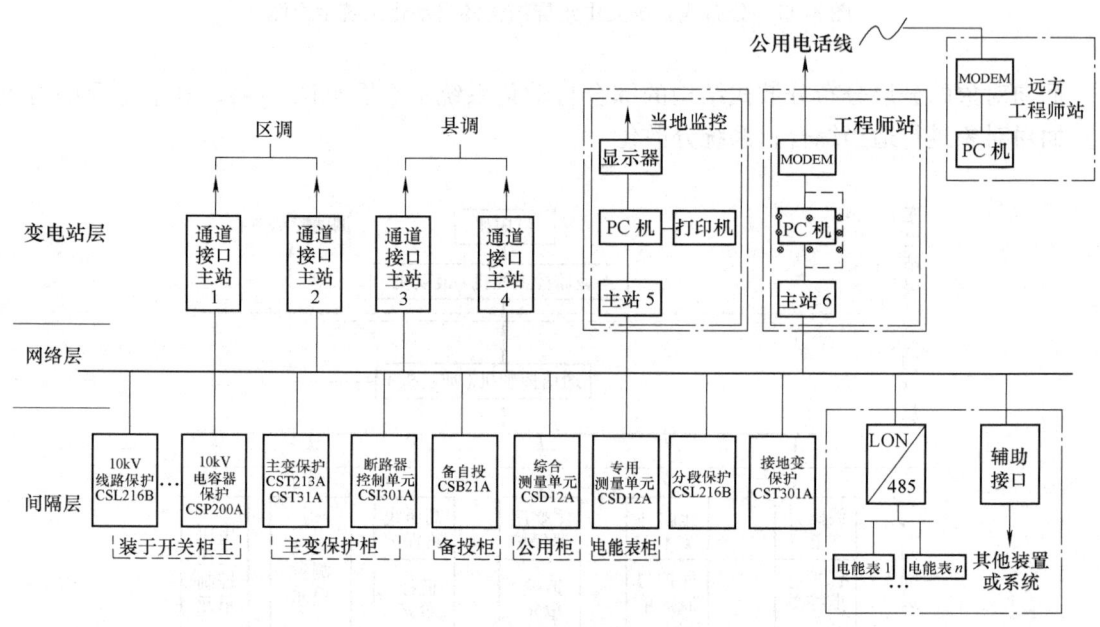

图 3-46 某 110kV 变电站综合自动化系统典型配置图

3.7 风电场继电保护与综合自动化系统的示例

3.7.1 风电场的相关数据

某风电场规划安装 116 台风力发电机组，单机额定功率为 1500kW，额定电压为 0.69kV。每台风力发电机组均采用发电机—变压器组单元接线方式升压后接至 35kV 集电线路；变压器额定容量为 1600kVA，为箱式升压变电站结构，电压比为 $38.5 \pm 2 \times 2.5\%/0.69$kV，接线组别为 Dyn11；集电线路采用每 10 或 9 台变压器为一组，通过"放射形"连接方式接入风电场升压变电站。

升压变电站建设 2 台有载调压主变压器，容量为 2×100 MVA，电压为 $115 \pm 8 \times 2.5\%$/36.75kV，接线组别为 YNy0；电气主接线规划为 110kV 单母线接线，35kV 侧采用单母线分段接线。110kV 出线 1 回，接入系统的一个 220kV 变电站 110kV 侧。

升压变电站站用电电压为 380/220V。升压变电站设 1 台容量为 500kVA 站用工作变压器，电源由 35kV 母线引接，额定电压为 36.75/0.4kV。同时设 1 台站用备用工作变压器，由站外 10kV 线路引接，电压为 $10 \pm 2 \times 2.5\%$/0.4kV，接线组别为 Dyn11，容量为 400kVA。考虑到站外 10kV 线路为农电线路，输电距离较长，在站内设并联电容器组自动分级补偿装置，用于改善电压质量。

3.7.2 风力发电机的二次部分

风力发电机组设有过电流、过载、堵转、三相不平衡、缺相、过电压、低电压、逆功率等保护，保护装置动作后跳开风力发电机出口空气断路器并发出动作信号。

风力发电机组的电气控制系统以可编程控制器为核心，可以完成运行控制、状态检测、安全保护的职能。控制系统配有多种通信接口，能够实现就地及远程通信。通过光缆，可以实现在风电场升压变电站对各台风力发电机组的管理和控制。

3.7.3 升压变电站的二次部分

为便于集中控制，升压变电站采用集中式设计——将所有的控制保护单元集中布置，整个升压变电站二次系统结构非常简单清晰，所有设备由微机继电保护屏、微机采集屏、交直流屏和监控系统组成，屏柜的数量较传统的设计方式大量减少。由于各种微机装置均采用网络通信方式与当地的监控系统进行通信而不是传统的接点输出到信号控制屏，因此二次接线大量减少。

继电保护由下列装置组成：

（1）线路保护装置。35kV 线路采用电流保护，配置电流速断保护和限时电流速断保护。110kV 线路采用三段式距离保护和零序保护。

（2）主变压器保护装置。主变压器主要配置差动、瓦斯、电流、零序等保护装置，可完成变压器的主、后备保护。

（3）母线保护装置。母线采用电流比相式母线保护。

此外，对电容器保护装置、备用电源自投装置、小电流接地检测装置也需要进行必要的设计。

升压变电站的综合自动化系统可以实现综合数据采集装置、控制操作、画面制作、监视显示、事故处理、制表与打印等功能。

在升压变电站设置独立的直流系统，包括两组 220V 蓄电池。全站设置一套交流不停电电源（UPS），为主控制室的相关设备供电。

思 考 题

1. 简述电气二次系统和电气一次系统的主要区别。
2. 二次系统中的测量、控制、监视和保护的概念也广泛地存在于生活中，请结合生活实际理解你身边的测量、控制、监视和保护的相关电路。

3. 继电保护装置有什么作用?
4. 对继电保护有哪些基本要求?
5. 故障以后继电保护的动作速度是否越快越好?
6. 请为某条35kV对端有电源的线路设计二次回路。
7. 风电场升压站中的主变压器至少应配备哪些继电保护方法?
8. 母线的完全电流差动保护的保护范围包括哪些设备?
9. 中央信号系统有什么作用?
10. 中央事故信号系统和中央预告信号系统,能否允许无人值守?
11. 开关电器的控制回路对操作电源有何要求?
12. 在风电场二次系统中,测量仪表是否应该尽量选用准确级最高的产品型号?

第4章 风电机组的输出特性与运行控制

教学目标：

理解风力机的运行特性与发电机的基本运行原理，以及风电机组并网换流器的电路结构和工作原理，掌握鼠笼型感应风电机组、双馈感应式风电机组和直驱式永磁同步风电机组的输出特性和控制原理，了解三种风电机组的基本运行操作。

知识要点：

重要性	能力要求	知识点
***	理解	风力机的运行特性
***	理解	三种发电机的运行原理
****	分析	鼠笼型感应风电机组的输出特性与控制原理
****	分析	双馈感应式风电机组的输出特性与控制原理
****	分析	直驱式永磁同步风电机组的运行特性与控制原理
**	了解	三种风电机组的运行操作

重要术语：

风能利用系数，叶尖速比，变桨距功率调节，定桨距功率调节，同步发电机，异步（感应）发电机，交流励磁，旋转磁场，同步速，直驱式，双馈式，变流器（换流器），等效电路。

风力发电机组由风力机和发电机及其控制系统组成，其中风力机完成风能到机械能的转换，发电机及其控制系统完成机械能到电能的转换。风力发电机组的运行特性由风力机、发电机及其控制系统共同决定。

各种典型风电机组的基本运行原理，参见本系列教材中的《风力发电原理》一书，本章重点介绍风力发电机组的输出特性和运行控制。

4.1 风电机组运行原理

4.1.1 风力机的运行特性

风力机的作用是获取风能并转换为机械能传递给发电机。风力机的机械功率可用下式表达：

$$P_m = C_p P_w = 0.5 C_p \rho A_1 v_w^3 \tag{4-1}$$

式中，P_m 为风力机的机械功率（W）；C_p 为风能利用系数；A_1 为叶片扫略面积（m²）$A_1 = \pi R^2$；R 为风轮半径（m）；ρ 为空气密度（kg/m³）；v_w 为风速（m/s）。

风力机从风中吸收的功率与空气密度、风速、风轮半径和风能利用系数都有关。风电机组运行时，无法对空气密度、风速、风轮半径进行控制，而风能利用系数 C_p 是可以控制的。

C_p 与风力机叶片参数和风力机转速等有关。根据 Betz 理论，风力机 C_p 的理论最大值是 0.59，实际值通常在 0.47 左右。

风轮叶尖的线速度与风速之比，称为叶尖速比，常用 λ 表示为：

$$\lambda = \frac{\Omega R}{v_w} \tag{4-2}$$

式中，Ω 为风轮旋转角速度；R 和 v_w 同上。

在风力机叶片参数确定的情况下，风能利用系数 C_p 与叶尖速比 λ 的关系大致如图 4-1 所示。当叶尖速比 λ 取某一特定数值时，C_p 最大。与 C_p 最大值对应的叶尖速比称为最佳叶尖速比。为了使 C_p 维持最大值，当风速变化时，风力机转速也需要随之变化，使之运行于最佳叶尖速。

图 4-2 是不同风速下（风速 $v_1 < v_2 < v_3 < v_4 < v_5 < v_6$）风力机的输出功率特性。对于某给定风速，风力机有一最佳转速（对应最佳叶尖速），此时风力机捕获的风能最大。不同风速下的风力机最大输出功率点连线为风力机最佳功率曲线。

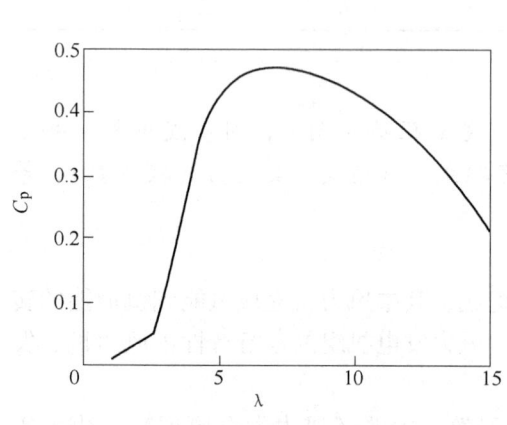

图 4-1 现代大功率风力机的 $C_p - \lambda$ 特性曲线示意图

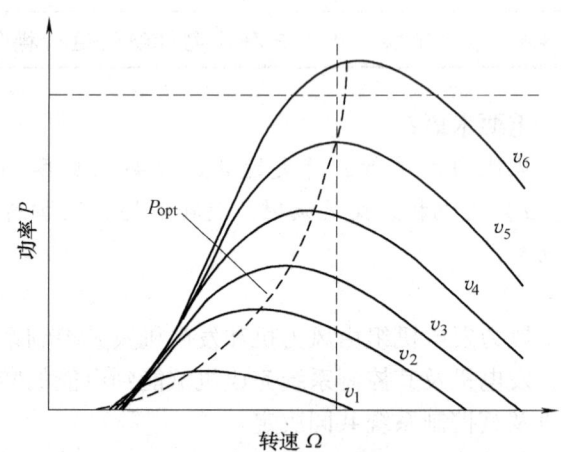

图 4-2 风力机的功率调节特性曲线
（P_{opt} 是各风速下风力机最大输出功率点曲线——最佳功率曲线）

4.1.2 发电机的运行原理

1. 同步发电机

同步发电机的工作原理如图 4-3 所示。同步发电机的转子绕组中要通入直流励磁电流，形成相对于转子静止的恒定磁场。当转子在风力机的驱动下以转速 n 旋转时，转子磁场将随着转子一起以转速 n 旋转。由于定子绕组是静止不动的，那么定子绕组与转子磁场之间便有了转速为 n 的相对运动。换言之，若以转子磁场为参照物（即假设转子磁场是静止的），那么定子绕组将以反向的转速 n 相对于转子磁场运动。于是定子绕组便以转速 n（相对运动方向与转子的实际转向相反）切割转子磁场的磁力线，从而在定子绕组中产生感应电动势。若定子绕组接有外部闭合回路，就会有电流从定子绕组流入外电路，或者说有功率送到外电路。

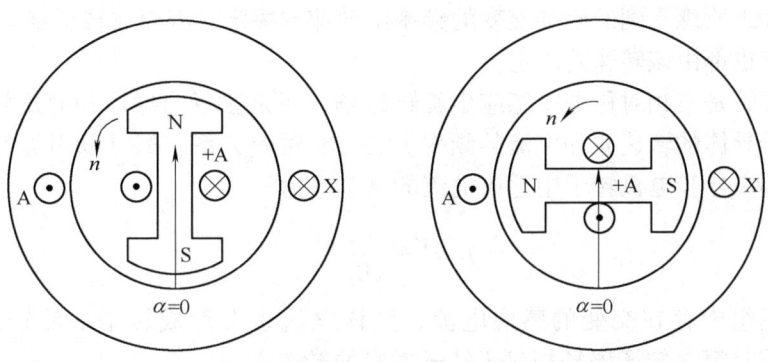

图 4-3 同步发电机工作原理示意图

当定子绕组中有电流流过时，将产生定子磁场。如果定子三相绕组中流过的是对称的三相交流电流，那么所产生的定子磁场具有如下特征：定子铁心内表面圆周上的任一点，磁场的强度都随着时间的推移按正弦规律变化；任何时刻，定子铁心内表面截面圆周上的磁场强度在空间上都按正弦规律分布。不难想象，磁场强度最大的位置在定子内表面圆周上出现的位置是随着时间变化的。这种情况，可以形象的理解为，磁场强度最大值出现的位置是在定子内表面圆周上旋转的，因此常常将三相对称电流在定子中产生的这种磁场称为旋转磁场。

实际上，在同步电机中，定子旋转磁场的转速与转子的转速 n 是相等的，或者说旋转磁场与转子是同步的，因此，习惯上将定子旋转磁场的转速称为同步速，并特别记做 n_1。

经过分析可知，定子旋转磁场的转速 n_1 由定子绕组中流过的交流电流的频率 f_1 决定，还与定子铁心的磁极对数 p 有关，其关系为

$$n_1 = \frac{60f_1}{p} \quad (\text{r/min}) \tag{4-3}$$

同步发电机的定子电流主要是感应出来的，事实上，定子电流的频率反过来是由转子的转速（在同步机中，转子转速 n 等于同步速 n_1）决定的，即

$$f_1 = \frac{pn_1}{60} \tag{4-4}$$

有的同步发电机在转子上不设置励磁绕组，而是采用永磁材料提供恒定的直流磁场（与直流电流励磁的效果相当）。

2. 异步发电机

异步发电机的工作原理如图 4-4 所示。在异步发电机的转子绕组中，一般不从外界提供励磁电流。

异步机的定子绕组与外电路相连，当绕组中流过对称的三相电流时，就会形成同步旋转磁场。仍假设定子

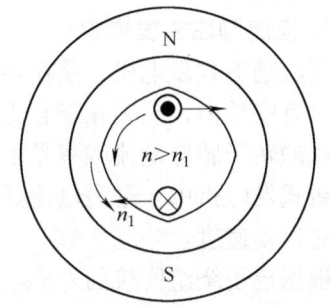

图 4-4 异步发电机工作原理示意图

旋转磁场的转速为 n_1，当异步机的转子在风力机的驱动下，以转速 n 旋转时，转子绕组的导体与定子旋转磁场之间有 $n-n_1$ 的转速差。该转速差造成转子绕组与定子磁场之间相对运动，因而会在转子绕组中感应出电动势，同时在闭合的转子绕组回路中产生电流。

由于转子绕组与定子旋转磁场之间存在转速差 $n-n_1$，则转子绕组所切割的磁场也将是交变的，转子绕组所感受到的磁场交变的频率由转速差决定，因而在转子绕组中感应出的电压和电流的频率也都由该转速差决定。

实际上，不管是三相对称电流感应出旋转磁场，还是磁场与导体相对旋转感应出电流，旋转磁场相对于导体的转速 n 和电流的频率 f 之间的对应关系，都可以用类似式（4-4）的形式来表示。那么异步电机转子中感应电流的频率应为

$$f_2 = \frac{p(n-n_1)}{60} \qquad (4\text{-}5)$$

三相转子绕组中存在交变的感应电流，则该电流也会形成转子的旋转磁场。用类似式（4-3）的方式计算，转子磁场相对于转子本身的转速为

$$n_2 = \frac{60f_2}{p} = n - n_1 \qquad (4\text{-}6)$$

由于转子本身也在以转速 n 旋转，那么转子磁场相对于定子绕组的转速为

$$n - n_2 = n - (n - n_1) = n_1 \qquad (4\text{-}7)$$

定子绕组与转子磁场做转速为 n_1 的相对运动，因而会切割转子磁场的磁力线，在定子绕组中感应出电动势和电流。事实上，在定子绕组中感应出的电流要远远大于建立定子磁场所需的电流，剩余的电流便送入外电路。既然定子绕组中的电流是发电机自己产生的，而不是外电路送来的。那么定子绕组中电流的频率 f_1 就是由感应出该电流的定子绕组与转子磁场的相对转速 n_1 决定，即

$$f_1 = \frac{pn_1}{60} \qquad (4\text{-}8)$$

可以想象，当转子转速 n 发生变化时，n_1 也将发生变化，从而影响到定子输出电压和电流的频率。

由于异步电动机的转速 n 总不等于同步速 n_1，因此在描述异步电机转速时通常采用转差率的概念。转差率的定义为

$$s = \frac{n_1 - n}{n_1} \qquad (4\text{-}9)$$

3. 交流励磁式发电机

交流励磁式发电机，是在转子绕组中通入低频交流励磁电流。交流励磁式发电机和异步发电机有些类似，差别在于它主动给转子绕组提供产生转子磁场所需的交流励磁电流。异步发电机的转子感应电流频率是由转子和定子旋转磁场的转速差决定的，不能自行控制。而交流励磁式发电机中，励磁电流是外部提供的，因而可以进行准确控制，从而影响到发电机中的相对运动速度。

根据定子绕组所接的外部电路对发电机输出电压、电流频率的要求（例如，50Hz），可以由式（4-3）计算出所需的同步速 n_1。这个转速实际上就是定子绕组和转子磁场应当满足

的相对转速,换句话说,只有定子绕组和转子磁场的相对转速为按指定的频率计算出的 n_1 时,才能保证发电机定子输出电压满足外电路的频率要求。

当转子以转速 n 旋转时,如果能够控制转子绕组励磁电流的频率 f_2,使得转子磁场相对于转子本身的转速 n_2(可以与转子旋转方向相同或相反)始终满足

$$n \pm n_2 = n_1 \tag{4-10}$$

则可以在发电机转速 n 发生变化的情况下,仍能保持定子输出电压频率恒定。

4.1.3 并网换流器的结构和原理

以电力电子器件为基础,采用一定的电路结构形式,可以实现整流、逆变等电能变换,相应的系统或装置称为换流器(也叫变流器)。换流器能够对电能进行灵活、准确、连续的控制。

现代大容量风电机组大多引入电力电子换流器以改善机组的运行性能。目前,应用于风力发电中的电力电子换流器主要是基于全控型电力电子器件的交-直-交(AC-DC-AC)电压源型变流器(Voltage Source Converter,VSC)。

1. 三相电压源型变流器的基本工作原理

三相电压源型变流器(VSC)的原理结构,如图 4-5 所示。直流侧并联一个单极性的直流电压源或支撑电容,直流电源或支撑电容的容量足够大,能在持续充/放电和器件换相过程中保持电压 U_{dc} 不会发生很大的变化。交流侧通过一定的接口电感与交流系统(电网或负载)相连,串联电感的作用是在交流电压源内阻抗较小的情况下,防止直流侧电容发生短路而快速向容性负载放电,损坏器件和装置。接口电感可以是分立的电抗器,也可以是连接变压器的漏抗。

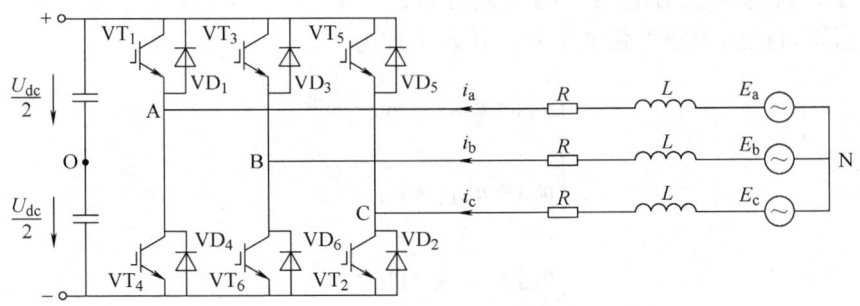

图 4-5 电压源型变流器的主电路结构图

由于电压型变流器中电压的极性不变,而直流电流是双向的,因此所采用的电力电子开关器件(开关阀)只需阻断正向电压而无需阻断反向电压,同时应具备双向电流导通能力。可关断器件 VT_1 和一个等容量的二极管 VD_1 反并联构成电压型变流器的开关阀,同理,VT_2、VD_2、$\cdots$、VT_6、VD_6 也分别构成了 5 个开关阀。

可关断器件 $VT_1 \sim VT_6$,常采用 IGBT(Isolated Gate Bipolar Transistor,绝缘栅双极型晶体管)等全控型开关器件,一般有三个端子:两个端子连接在主电路中流通主电路电流,而第三端为控制端。可关断器件 $VT_1 \sim VT_6$ 的导通或者关断是通过在其控制端和一个主电路端子之间施加一定的控制信号来控制的。为防止直流侧电压源短路,同一支路上的上、下桥臂

不能同时导通。

可关断器件导通后,连接在主电路中的两个端子之间的阻抗非常小,相当于短路;可关断器件关断后,连接在主电路中的两个端子之间的阻抗非常大,相当于开路,也就是说,可关断器件相当于可控的理想开关。

下面以 A 相输出控制为例,分析电压源型变流器的工作原理:当可关断器件 VT_1 开通、VT_2 处于关断状态时,正向直流端和交流侧 A 相连,相对于直流侧电源假想中点的交流输出电压跳变为 $U_{dc}/2$。当可关断器件 VT_1 关断、VT_2 开通时,负向直流端和交流侧 A 相连,相对于直流侧电源假想中点的交流输出电压跳变为 $-U_{dc}/2$。变流器交流侧输出电压完全受控于可关断器件的工作状态。

可见,当电压源型变流器直流侧电压恒定时,交流侧输出电压是幅值等于 $U_{dc}/2$ 的电压脉冲,如图 4-6 所示。通过改变开关器件 $VT_1 \sim VT_6$ 的通断状态,即可实现对输出电压的控制,因而电压型变流器相当于一个可控电压源。

电压源变流器输出的电压脉冲是周期性非正弦信号,通过傅里叶分析,可以分解为工频基波分量和很多谐波分量。由于开关器件的开关频率(每秒钟的通断次数)较高(kHz 级),变流器交流侧电压只包含基波和高次谐波,而没有低次谐波。又由于变流器输出电感的滤波作用(对频率越高的信号呈现的电抗越大),使高次谐波电压的影响非常小;若忽略输出电压中的高频分量,变流器就相当于可控的工频正弦电压源,其表达式为

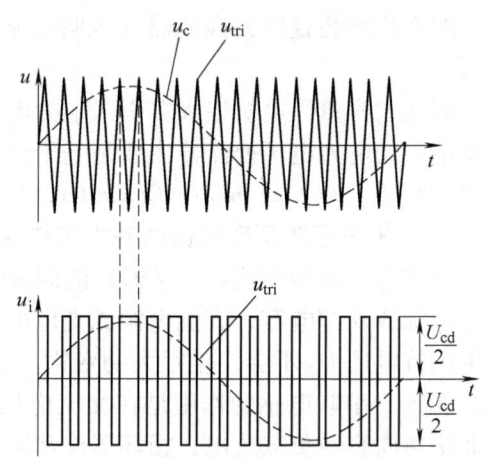

图 4-6 电压源变流器的输出电压波形

$$\begin{cases} u_{AO} \approx u_{AO.1} \approx m_A \cdot \dfrac{U_{dc}}{2} \\ u_{BO} \approx u_{BO.1} \approx m_B \cdot \dfrac{U_{dc}}{2} \\ u_{CO} \approx u_{CO.1} \approx m_C \cdot \dfrac{U_{dc}}{2} \end{cases} \quad (4-11)$$

式中,m_A、m_B、m_C 为调制比,是逆变器输出相电压基波幅值与直流电压幅值一半的比值。

2. 背靠背四象限电压源型变流器联网运行特性

背靠背电压源型变流器的电路原理结构如图 4-7 所示,是由两个结构相同的电压源型变流器(VSC_1 和 VSC_2)以"背靠背(back-to-back)"方式、通过中间的直流环节耦合而成。两侧变流器与交流系统之间可以进行独立的无功功率交换,但是进行有功功率传输时,两者需要协调控制。由电容电压状态方程可知,为维持直流侧电容电压 u_{dc} 恒定,需使 $i_{01} = i_{02}$,即要求背靠背变流器与两端交流系统间的有功功率交换需保持平衡。

VSC_1、VSC_2 分别通过断路器与交流电网相连,相关接线如图 4-8 所示。为了防止背靠背电压型变流器接入交流电网时造成电流冲击,要求遵循一定的操作步骤,以实现无冲击联网。基本操作顺序是:

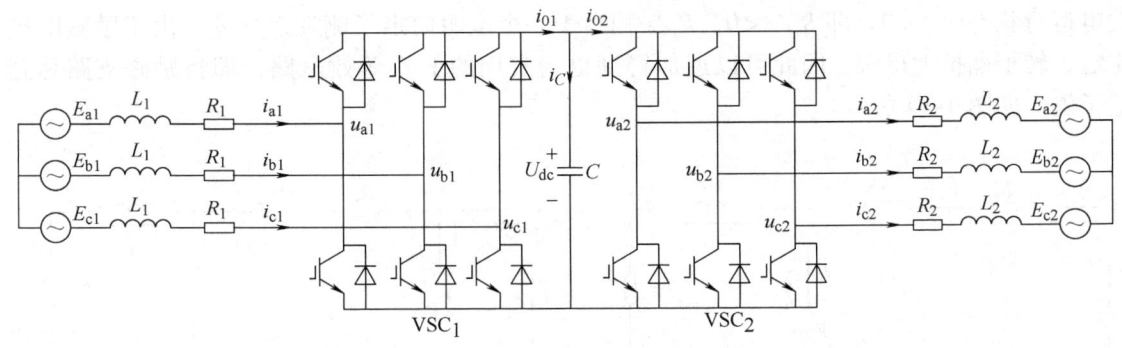

图 4-7 背靠背电压源型变流器的主电路结构图

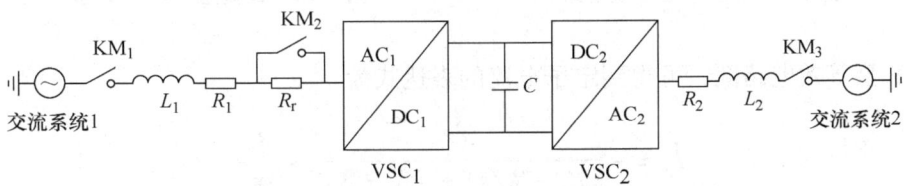

图 4-8 背靠背电压源型变流器并网操作示意图

1) 合 KM_1,使 VSC_1 经充电电阻对直流侧电容充电。

2) 合 KM_2,旁路充电电阻,使 VSC_1 直接进入不控直接整流。

3) 给定直流侧参考电压控制指令,控制 VSC_1 产生相应的控制脉冲,使 VSC_1 运行于直流侧电容电压控制模式。

4) 根据 KM_3 断口系统侧电压,控制 VSC_2 产生相应的控制脉冲,使 VSC_2 交流输出电压基波分量与 KM_3 断口系统侧电压相等,此时合上开关 KM_3,实现 VSC_2 无冲击并网。

5) VSC_2 接受指定有功功率、无功功率参考指令,实现指定功率交换控制。

4.2 笼型感应风电机组的运行特性与控制

4.2.1 笼型感应风电机组的运行原理

笼型感应电机的相量方程为

$$\begin{cases} \dot{U}_s = -(R_s + jx_s)\dot{I}_s + jx_m(-\dot{I}_s + \dot{I}_r) \\ 0 = \left(\dfrac{R_r}{s} + jx_r\right)\dot{I}_r + jx_m(-\dot{I}_s + \dot{I}_r) \end{cases} \quad (4-12)$$

式中,$x_s = \omega_1 L_{sl}$,$x_r = \omega_1 L_{rl}$,$x_m = \omega_1 L_m$,L_s、L_r、L_m 分别为定、转子绕组的自感及定、转子绕组间的互感。

据此可得如图 4-9 所示的笼型感应电机等效电路图,图中 $\dot{I}_m = -\dot{I}_s + \dot{I}_r$。当电机处于

发电运行状态时 $s<0$，即 $R_r/s<0$，R_r/s 相当于一个电源向定子侧发送功率。由于励磁电抗比定、转子漏抗大得多，因此可以近似得到更为实用的 Γ 型等效电路，即将励磁支路移到定子侧，如图 4-10 所示。

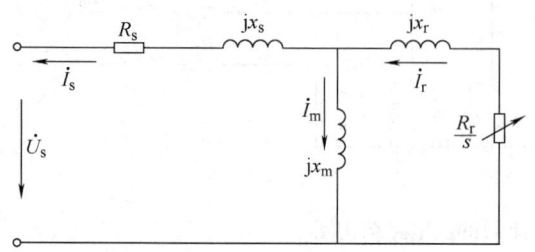

图 4-9 笼型感应电机 T 型等效电路

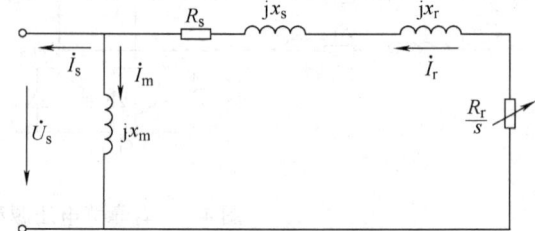

图 4-10 笼型感应电机 Γ 型等效电路

根据 Γ 型等效电路图，可得到定子电流的表达式为

$$\dot{I}_s = -\frac{\dot{U}_s}{(R_s+R_r/s)+j(X_s+X_r)} + j\frac{\dot{U}_s}{x_m} \tag{4-13}$$

故笼型感应发电机组定子发出的功率为

$$\dot{S}_s = P_s + jQ_s = \frac{3}{2}\dot{U}_s\dot{I}_s^* = \frac{3}{2}U_s^2\frac{[(R_s+R_r/s)+j(x_s+x_r)]}{(R_s+R_r/s)^2+(x_s+x_r)^2} - \frac{3}{2}\frac{U_s^2}{x_m} \tag{4-14}$$

发电机发出的有功功率 P_s 等于风力机传递给电机转轴上的机械功率 P_m 减去定、转子绕组的铜耗功率 $P_{s.Cu}$ 和 $P_{r.Cu}$，即

$$P_s = -\frac{3}{2}\frac{R_s+R_r+R_r(1-s)/s}{(R_s+R_r/s)^2+(x_s+x_r)^2}U_s^2 = P_m - P_{s.Cu} - P_{r.Cu} \tag{4-15}$$

其中，$P_m = -\frac{3}{2}\frac{U_s^2}{(R_s+R_r/s)^2+(x_s+x_r)^2}\frac{R_r(1-s)}{s}$，$P_{s.Cu} = \frac{3}{2}\frac{U_s^2}{(R_s+R_r/s)^2+(x_s+x_r)^2}R_s$，$P_{r.Cu} = \frac{3}{2}\frac{U_s^2}{(R_s+R_r/s)^2+(x_s+x_r)^2}R_r$。

笼型感应电机运行于发电状态时，$s<0$，故 $P_m>0$。

发电机组发出的无功功率为

$$Q_s = -\frac{3}{2}U_s^2\left[\frac{x_s+x_r}{(R_s+R_r/s)^2+(x_s+x_r)^2} + \frac{1}{x_m}\right] < 0 \tag{4-16}$$

即无论是运行于电动状态（$s>0$），还是发电状态（$s<0$），笼型电机发出的无功功率都小于零，即需要外部电源提供无功。其中上式右端第一项表示定、转子漏抗消耗的无功功率，随电机输出有功功率的增加而增加；第二项表示励磁电抗消耗的无功功率即励磁无功功率，仅与电机端电压有关。

综上可知，笼型感应电机运行于发电状态（$s<0$）时，电机发出有功功率、吸收无功功率，若发电机的机端电压不变时，则其发出的有功功率与吸收的无功功率仅仅是转差 s 的函数。

4.2.2 笼型感应风电机组的风速-功率特性

风速-功率特性是指在发电机定子电压、频率和电机参数固定的条件下，风速与风电机组输出功率之间的关系。由于风力发电包含了由风能到机械能和由机械能到电能两个能量转换过程，因此，笼型感应风电机组的风速-功率特性，由风力机的风速-机械功率特性和发电机的转速-电功率特性共同决定。

笼型感应风电机组中的风力机通常为定桨距控制，在给定风速注入下，风力机的风能转换效率仅与风力机运行转速有关。而受笼型感应发电机组运行稳定限制，风力机转速只能在很小范围内变化。因此，笼型感应风电机组只能在较窄的风速范围内具有较高的风能捕获效率。

图 4-11 为金风公司 750kW 笼型感应恒速恒频风电机组的风速-功率曲线，切入风速为 4m/s，额定风速为 15m/s，切出风速为 25m/s。可见，风速高于切入风速时，随着风速的逐渐增大，风电机组输出功率也随之增大，直到风速达到额定风速时，风电机组输出功率也达到额定值；当注入风速进一步增加、超过额定风速时，定桨距风力机叶片的气动特性开始发生变化而失速，导致风轮的风能捕获效率降低，限制叶片吸收过大的风能，风力机所捕获的风功率维持在额定值附近，达到限制功率的目的，从而使发电机组的输出功率也维持在额定值附近。

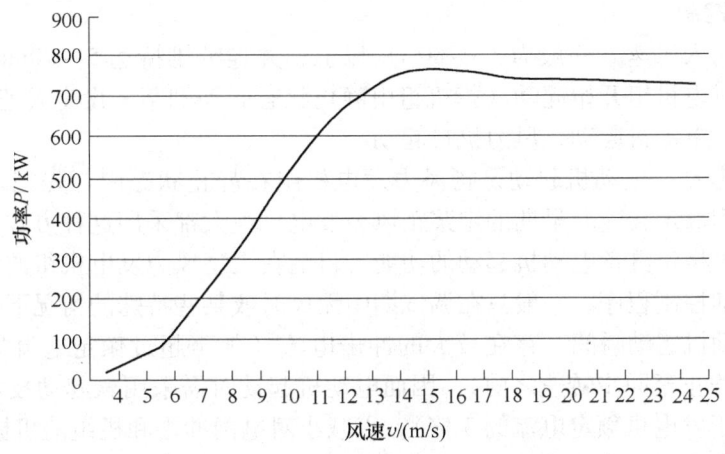

图 4-11 笼型感应发电机风速-功率曲线

图 4-12 为笼型感应发电机的有功-无功曲线。由图可见，随着风电机组出力的增加，发电机组从电网吸收的无功功率也随之增加。因此，多台笼型风电机组联网运行需要从电网吸收大量的无功功率，而容易导致风电机组接入点电压下降。故通常需要在发电机定子侧安装一定容量的电容器以进行无功功率补偿，改善风电机组的联网运行性能。

4.2.3 笼型感应风电机组的运行控制

笼型感应风电机组的运行控制主要包括机组起动控制、待机检测并网控制、发电时的电容器投切控制、定桨距失速控制和停机控制。

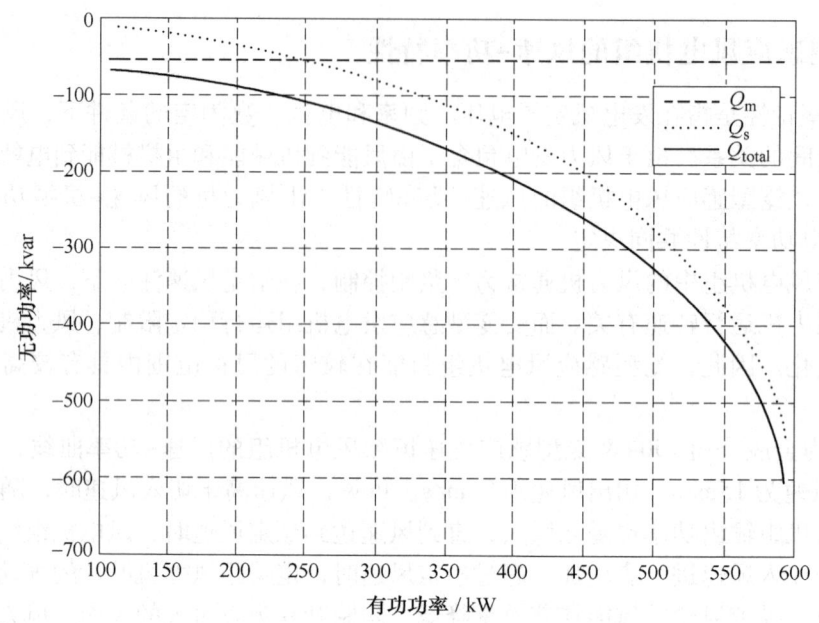

图 4-12 笼型感应发电机有功-无功曲线
Q_m—励磁无功，Q_s—与运行状态相关的无功，Q_{total}—总无功功率

1. 机组起动控制

当风速达到切入风速（一般为 3~4m/s）以上，并连续维持达 5~10min 时，控制系统发出启动信号，风电机组开始起动（指机组由静止状态起动到某一设定转速的过程）。主要有两种起动方式：电动机起动、风力机自起动。

（1）电动机起动。电动机起动是指风力发电机组在静止状态时，先把发电机用作电动机，将机组起动到额定转速。早期的定桨距风力发电机组大都采用这种方式。直到现在，绝大多数定桨距风力机仍具备电动机起动的功能。目前在大型风力发电机组的设计中，电动机起动不再进入自动控制程序，一般只在调试期间无风时或某些特殊的情况下使用。

发电机作电动机起动瞬间，存在较大的冲击电流（甚至超过额定电流的 10 倍），并持续一段时间（由静止至同步转速之前），因而电动机起动时需采用软起动技术，控制起动电流（起动电流小于发电机额定电流的 3 倍），以减小对电网冲击和机组的机械振动。

（2）风力机自起动。风力机自起动是指风力发电机组在风速超过切入风速时，由风力机将机组起动到某一设定转速（额定转速附近）。由于桨叶气动性能的不断改进，目前绝大多数风力发电机组的风轮具有良好的自起动性能。一般在风速 $v>4m/s$ 的条件下，即可自起动到发电机的额定转速。

2. 待机检测并网控制

当风速 v 大于切入风速（一般为 3m/s）时，风轮开始逐渐起动，但不足以将风力发电机组拖动到切入转速；或者风力发电机组从小功率状态切出，没有重新并入电网，这时的风力机处于自由转动状态，称为待机状态。

待机状态除了发电机没有并入电网，机组实际上已处于工作状态。这时控制系统已做好并入电网的一切准备（如机械制动已松开，风力机叶轮的叶尖阻尼板已收回，风轮处于迎风状态，风况、电网和机组的所有状态参数均在控制系统检测之中等），一旦风速增大，转速升高，发电机即可并入电网。

由于异步发电机并入电网运行时，是靠转差来调整负荷的，其输出功率与转速近乎呈线性关系，因此对机组的调速要求，不像同步发电机那么严格精确，不需要同步设备和整步操作，只要转速接近同步转速时就可以并网。

笼型感应风力发电系统中的并网方法主要有以下三种。

(1) 直接并网。这种并网方法要求在并网时发电机的相序与电网的相序相同，当风力驱动的笼型感应发电机转速接近同步转速时即可自动并入电网；自动并网的信号由测速装置给出，而后通过自动空气开关合闸完成并网过程。这种并网方式比同步发电机的准同步并网简单。但这种并网方式在并网时会出现较大的冲击电流及电网电压的下降。这种冲击电流对发电机自身部件的安全及对电网的影响也愈加严重。过大的冲击电流，有可能使发电机与电网连接的主回路中的断路器断开；而电网电压的较大幅度下降，则可能会使低压保护动作，从而导致笼型感应发电机根本不能并网。因此这种并网方法只适用于异步发电机容量在百千瓦级以下，而电网容量较大的情况下。中国最早引进的 55kW 风力发电机组及自行研制的 50kW 风力发电机组都是采用这种方法并网的。

(2) 降压并网。这种并网方法是在异步电机与电网之间串接电阻或电抗器或者接入自耦变压器，以达到降低并网合闸瞬间冲击电流幅值及电网电压下降的幅度。因为电阻、电抗器等元器件要消耗功率，在发电机并入电网以后，进入稳定运行状态时，必须将其迅速切除，这种并网方法适用于百千瓦级以上、容量较大的机组，显而易见这种并网方法的经济性较差，中国引进的 200kW 笼型感应发电机组，就是采用这种并网方式，并网时发电机每相绕组与电网之间皆串联有大功率电阻。

(3) 通过晶闸管软并网。这种并网方法是在异步发电机定子与电网之间，通过基于双向晶闸管的软起动器并网，如图 4-13 所示，双向晶闸管的两端与并网自动开关 S_2 并联。这种软并网方法的特点是通过控制晶闸管的导通角，将发电机并网瞬间的冲击电流限制在规定的范围内（一般为 1.5 倍额定电流以下），从而得到一个平滑的并网暂态过程。并网结束后，自动开关 S_2 闭合，将软起动器旁路退出运行。通过晶闸管软并网法是目前国内外中、大型风力发电机组中普遍采用的并网方法，中国引进和自行开发研制生产的 250kW、300kW、600kW 的并网型异步风力发电机组，都是采用这种并网技术。

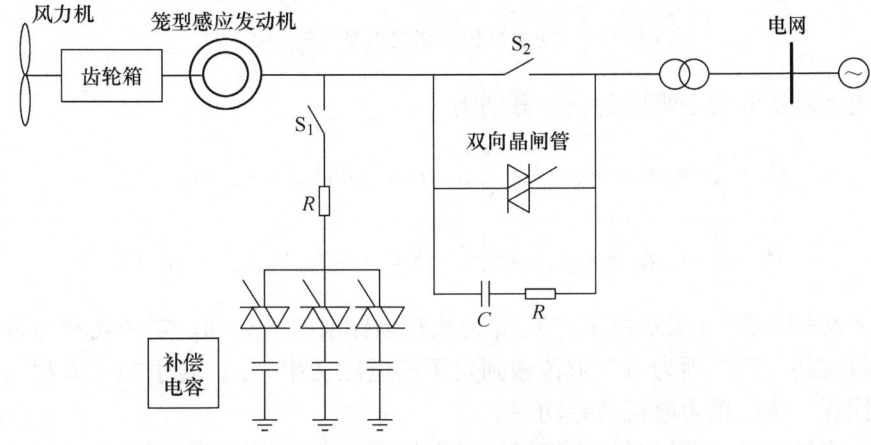

图 4-13 笼型感应发电机经晶闸管软并网原理图

3. 电容器投切控制

通常在笼型感应发电机端口安装一定容量的电容器（机组额定容量的20%），根据不同风况下发电机组的无功功率需求，动态调整机端电容器的投切容量，以减小发电机组对电网无功功率的需求。

4. 定桨距失速控制

当风速变化并且超过额定速度时，风力机空气动力特性发生变化，利用桨叶翼型本身的失速特性，气流的功角增大到失速条件，使桨叶的表面产生紊流，风力机叶片失速，效率降低，限制叶片吸收过大的风能，风力机所捕获风功率维持恒定，达到限制功率的目的，即定桨距失速。

5. 停机控制

当检测到风速持续超过切出速度时，为了保证风电机组的运行安全，风力机制动，风力机停止旋转；同时，发电机组并网开关断开，机组退出电网运行。

4.3 双馈感应风电机组的运行特性与控制

4.3.1 双馈感应风电机组的功率传输特性

图 4-14 为双馈感应风电系统的原理图。其中的双馈感应式发电机是交流励磁式发电机。在转子绕组和电网之间接有背靠背四象限变流器，用于为转子绕组提供频率可调的交流励磁电流。Crowbar 保护电路的介绍，参见 4.3.4 节。

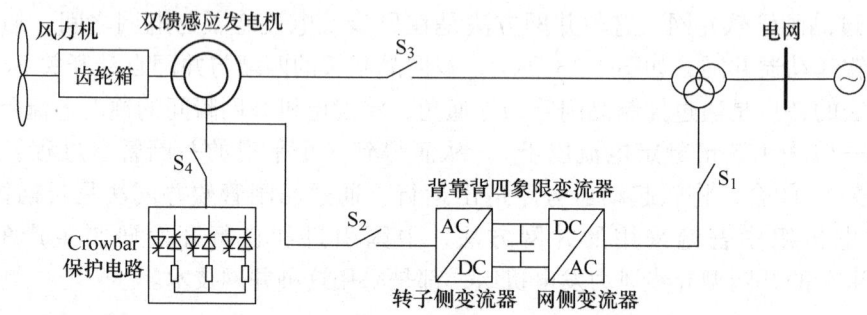

图 4-14 变速恒频双馈发电系统原理图

定子发出的功率和转子吸收的功率分别为

$$P_s = \frac{3}{2}(u_{sd}i_{sd} + u_{sq}i_{rq}) = \frac{3}{2}[-R_s i_s^2 + \omega_1 L_m(i_{rd}i_{sq} - i_{rq}i_{sd})] \tag{4-17}$$

$$P_r = \frac{3}{2}(u_{rd}i_{rd} + u_{rq}i_{rq}) = \frac{3}{2}[-R_r i_r^2 + \omega_s L_m(i_{rd}i_{sq} - i_{rq}i_{sd})] \tag{4-18}$$

式中，下标 r 表示转子，s 表示定子，d、q 为旋转坐标系的坐标轴。定子功率方程右端第一项为定子绕组铜耗，第二项为由气隙传输到定子的电磁功率 P_{em}；转子功率方程右端第一项为转子绕组铜耗，第二项为电机转差功率。

忽略电机定转子绕组铜耗时，双馈感应发电机的功率具有如下关系：

$$P_r = sP_{em} \approx sP_s \tag{4-19}$$

$$P_{mec} \approx P_s - P_r \approx (1-s)P_{em} \tag{4-20}$$

式中，P_{em}为电磁功率；P_{mec}为输入到转子轴上的机械功率；P_s为定子发出功率；P_r为电机转差功率。

双馈感应风电机转速一般为 0.7~1.3 倍额定转速，即电机转差功率在 ±30% P_{em}之间。转差功率大小决定了变流器容量的大小，因此，双馈感应风力发电机的变流器容量仅为发电机额定功率的 30% 左右。

由上述功率方程可知，机械输入功率等于定子发出功率减去转子吸收功率。在实际运行中，不同风速下，双馈发电系统中的发电机也运行在不同的状态。

（1）亚同步发电状态（$0 < s < 1$）。转子旋转磁场方向与转子机械旋转方向相同，此时的电磁功率 $P_{em} > 0$，由双馈发电机定子绕组馈入电网。转差功率 $P_s < 0$，双馈发电机转子需要馈入能量，由电网通过"背靠背"四象限变流器提供给双馈发电机转子绕组，双馈发电机实际发电功率为$(1-s)P_{em}$。功率传递关系如图 4-15a 所示。

（2）超同步发电状态（$s < 0$）。双馈发电机转子旋转磁场方向与转子机械旋转方向相反，此时的电磁功率 $P_{em} > 0$，由电机定子绕组馈入电网；转差功率 $P_s > 0$，由转子绕组经变流器将其馈入电网，电机实际发电功率为$(1+|s|)P_{em}$，即除定子向电网馈送电能外，转子也经过背靠背四象限变流器向电网馈送一部分电能。功率传递关系如图 4-15b 所示。

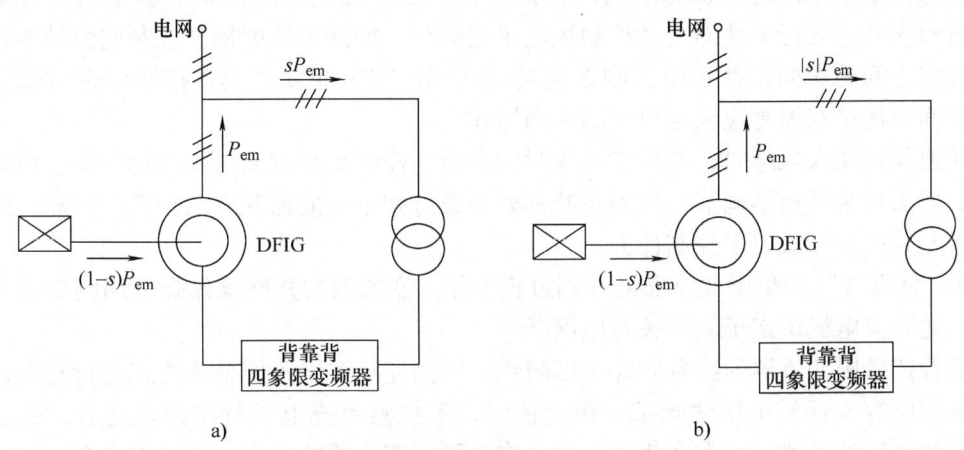

图 4-15 双馈感应发电机的功率流动图
a）亚同步发电状态 b）超同步发电状态

（3）同步发电状态（$s = 0$）。此时 $P_{em} = P_{mec}$，机械能全部转化为电能并通过定子绕组馈入电网，转子绕组仅提供较小容量的直流励磁功率。

4.3.2 双馈感应风电机组的运行控制原理

由图 4-2 所示的风力机功率调节特性可见，存在一条最佳功率-转速曲线。如果风力机的运行控制策略是在不同的风速下追求最大输出功率（P_{opt}），由于转速 ω_r 与风速成比例，则功率就随着 v^3 和 ω_r^3 增加，转矩随着 v^2 和 ω_r^2 增加。

用于控制策略的发电机转矩-转速特性曲线，如图 4-16 所示。在最大功率跟踪阶段，转矩-转速特性曲线符合公式 $T_{opt} = K_{opt} \times \omega_r^2$，即图中的 B 和 C 点之间。由于变流器的容量限制，从切入风速到额定风速都保持最大的功率跟踪是不太现实的，因此在低风速区域，比如图中的 A ~ B 点之间，风电机组运行在几乎恒定的转速下。如果风速继续增加，直至使得风力机转矩超过其额定值，控制目标将为图中的 D ~ E 段，此时电磁转矩恒定。当转速达到对应于 E 点的值时，桨距角控制将代替转矩控制来限制输入的功率。

实现最大功率跟踪的转速控制策略，就是通过调整发电机的电磁转矩来适应转速的变化。图 4-16 所示的转矩-转速特性

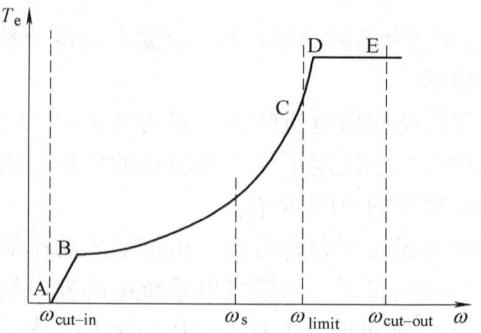

图 4-16 用于控制的转矩-转速特性曲线

曲线，可作为确定发电机转矩要求值的参考依据。给定转速的测量值，根据转矩-转速特性曲线就可以得到参考转矩值 T_{sp}，据此确定转子侧变流器需要产生的电压，并施加于发电机的转子。

4.3.3 双馈感应异步风电机组的运行操作

运行操作是指不同运行状态之间的切换操作。由于现代风电机组大多是高度自动化设备，通过检测外部运行条件而自动控制风电机组运行，如最大风能捕获控制向恒转矩控制或恒转速控制之间的切换，都是由控制系统自动完成，其中的发电运行控制原理前面已有论述，故下面只讨论双馈感应风电机组的并网操作。

当风速超过切入风速时，并持续一段时间之后，控制系统发出机组起动命令。机组开始起动时，风力机桨距角不调节，风力机叶片处于最有利于风能捕获方向位置。背靠背四象限变流器控制系统将完成以下控制任务：

(1) "背靠背"四象限变流器的并网过程操作。变流器的并网操作是指网侧变流器的并网操作，此时发电机组定子侧开关与电网断开。

背靠背四象限变流器的控制脉冲全部闭锁，网侧变流器以不控整流方式进行充电，当变流器直流侧电容 C 两端电压达到某一恒定值时，不控整流充电过程结束。之后，通过自动检测电网侧电压的幅值、频率和相位，以此作为网侧变流器的输出电压控制指令，使网侧变流器运行于全控整流运行（整流控制目标为直流侧电容电压），使直流侧电容电压维持在额定值附近，为转子侧变流器向双馈感应发电机提供交流励磁做好准备。

(2) 双馈感应发电机的并网操作。网侧变流器完成并网之后，背靠背四象限变流器控制子系统再根据发电机转速和定子侧电网电压，确定出转子侧变流器输出电压参考值，对发电机进行交流励磁，通过控制转子侧变流器来调节发电机转子励磁电流，从而精确地控制发电机定子电压，使其满足并网条件。

发电机的并网条件为：定子电压和电网电压的幅值、频率以及相位均相同。发电机并网控制就是在并网之前通过调节转子交流励磁电压，来间接调节定子电压，使之满足并网条件后进行并网操作。并网控制的实质就是依据电网电压（频率、相位和幅值）信息，通过背靠背四象限变流器调节转子的励磁电流，调节发电机定子电压符合并网条件。

4.3.4 双馈感应异步风电机组的撬杠保护** （选修）

双馈感应风力发电机的定子绕组与电网直接相连，因而只能通过对转子侧变流器的控制实现对发电机的部分控制。当因电网短路故障或雷击造成风电机组接入点发生电压跌落时，将引起转子电流增大，严重时将引起转子侧变流器过流或变流器直流侧电容过压。由于四象限变流器中的电力电子器件的耐压和过流能力相对较小，为防止过压或过流对转子侧变流器所造成的危害，通常在转子侧安装撬杠（Crowbar）保护电路对变流器进行保护。

Crowbar的基本原理为：当检测到转子绕组电流超过所整定阈值时，Crowbar保护动作，将短接双馈感应发电机的转子绕组，切除转子侧变流器，达到保护转子变流器的目的。此时双馈感应发电机将从双馈调速运行状态过渡到笼型异步电机不可控运行状态。

Crowbar保护电路可以分为被动式保护电路和主动式保护电路。

1. 被动式 Crowbar 保护电路

对图4-17a所示的被动式Crowbar保护电路采用两个晶闸管反并联形成晶闸管对的形式，当电网发生故障引起转子电路过电流或过电压时，通过触发晶闸管使其导通，使双馈电机转子构成封闭的回路，此时转子侧变流器停止工作，起到保护变流器的作用。同样，晶闸管Crowbar保护电路也可以通过二极管整流桥与直流短路晶闸管共同构成，如图4-17b所示。通过晶闸管的触发使其导通，同样可以获得等效短路双馈电机转子电路，以起到对双馈电机转子侧变流器进行保护的功能。有时也在晶闸管Crowbar保护短路回路中串入电阻以加速双馈电机转子电流的衰减，缩短过渡过程所需的时间。

对于图4-17b所示的晶闸管被动式Crowbar保护电路，由于双馈电机多运行于同步转速附近，转子侧频率通常较低，一旦Crowbar保护动作则难以关断，因此这种基于晶闸管的被动式Crowbar保护电路，通常需要双馈电机的定子从电网脱开且等双馈电机转子电流衰减殆尽后，晶闸管恢复到其阻断状态，待条件允许的情况下双馈电机重新执行并网操作。

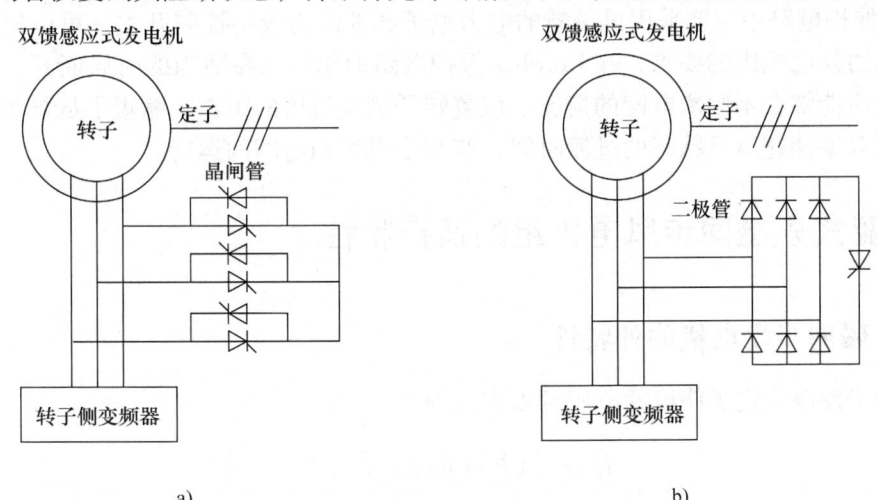

图 4-17 被动式 Crowbar 保护电路
a) 反并联式 b) 整流桥式

2. 主动式 Crowbar 保护电路

主动式Crowbar保护电路如图4-18所示。图4-18a为通过可关断器件的反并联连接，在电网发生故障需要保护转子侧变流器时将转子回路经过旁路电阻 R_c 短路。图 4-18b 所示主动式 Crowbar 保护电路，在需要对转子变流器进行保护时，通过二极管整流桥和可关断器件将旁路电阻 R_c 等效接入双馈感应发电机转子回路中。

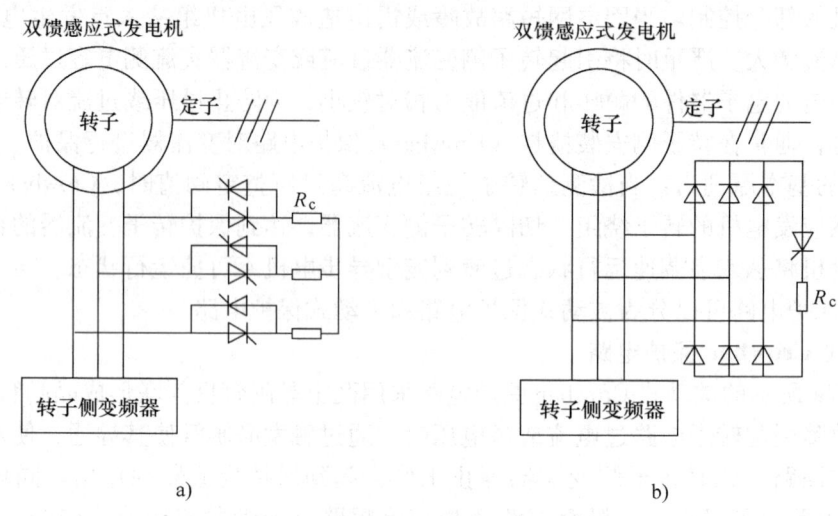

图 4-18 主动式 Crowbar 保护电路
a) 反并联式 b) 整流桥式

主动式 Crowbar 保护和被动式 Crowbar 保护的基本保护原理相同。两者的不同之处在于：被动式 Crowbar 保护电路主要采用不可控电力电子器件作为投切控制开关，不能按电网要求在任何需要的时候马上恢复转子侧变流的正常工作。当转子电流中存在很大的直流分量时，由于晶闸管过零关断的特性不再适用，会造成 Crowbar 保护拒动，延长了双馈感应发电机从异步电机运行状态恢复到双馈调速运行状态的时间，不利于电网和整个机组的运行。而主动式 Crowbar 保护电路中主要采用可关断的电力电子器件作为投切控制开关，可以根据电网对双馈感应风力发电机组的要求，在 Crowbar 保护电路动作后，在适当的时候断开，从而使得风力发电机组能够在不脱离电网的情况下恢复转子侧变流器的工作，缩短了从异步电机运行状态恢复到双馈调速运行状态的过渡时间，有利于机组和电网的运行。

4.4 直驱式永磁同步风电机组的运行特性

4.4.1 永磁同步发电机的外特性

永磁同步发电机定子绕组的电压可以表示为

$$\dot{U}_s = -(R_s + j\omega_r L_d)\dot{I}_s + \dot{E}_0 \tag{4-21}$$

式中，$\dot{E}_0$ 为发电机组空载励磁电动势，与发电机的转速成正比，$\dot{E}_0 = j\omega_r \psi_f$。

根据式（4-21）可以得到如图 4-19 所示的永磁同步发电机的稳态等效电路。由图可知，电机空载时，机端电压等于空载电动势，电压幅值、频率均与电机转速成正比。当电机负载运行时，由于永磁同步发电机励磁不可调，故定子电枢绕组电流所产生的磁动势将影响气隙磁场的分布和大小，使得机端电压将随负载变化而变化。

通常，用固有电压调整率来描述负载对发电机端电压的影响，其定义为：负载变化而转速保持不变时所出现的电压变化，其数值完全取决于发电机本身的基本特性，通常用额定电压的百分数或标幺值表示：

$$\Delta U = \frac{E_0 - U_s}{U_N} \times 100\% \quad (4\text{-}22)$$

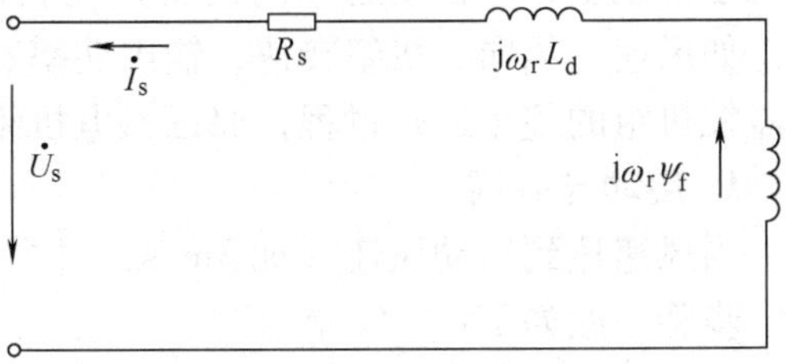

图 4-19　永磁同步发电机的稳态等效电路图

式中，E_0 为空载励磁电动势，U_s、U_N 分别为电机电压有效值及额定值。

4.4.2　直驱式永磁同步风电机组的运行控制原理

直驱式永磁同步风电机组的运行控制，主要包括风力机桨距角控制、永磁同步发电机组发电控制和接口变流器联网运行控制。关于风力机桨距角控制的内容参见本系列教材中的《风力发电原理》，这里不再赘述。

图 4-20 为采用背靠背四象限变流器的永磁同步风电机组网接线示意图。

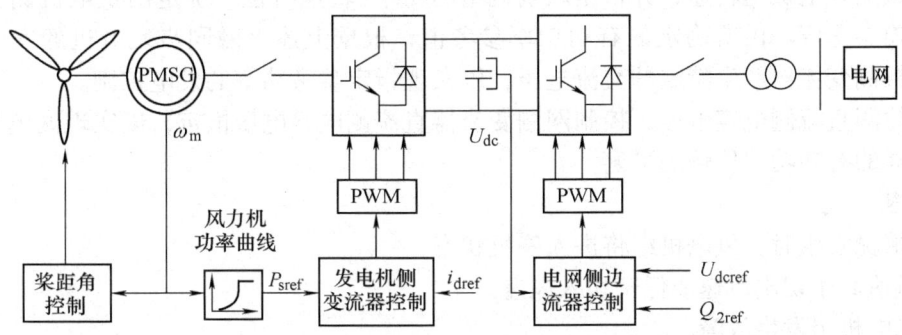

图 4-20　采用背靠背四象限变流器的永磁同步风电机组联网接线示意图

当采用背靠背四象限变流器实现联网时，永磁同步发电机组的发电控制是通过检测风电机组转速信息，依据风电机组的转速-功率特性，按照设计好的控制规律，控制发电机组侧变流器输出电压的幅值、频率及相位，使机组转速运行于设定的参考转速，实现指定参考功率的发电控制。

发电机侧变流器联网运行控制的目标是：通过控制直流侧电容器电压恒定，维持背靠背四象限变流器与两端交流系统的有功功率传输平衡。

电网侧变流器的控制目标是将直流电逆变为与电网同频率、同电压的交流电，维持直流侧电容电压恒定，以控制发电机侧变流器和网侧变流器的有功功率传输平衡，并根据电网运行要求，与电网实现指定无功功率交换。

4.4.3　直驱式永磁同步风电机组的运行操作

与双馈感应式风电机组类似，永磁同步风电机组也可根据风力机运行状态分为四个运行区域,即起动区、最大风能捕获区、转速恒定区和额定功率输出区。而现代大型风力发电机组几乎都是全天候自动运行的设备,控制系统通过自动检测和处理风电机组的运行状态信息,如风速、风向、机组转速、输出功率、电压电流等,自动调整风电机组的运行状态,严密监控机组的整个运行过程,保证风电机组一直在优化、安全的环境里运行。

1. 启动与并网

当风速达到启动风速(如3m/s)并持续一段时间后(如10min),风电机组开始启动并网,步骤一般如下:

(1)网侧变流器的充电及软并网控制。网侧变流器控制信号封锁,变流器运行于整流状态,对变流器直流电容进行充电。当直流侧电容电压达到额定值时,解开网侧变流器控制脉冲的封锁信号,控制网侧变流器运行于逆变状态,与电网进行0功率交换(发电机侧变流器尚未与永磁同步发电机连接),维持直流侧电容电压恒定。

(2)发电机侧变压器的软并机控制。永磁同步发电机在风力机的驱动下已经开始旋转,处于空载运行状态,通过检测永磁同步发电机端电压(等于空载电动势),控制发电机侧变流器运行于逆变状态,使之产生的交流电压的基波分量与机端电压同频率、同幅值、同相位。在此基础上,再闭合发电机侧的断路器,实现变流器与永磁同步发电机的无冲击连接。

2. 并网运行

通过检测风电机组转速,并根据风电机组的功率-转速特性,确定出发电机侧变流器有功功率传输参考值。由所确定的有功功率参考值,根据上述永磁同步发电机的发电控制原理,控制机侧变流器产生特定的交流电压,以实现指定参考功率的发电控制。

通过检测直流侧电容电压,控制网侧变流器直流侧电容电压恒定,以实现网侧变流器与机侧变流器的有功功率传输的平衡。

3. 停机

以下情况发生时,风电机组将进入停机状态:

1)风速高于切出风速或低于切入风速。

2)风电机组发生故障。

3)运行人员手动停机。

停机分为正常停机、快速停机和紧急停机,风机根据不同的情况选择不同的停机方式,停机时叶片被调整到顺桨的位置,叶轮降速,叶轮降速到一定速度时,变流器脱网,风机进入"停机"状态。

思 考 题

1. 如果风速从5m/s提高到10m/s,或者从10m/s提高到20m/s,风力机的输出功率将有何变化?为什么?

2. 对比笼型感应风电机组、双馈感应式风电机组和直驱式永磁同步风电机组的发电机励磁方式和功率、频率输出特性。

3. 结合三种风电机组的结构和运行特点,分析其将来的发展前景。

第 5 章　并网风电场对电网的影响

教学目标：

理解风速分布和风电机组集群效应对风电场输出功率的影响，了解与风电场并网有关的技术问题，掌握大型并网风电场电气计算的考虑事项，分析和理解风电场接入对电力系统的影响，深刻理解风电场容量可信度的概念，了解国内外有关风电场接入电网的技术要求和相关规定。

知识要点：

重要性	能力要求	知　识　点
****	理解	风速分布和集群效应对风电场输出特性的影响
**	了解	与风电并网有关的技术问题
***	了解	并网风电场的常用电气计算和考虑事项
*****	分析 理解	风电场接入对电网电压、稳定性、电能质量及调度运行的影响
*****	理解	风电场容量可信度的概念和评价方法
**	了解	风电场接入电网的技术要求和相关规定

重要术语：

并网，集群效应，短路电流，稳定性，调峰能力，电能质量，容量可信度，充裕度，可靠性

　　风电机组可以独立运行或者与柴油发电机等发电方式联合运行，就近向特定用户或某一区域（例如海岛或村庄）的用户提供电力。而机组数目较多的风电场，周围往往没有那么多用电需求，风电场接入电网运行更容易实现对风力发电量的充分利用。建设并网风电场是大规模发展风力发电的主要方向。

　　并网型风力发电场由风电场、升压变电站组成。升压变电站将风电机组发出的电能升压到电网电压，再通过并网点由电力线路送入电网。风电场的并网点通常指的是升压变电站的高压母线。

　　随着发展规模及其在电力系统中所占比重的加大，风电已经开始由小规模补充能源向大规模主要能源转变。风电技术的可靠性和安全性将对电网和电力系统带来很大的影响。在现有电力系统中接入大量的风电，可能需要对已有系统以及运行方式进行一定的改变，因此，充分了解风电场对电网的影响是十分重要的。

5.1 影响风电场输出的因素和并网问题

5.1.1 风电场的风速影响

风速不仅是高度的函数,也是时间的函数。而图 5-1 所示的风速波动频谱图反映了不同类型风速变化的时间范围。风湍流峰值(Turbulent peak)主要是由 1s 内到 1min 变化的阵风引起。风速的日峰值(Diurnal peak)取决于每天的风速变化(例如,由陆地和海上的温差造成的陆海风(land-sea breeze)。气象峰值(Synoptic peak)取决于气候模式的变化,每天及每周都会变化,同时也包括季节周期的变化。

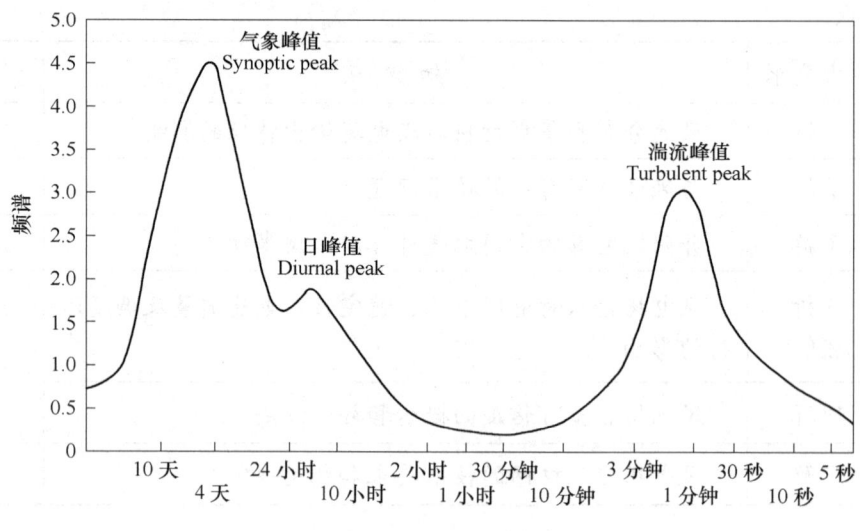

图 5-1 风速波动频谱图

从电力系统运行的角度来看,湍流峰值可能会影响风电所供应电能的电能质量,对电能质量的影响很大程度上取决于风电机组采用的技术。例如,变速风电机组通过将能量暂时存储在风电机组的旋转轴系中可以消除短期的功率波动。这意味着功率输出比与系统刚性连接的机组更平滑。然而,风速的日峰值和气象峰值可能会影响电力系统的长期有功功率平衡,解决的办法之一是引入风速预测。

风速的变化对电力系统的影响还体现在,当风速超过切出风速(例如 25m/s),风电机组就会停机。这种情况可能发生在暴风来临时。当暴风过去后,风速下降到低于切出风速时,风电机组不会立即重新开始运行。事实上,还会有一个很大的延时,具体多长取决于单台风机的制造技术(是桨距角控制、失速控制还是变速控制等)及机组的运行范围。风电机组通常是在风速下降了 3~4m/s 后开始重启,这在图 5-2 所示的功率曲线中也可以看出,称为滞后曲线。

对于电力系统,由风速超过切出风速引起的大额风电功率退出,会导致电力系统突然出现大量的功率缺额。在欧洲的电力系统,风电机组以少量机群的形式分布在地理范围很大的区域,由暴风运动引起风电机组退出运行会历时几个小时。然而在有些电力系统,大容量风电场分布在地理范围很小的区域,一次暴风可能会导致系统在短时内(<1h)失去大量风

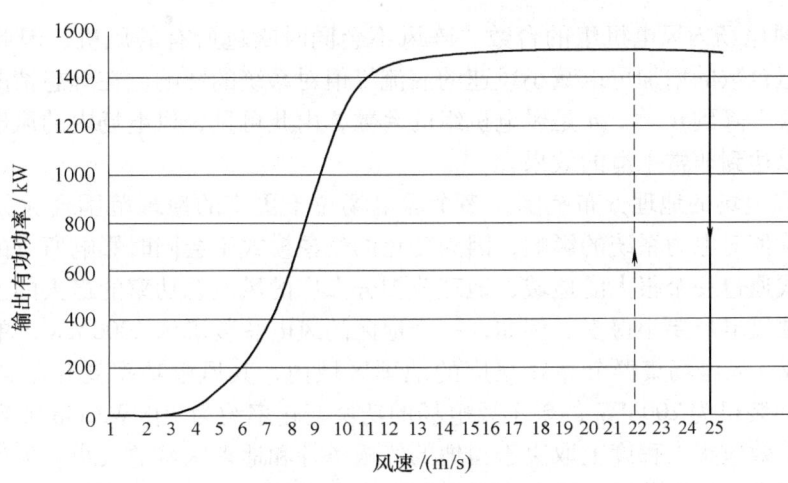

图 5-2 风电机组功率曲线

电功率。暴风吹过风电场后风电机组何时重新并网运行,取决于功率曲线中的滞后曲线。

为了减小突然失去大量风电对系统的影响及解决与滞后效应有关的问题,一些风电机组制造商提供的风电机组的功率曲线不是在切出风速时突然切出,而是随着风速增加,逐步减少功率。

5.1.2 风电场的集群效应

风电的集群效应对于电力系统的运行及电能质量都有正面的影响。图 5-3 给出了风电机组数量增加后的功率变化曲线。风电功率的集群效应对电力系统的影响主要取决于两个方面。

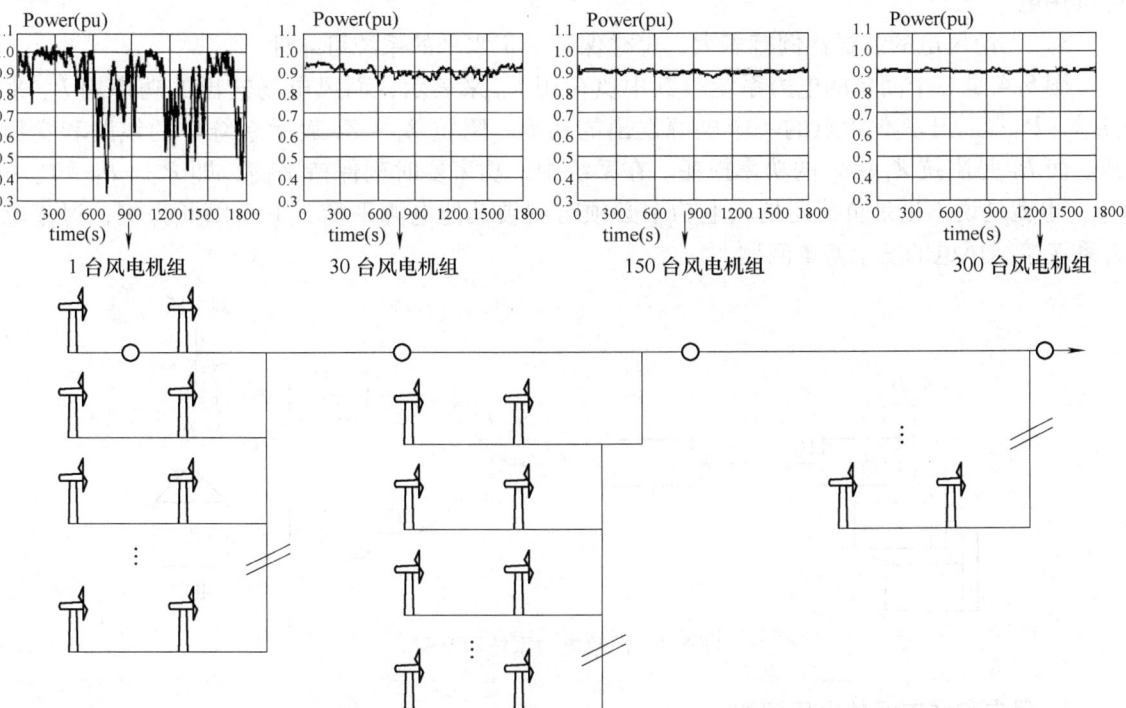

图 5-3 风电机组的数量与地理分布对风电机集群功率输出的影响

（1）一个风电场内风电机组的台数。阵风不会同时吹过所有的风机，因此在一个风电场内，风电机组台数的增加可以减小风速的湍流峰值对系统的影响。在理想情况下，功率输出变化百分数会下降到 $n^{-1/2}$，n 是风电机组的台数，由此可见，风电场内的风电机组数量不需要很大就可以达到非常平滑的效果。

（2）多个风电场的地理分布范围。多个风电场位于更广的地理范围会大大减小风速的日峰值和气象峰值对电力系统的影响，因为变化的气象模式不会同时影响所有的风机。如果变化的气候模式通过一个很大的地域，地理范围分布广的风电总功率的最大的上升和下降变化率比一个单独风电场要小得多。例如，一个地区的风电总装机为1000MW，单个风电场容量为10~20MW，风电场集群分布在很广的地理区域内，其风电功率变化率最小可以达到6.6MW/min；而装机为200MW的单个风电场的功率变化率约为20MW/min或者更多。地理分布的确切平滑效应很大程度上取决于当地的气候条件和地理区域的大小。无论如何，众多风电场分布在很大的地理范围内通常来说对于电力系统的运行是有正面影响的。

5.1.3 与接纳风电有关的电网问题

从技术的角度，电力系统的主要目的是向用户提供合格的电能。风电并网后的电力系统也必须满足这一目标。电力系统对风电的接纳要面临两个新问题：风电本身特有的波动性，不同于传统发电机的风力发电机类型。

电力系统接纳风电需要解决三个基本问题：

1）如何确保电网、风电场及用户的电压在合理范围。

2）如何使系统保持功率平衡，也就是怎样使风力发电和其他发电形式共同保证用户的持续用电。

3）无论风电的装机比例有多大，怎样保证一定水平的系统可靠性。

图 5-4 是一个简单的电力系统，其中负荷用 P_D 来表示，而风电场输出的功率用 P_W 来表示，P_G 是位于其他地点的一个电源发出的功率。阻抗 $Z_1 \sim Z_3$ 表示系统中的线路和变压器。而 P_L 是阻抗 $Z_1 \sim Z_3$ 的功率损耗。在系统中，功率要时刻保持平衡，即 $P_G = P_D + P_L - P_W$，也就是说不论是负荷还是风电功率必须时刻被其他电源平衡。下面以此为例，讨论电力系统接纳风电的三个基本问题。

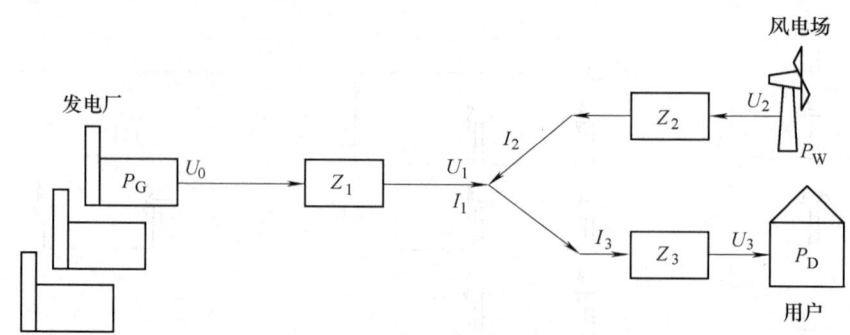

图 5-4　简单电力系统示意图

1. 用户和风电场的电压问题

为了用电设备及风电机组的安全运行，不论是用户还是风电场，都要求其接入点的电压在合理范围内。

首先考虑没有风电的情况,电源 P_G 保持恒定电压 U_0。如果负荷 P_D 变化,电流 I_3 及 I_1 都会发生变化,则 Z_1 和 Z_3 上的电压降落也有变化。如果阻抗 Z_1 和 Z_3 较大(例如长线路),那么 U_3 的波动会很大。为了避免发生较大的电压波动,可以采取加强电网结构(降低 Z_1 和 Z_3 的值)、在用户端附近安装调压变压器来控制 U_3、在电网侧安装调压变压器或电容器组及电抗器来控制电网电压 U_1 等措施来保证用户的电压 U_3。

当电网中接入风电后,风电功率 P_W 也会产生波动,电流 I_2 及 I_1 都会发生变化,Z_1 上的电压降落会有波动,则负荷电压 U_3 也会发生波动。那么由风电 P_W 的波动引起 U_3 的波动程度主要取决于阻抗 Z_1 和 Z_3 的大小。同样也会使风电场侧的电压 U_2 发生波动,波动的大小取决于 Z_1 和 Z_2 的大小。考虑到风电场和用户的安全,风电场侧也需要电压控制措施,例如安装调压变压器或无功补偿措施,来稳定电压 U_2。

2. 系统的有功平衡问题

电力系统除了要满足用户的电压要求,还要持续地向用户供电,满足不断变化的负荷。当用户负荷增加或减小时,电力系统需要多发出或降低相应的功率满足这部分增加或减小的负荷需求。

常规电厂通常采用同步发电机组,其模型可以用图 5-5 中的原动机(汽轮机或水轮机)和发电机来表示。原动机旋转驱动发电机的转子,P_T 是原动机发出的功率,P_S 是存储在旋转质体原动机、轴和转子中的动能。在稳态运行时,P_S 为 0,P_G 是发电机组向系统输送的功率。

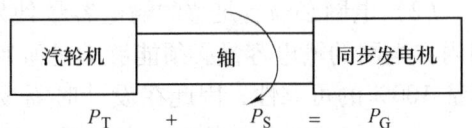

图 5-5 同步发电机组模型

如果负荷 P_D 增加,发电机输出的功率 P_G 也随之增加。但是最初增加的功率并不是由原动机功率增加引起的,而是旋转质体释放部分动能 P_S,导致轴系旋转速度下降。因为同步电机的旋转速度表征系统的频率,发电机转速下降意味着系统的频率也会下降。为了避免系统频率下降幅度超过系统安全运行范围,发电厂安装调速系统来提供一次备用容量(一次调频)。当系统频率发生变化时,调速系统可以改变原动机的出力 P_T。提供一次备用容量的机组响应时间取决于机组本身的特性,通常需要 30s~1min 的时间来完成出力的增加。而二次调频(响应时间长)则在随后的 10~30min 承担起有功平衡的任务,使同步机组再次获得一次调频的能力。以上分析说明,一个电力系统必须有足够的一次和二次备用来满足负荷的不断变化;对于发电机组来说,必须有足够的备用裕度可以增加或减小机组的出力满足系统要求。

风电并入电网,系统内又增加了一个功率波动源。随着风电装机比例的增大,对系统进行有功平衡的需求也增加了。欧洲的经验是如果风电场分布在一个很大的地理范围内,大规模风电并不会使系统的一次备用需求增加,因为地理分布所带来的平滑效应缓解了风电输出的短时波动。然而,由于现有的风电预测技术的局限性,实际的风电输出和预测值之间的差值还是需要系统的二次备用来平衡。因此对于风电装机比例大的系统,对二次备用容量的需求受风电影响是很大的。

保持系统平衡所增加的备用需求很大程度上取决于负荷特性、现有常规电源的运行灵活性、风电装机比例以及地理分布范围。而满足增加的备用需求的成本取决于现有常规电源的类型及与相邻系统的互联程度。

对于风电场而言，希望尽可能地将输出的电能卖给电力系统，但是由于系统本身特性及风电场的特性可能会带来输电通道容量及稳定问题（例如电压稳定）。

3. 系统的可靠性问题

电力系统可靠性：是指电力系统按可接受的质量标准和所需数量不间断地向电力用户供应电力和电能能力的度量。

通常来说，设计系统时需要分析成本及在一定可靠性水平下的收益。没有一个系统的可靠性可以达到100%，同样如果在一个很高的可靠性水平的基础上再提高可靠性，其成本是非常高的。这时需要考虑两个问题：

（1）电力系统必须有足够的发电容量来满足系统的最大需求。假设一个系统的可靠性是99.9999%（即一年内只有1h系统的发电容量不足以满足系统的负荷需求）。如果想要再增加系统的可靠性，需要再建一个新电厂，这个电厂一年只运行1h。在这种情况下，一年内用户停电1h比建一个一年只运行1h的电厂的经济性更高。

电力系统设计通常采用$N-1$标准，即系统内一个最大的发电厂事故停机后不会使任何用户停电。也就是说系统的备用容量不小于系统内最大一台机组的容量。

（2）电网必须有足够的输电容量使发电容量可以顺利地输送到用户端。用户分布在电网内，电网的输电容量必须能够满足所有用户的最大用电量。然而，电力系统的设备不可能保证100%的可靠性，因此在设计时需要考虑一定的冗余（例如冗余的输电线路及备用电厂）。需要权衡冗余设备的成本和用户停电带来的损失后来决定冗余的程度。

风电引入电力系统改变了原有的系统可靠性和用户停电之间的权衡方式，有时仅需要考虑风电场方面（也就是会影响风电商的收入），有时需要考虑整个系统。

可靠性的一个重要问题是有关系统容量裕度（也就是系统要有足够的容量来满足系统的峰荷）。如果考虑一个系统，总是有可用的发电功率不能满足全部负荷的可能性。如果风电并入系统，由于在负荷高峰时风电可能会满足部分负荷需求，因此系统的可靠性会增加。系统中并入更多的风电在可靠性不变的情况下可能会减小其他电厂的装机容量，这是电源的容量可信度问题。

另外，电力系统引入风电，对系统故障后系统的稳定性也会有影响，因而也会影响系统的可靠性，这取决于系统的设计和风电的装机比例。

还需要考虑风电的引入使系统除了应对波动的负荷外，还需要增加额外备用容量来保证一定的可靠性，因为风电可能使系统总的波动性增大，这时要做成本-收益分析。例如，可能发生的最大风电功率缺额的时候（需要增加其他电厂的出力）相对于风电的最大出力之间的比较，在这种情况下，由于风电出力的增加，其他电厂可以事先减小出力，这样在风电功率减小时，这些常规电厂就可以增加出力。这种情况下，也需要在系统的高可靠性和为此增加的备用容量成本之间进行权衡。

在考虑与安装一个特定风电场有关的可靠性问题时，必须要分析风电场与电网之间的输电线路的设计规划问题。假设在一个偏远地区有很好的风资源，但距离主电网较远（也就是线路Z_2的成本较高），这时在风电场和主电网之间建一条备用输电线路的投资比这条线路所带来的经济效益大得多，当然少一条冗余线路对风电场在技术上的可用性是有负面影响的。这时必须在冗余线路投资成本和没有这条线路由于线路故障引起的发电量损失之间进行权衡。

另外在风电场接入点的电能质量水平也非常重要，如果系统要求该点电压 U_2 处于一个很平稳的水平，则需要增加电压控制设备，或者是采用对电压敏感度低的或有电压控制能力的风电机组。

还有一个问题必须要考虑，就是由风电场出力变化引起的电流变化会影响 Z_1 上的电压降落。风电出力 P_W 为最大、负荷 P_D 为最小和风电出力 P_W 为零、负荷 P_D 为最大是两种最极端的情况。随着风电容量的增加，U_1 的波动性会增加，因此也需要增加电压控制设备。当然，这都需要考虑这种极端情况发生的概率。例如，在风电场满发时刻，负荷处于最小的概率也许是很小的，因此也可能不需要附加的电压控制设备。如果需要电压控制设备，就要考虑使用的设备要解决这种极端情况。

5.2　大型并网风电场的分析计算

大型风电场并入电网，在规划和实际运行阶段都需要大量的分析计算，以论证项目的技术合理性及设计并网方案。风电并网与常规电源相比，在计算分析方面略有不同。

5.2.1　风电场的整体数学模型

风电场的数学模型是针对特定风电场的具体风能特性和实际（或规划设计）安装的风电机组情况，建立整个风电场的等效模型。大型风电场可以用下面两种模型表示：

（1）详细模型。包括风电场中的所有风电机组，以及连接风电机组和风电场内部电网的所有机端变压器。例如，一个风电场包含 80 台风电机组，那么风电场模型将包含 80 个风电机组模型，如图 5-6a 所示。

（2）综合模型。将整个风电场用一个单机等效模型来表示，如图 5-6b 所示；或者采用较少数量和相应容量的多台等效机模型，如图 5-6c 和图 5-6d 所示。这种等效方法可以在某些特定条件下使用。

大型风电场模型的详细程度取决于所研究的问题。在研究各风电机组之间是否存在相互作用的危险，以及与风电场内部电网有关的功率损耗、风电场内部故障及保护等问题时，必须采用详细模型。

在研究风电场与电力系统的相互影响时，关注点在大型风电场的整体响应。在这种情况下，可以采用大型风电场的综合模型。采用综合模型的好处在于能够降低模型复杂度，减少计算时间。

综合模型给出大规模风电场的整体响应，而不区分风电场内部各单台风电机组。因此，采用综合模型可能引入计算结果的不精确，对应于各风电机组的平均运行点，忽略了大型风电场内风电机组的不同运行状态。结果的不精确性必须降至最小，为此采用定量法则提高综合模型的准确度。定量法则必须考虑风电机组的平均运行点和动态响应特性的差异。

大型风电场中的风电机组通常有相同的发电机参数和相同的风轮、轴系等机械参数。图 5-6 所示风电场的风电机组可用一对下标 (i,j) 进行标记，第一个下标 i 表示风电场中的组别，其值从 $1 \sim N$；第二个下标 j 表示给定组的风电机组序号，其值为 $1 \sim M$。对于此给定风电场，下标 $i = [1,N] = [1,8]$，$j = [1,M] = [1,10]$，表示此风电场的风电机组有 8 组，

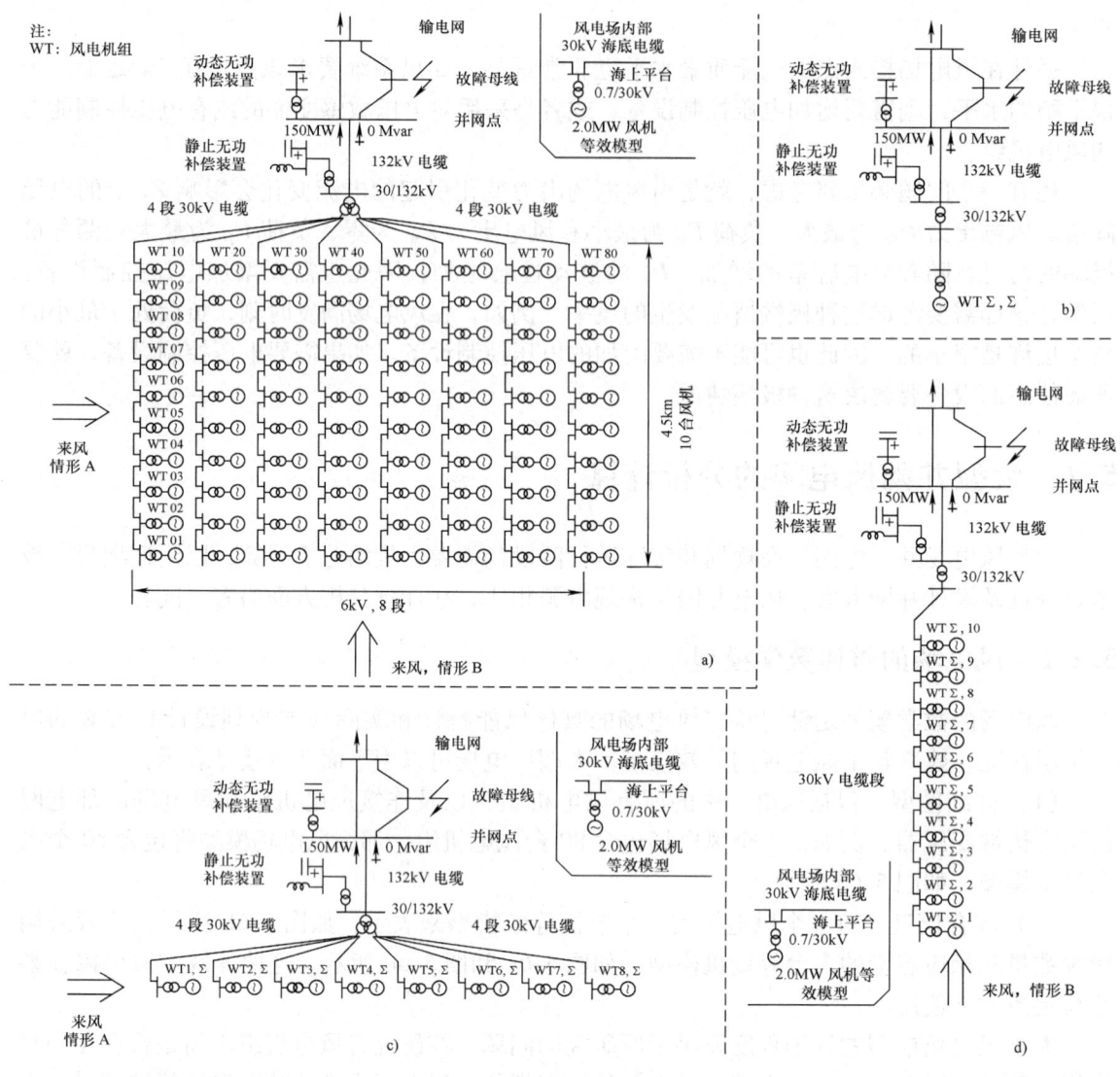

图 5-6 大型海上风电场模型
a) 详细模型 b) 单机等值模型 c) 多机等值模型 d) 多机等值模型

每组有 10 台风电机组。

综合等效模型的视在功率 $S_{\Sigma\Sigma}$（MVA 值）等于所有风电机组容量 $S_{i,j}$ 之和。

$$S_{\Sigma\Sigma} = \sum_{i=1}^{N} \sum_{j=1}^{M} S_{i,j} = M \cdot N \cdot \langle S_E \rangle \tag{5-1}$$

式中，$\langle S_E \rangle$ 表示大型风电场中风电机组的平均容量。当应用大型风电场的简化模型时，式（5-1）总是成立，因为等效风电场容量等于风电场所有风电机组的容量之和。

简化等效模型的有功功率 $P_{\Sigma\Sigma}$ 等于所有风电机组向电网输送功率 $P_{i,j}$ 之和。

$$P_{\Sigma\Sigma} = \sum_{i=1}^{N} \sum_{j=1}^{M} P_{i,j} = M \cdot N \cdot \langle P_E \rangle \tag{5-2}$$

式中，$\langle P_E \rangle$ 表示大型风电场中风电机组的平均有功功率。在应用大型风电场的简化模型时，式（5-2）总是成立，因为等效风电场的有功功率等于风电场所有风电机组的有功功率之和。

简化等效模型的无功功率 $Q_{\Sigma\Sigma}$ 等于所有风电机组与电网无功交换 $Q_{i,j}$ 之和。

$$Q_{\Sigma\Sigma} = \sum_{i=1}^{N}\sum_{j=1}^{M} Q_{i,j} = M \cdot N \cdot \langle Q_E \rangle \tag{5-3}$$

式中，$\langle Q_E \rangle$ 表示大型风电场中风电机组与电网交换的平均无功功率。式（5-3）是否成立取决于风电机组的类型和大型风电场的运行状态。另外，还必须考虑风电机组的机械系统。

对于变速风电机组，风电场中所有风电机组的无功功率都由变频器控制，并且控制方式相同。需要特别注意的是变速风电机组的保护系统和电力电子变频器模型，对于单机等效模型，保护系统必须同时保护所有的变频器，也可能同时切除风电场中的所有风电机组。这是因为建立单机等效模型中所采用的假设认为所有的风电机组运行情况一致，并且初始运行点相同。

对于实际风电场，风电机组可能运行在相近但不同的运行点。所以，各风电机组运行点不同，变速风电机组保护系统的动作也不一样。另外，采用单机等效模型得到的大型风电场整体响应与实际观测的差别较小，因为风电场中所有风电机组的运行点比较接近。

5.2.2 并网电压等级的选择

输配电电压选择是一个涉及面很广的综合性问题，除考虑送电容量、距离、运行方式等各种因素外，还应根据动力资源的分布、电源及工业布局等远景发展情况，进行全面的技术经济比较。

输配电电压等级必须符合国家电压标准。我国现行标准的电网标称电压有 3/6/10/35/60/110/220/330/500kV 等。

在输送距离和传输容量一定的条件下，所选用的额定电压越高，则线路上的电流越小，线路上的功率损耗、电能损耗和电压损耗也就越小。并且可以采用较小截面的导线以节约有色金属。但是，电压等级越高，线路的绝缘越要加强，杆塔的几何尺寸也要随导线之间的距离和导线对地之间的距离的增加而增大。这样线路的投资和杆塔的材料消耗就要增加。同样线路两端的升压、降压变电所的变压器以及断路器等设备的投资也要随着电压等级的提高而增大。因此，采用过高的电压等级并不一定恰当。一般说来，传输功率越大输送距离越远，需要选择的电压等级也越高。

根据以往的设计和运行经验电力网的额定电压与输电距离和传输功率的大致关系见表 5-1。

表 5-1 电力网的额定电压与输电距离和传输功率的大致关系

额定电压/kV	传输功率/kW	输电距离/km
10	200~2000	6~20
35	2000~10000	20~50
110	10000~50000	50~150
220	100000~500000	100~300

风电场规模的大小以及输送距离的远近决定了并网线路的电压等级。容量很小的风电场可以接入低压，例如 10kV 或 35kV，直接向负荷供电；容量较大的可以采用 110kV、220kV 电压等级接入系统；而在百万千瓦及以上风电基地，可将有关风电场以 220kV（或 330kV）电压等级汇集后升压以 500kV（或 750kV）电压等级接入系统。

风电场的规模，是根据风资源情况、当地电网的结构、负荷水平及电源配置等因素来确定的。规划前期，要进行一系列的调查研究工作，也可采用分步骤的开发方案。对于超过 100MW 的大型风电场，一般分多期开发。在容量为几十兆瓦的时期可以先用低电压等级并网方式过渡，随着容量的扩大，逐步提高并网线路的电压等级。

5.2.3　母线电压计算和无功补偿方案

电力系统的电压和频率一样也需要经常调整。如果电压偏移过大，会影响生产产品的质量和产量，损坏设备，甚至引起系统性的"电压崩溃"，造成大面积停电。系统电压降低时，发电机的定子电流将增大。如果原来电流已达额定值，则电压降低后，电流将超过额定值。

1. 电压水平和无功功率的关系

当输电线路或变压器传输功率时，电流将在线路或变压器阻抗上产生电压降。下面以输电线路为例来分析这个问题，并暂时不考虑电容的影响。

图 5-7a 所示为一段输电线路的单相等效电路，其中 R、X 分别为一相的电阻和等效电抗，U_1、U_2 为首、末端相电压，I 为线路中流过的相电流。其向量图如图 5-7b 所示。以线路末端电压 U_2 为参考轴，设线路电流 I 为正常的阻感性负荷电流，它滞后于 U_2 一个角度 φ。电流流过线路电阻产生一个电压降 IR，与电流相量同方向；同时，线路电流也在线路上产生一个电压降 IX，它超前于电流相量 90°，那么，线路首端电压就是 U_2、IR、IX 三个电压的和。

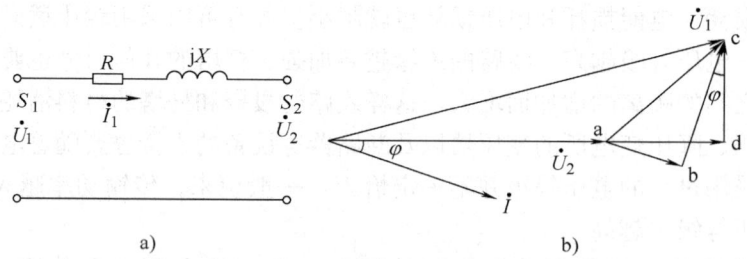

图 5-7　集中参数输电线路的等效电路和相量图
a）等效电路图　b）相量图

从图 5-7b 可知，输电线路首端和末端相电压 $\dot{U}_1$ 和 $\dot{U}_2$ 之间存在下列关系：

$$U_1 - U_2 = \mathrm{d}U = I(R+\mathrm{j}X) = \left(\frac{S_2}{U_2}\right)^* (R+\mathrm{j}X) = \frac{P_2 - \mathrm{j}Q_2}{U_2}(R+\mathrm{j}X)$$

$$= \frac{P_2 R + Q_2 X}{U_2} + \mathrm{j}\frac{P_2 X - Q_2 R}{U_2} \tag{5-4}$$

通常把这个相量差 dU，称为"电压降落"。在进行电网电压计算时，通常将电压降落相量 dU 加以分解，即取 dU 在 $\dot{U}_2$ 相量方向上的投影 $\overrightarrow{ad}$ 为电压降落的纵分量 ΔU，而取与之垂直方向上的投影 $\overrightarrow{dc}$ 为电压降落的横分量 δU。

$$\Delta U = \frac{P_2 R + Q_2 X}{U_2} \qquad \delta U = \frac{P_2 X - Q_2 R}{U_2}$$

$$U_1 = \sqrt{\left(U_2 + \frac{P_2 R + Q_2 X}{U_2}\right)^2 + \left(\frac{P_2 X - Q_2 R}{U_2}\right)^2} \tag{5-5}$$

在一般情况下，

$$U_2 + \frac{P_2 R + Q_2 X}{U_2} \gg \frac{P_2 X - Q_2 R}{U_2}$$

因此，可以将式（5-5）简化为

$$U_1 \approx U_2 + \frac{P_2 R + Q_2 X}{U_2} \tag{5-6}$$

电压降落的纵分量 ΔU，第一部分与有功功率和电阻有关，第二部分与无功功率和电抗有关，而这些因素对电压损耗值的影响归根到底与电网特性有关。一般说来，在超高压电网中，因输电线路的导线截面较大，$X > R$，所以 QX 项对电压损耗值影响较大，亦即无功功率 Q 的数值对电压影响较大；反之，在电压不太高的地区性电网中，由于电阻 R 的值相对较大，这时 PR 项的影响可能较大。

要改变电压损耗有两种办法：一是改变元件的阻抗参数；二是改变电网元件中传输的功率，即改变表达式中的 P 和 Q 的大小。在满足负荷有功功率的前提下，要改变供电线路、变压器传输的有功功率，是比较困难的，常常是不可能的。因此，改变线路、变压器传输功率都是改变其无功功率，使表达式中的 Q 减少。

当无功负荷与无功出力相平衡时，电压就正常，达到额定值，而当无功负荷大于无功出力时，电压就下降，反之，电压就会上升。

当无功功率不能满足电网对电压的要求时，必须配置各种无功功率补偿装置。无功补偿装置的分布，首先要考虑调压的要求，满足电网电压质量指标。同时，也要避免无功功率在电网内的长距离传输，减少电网的电压损耗和功率损耗。无功功率补偿的原则是分层分区平衡，就是哪里有无功负荷就在哪里安装无功补偿装置。这既是经济上的需要，也是无功电力特征所必需的。

2. 风电场的无功补偿

风电场接入电力系统后，将会影响局部电力系统的有功功率和无功功率的分布及电压水平，由于风电场的出力随机变化，因此将造成线路功率和母线节点电压的波动。当风电场的容量较大时，应当分析风电场引起的电压变化，校验母线电压是否合格，线路变压器是否过载，元件上的损耗是否合理等。因而，在确定风电场的并网方案时，需要对风电场引起的电压变化及相应的无功补偿进行分析。

与常规发电厂所采用的同步发电机不同的是，风电场通常采用笼型感应发电机或双馈发电机作为发电设备。采用笼型感应发电机的恒速风电机组在发出有功功率的同时需要从电网中吸收无功功率，并随着有功出力的增加而增加。采用双馈或永磁发电机的变速风电机组虽然在控制系统的作用下可以运行在 $\cos\varphi = 1.0$ 的恒功率因数模式下，但控制系统只保证风力发电机组所吸收的无功功率为零，而风电场内的集电线路，升压变压器仍有无功损耗。风电场并入电网时，若电网无功原本就不足，则会扩大电网的无功缺额、恶化无功状况、降低电网电压水平。改善并网风电场对电网无功/电压的不利影响是扩大风电装机容量的主要措施之一。

图 5-8 是风力发电接入系统的示意图，风电场通过一等效线路接入系统，$\dot{U}_2$ 为系统节点电压，$Z = R + jX$ 是线路的等效阻抗，根据式（5-6）可以计算出 $\dot{U}_1$。

由于输电线路具有分布电容，在电压的作用下将产生容性无功功率，通常称为线路的充电功率，与运行电压的平方成正比，用 Q_y 来表示。此外，线路上的串联电抗消耗一定的无功功率，与线路电流的二次方成正比，用 Q_x 来表示。因此风电场并网点所发出的无功功率为 $Q_w = Q_2 + Q_y - Q_x$。

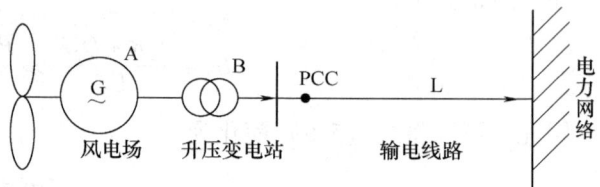

图 5-8 并网型风力发电系统示意图

如果 $Q_2 < 0$ 且 $P_2 R + Q_2 X < 0$ 时，并网点 $\dot{U}_1$ 的电压低于 $\dot{U}_2$。系统电压 $\dot{U}_2$ 一定时，风电场从系统吸收过多无功功率（$Q_w < 0$），会造成并网点电压过低。一方面会导致风电机组因低电压而无法运行；另一方面可能导致电网的无功不足，降低电网电压水平。

如果 $Q_2 > 0$，并网点 $\dot{U}_1$ 的电压高于 $\dot{U}_2$。风电场通过线路向系统提供无功功率（$Q_w > 0$）。这通常发生在风电场出力较低时，线路的充电功率大于风电场及线路的无功损耗。如果系统无功功率充足，风电场及系统的并网点可能有电压过高的问题。

以上两种情况，都需要在风电场的升压变电站内安装无功补偿设备，在电压过高时要投入感性无功设备来吸收过剩的无功功率以降低电压，在电压过低时要投入容性无功设备来提供无功功率抬高电压。如果风电场装机容量较大，除了风电场侧的无功补偿措施以外，系统侧的并网点处或电网的其他部分也需要一定的无功补偿设备来使风电场及电网的电压合格。

风电场的无功补偿计算，是在潮流计算的基础上，着重分析相关母线电压与无功功率的关系。其主要内容是分析计算随着风电场输出功率的随机波动、间歇切入/切出电网时，风电场内部母线、并网点及邻近电网母线电压的变化。检验电压偏差是否在技术规定的范围之内。风电场接入系统的无功补偿配置与风电机组选型、风电场容量、接入系统电压等级、接入系统线路长度、风电场接入系统变电所的短路容量水平等密切相关。

无功补偿方案不仅要考虑风电随机的出力，还要考虑电网不断变化的运行方式。因此，补偿方案不仅涉及容量的最大值和最小值，还涉及投退容量与投、退规律。特别是面对一群风电场，要满足不同运行方式时各母线电压偏差在规程规定的范围，是在多个约束条件下的多目标问题。

表 5-2 是某个规划风电场无功补偿表，可以看出该风电场的无功补偿计算考虑了电网运行方式的变化、不同规划年网络结构的变化、风电场出力的变化。多个情况变量的排列组

合，计算方式会成倍增加，可能达几十或数百个潮流计算，只有经过大量的计算工作，才能得出正确的补偿方案。

表 5-2 规划风电场补偿容量与电网结构和运行方式的关系

规划风电场出力/MW	冬季大方式/Mvar		冬季小方式/Mvar	
	网络结构 1	网络结构 2	网络结构 1	网络结构 2
0	电抗 20	不补	电抗 50	电抗 40
100	电抗 20	电抗 10	电抗 50	电抗 40
200	电抗 10	不补	电抗 40	电抗 20
300	电容 20	电容 20	不补	不补
360	电容 40	电容 40	电容 20	电容 20
400	电容 86	电容 86	电容 60	电容 60

5.2.4 风电场对电网短路电流的贡献

风电场并网后，电网发生短路时，风电机组作为电源是否影响电网接入点及邻近母线的短路容量，已有的设备是否能遮断风电场接入后的短路电流，如何根据风电场接入容量选择新设备的型号。这些问题需要用短路电流计算的结果来分析。

1. 不同类型发电机的短路电流组成

电力系统发生短路后，短路电流是由电源来提供的，不同类型的发电机组提供的短路电流有所不同，如图 5-9 所示。

在发生短路时，电力系统从正常的稳定状态过渡到短路的稳定状态，一般需要 3~5s 的时间。在这个暂态过程中，短路电流的变化是很复杂的。

（1）同步发电机的短路电流

同步发电机的短路电流波形如图 5-9a 所示，其基本特征是：

1) 短路电流 i_t 由对称的周期分量 i_z 和不对称的非周期分量 i_f 两部分合成。

2) 短路电流的非周期分量是由于磁链守恒的原理电流不能突变而产生的自由电流。它的初瞬值 i_{f_0} 取决于短路瞬间的相位，并按照短路回路的时间常数 T_a 随时间按指数规律衰减，一般经过 0.15~0.2s 即可认为衰减为零。

3) 短路电流周期分量由次暂态短路电流分量 i''、暂态短路电流分量 i' 和稳态短路电流分量 i 三者构成。次暂态短路电流分量 i'' 与发电机阻尼绕组中所感应的电流有关，按指数规律衰减，其时间常数 T''_a 一般为 0.03~0.1s，可在 10 个周波内衰减完毕。暂态短路电流分量 i' 与发电机励磁绕组中所感应的电流有关，也按指数规律衰减，其时间常数 T'_a 一般为 0.5~3s，比次暂态短路电流分量的衰减慢得多。

自由分量和次暂态与暂态短路电流衰减结束后，便进入稳定的短路状态。如果不存在发电机自动励磁调节的作用，稳态短路电流 i_∞ 就等于稳态短路电流分量 i；在自动励磁调节作用下，稳态短路电流将由 i 逐渐增加到稳态值 i_∞。

综上所述，短路电流的幅值随时间变化的表达式可以写成

$$I_{zm(t)} = i_{f_0} e^{-\frac{t}{T_a}} + (I''_{zm} - I'_{zm}) e^{-\frac{t}{T''_a}} + (I'_{zm} - I_{zm}) e^{-\frac{t}{T'_a}} + I_{zm} \tag{5-7}$$

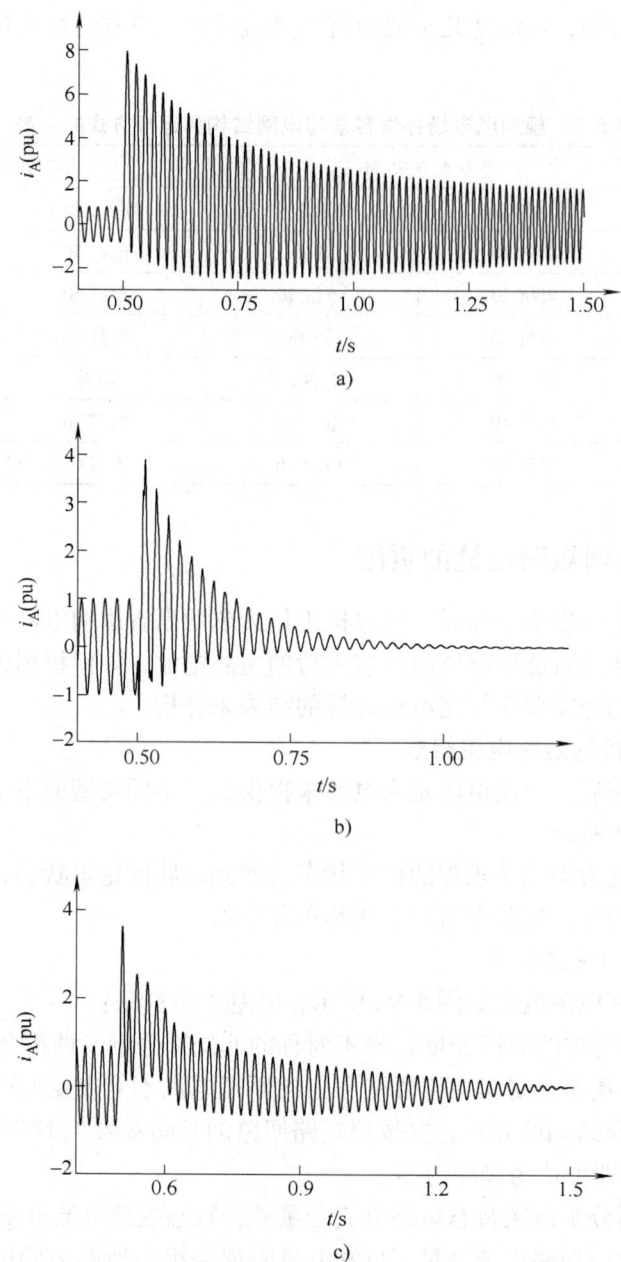

图 5-9 不同类型发电机的短路电流波形
a) 同步发电机短路电流波形 b) 异步感应发电机短路电流波形 c) 双馈感应发电机短路电流波形

式中，i_{f0} 为非周期分量的初瞬值；I''_{zm} 为次暂态短路电流周期分量幅值；I'_{zm} 为暂态短路电流周期分量幅值；I_{zm} 为稳态短路电流周期分量幅值。

（2）异步感应发电机的短路电流

异步感应发电机没有单独的励磁电流，当三相电源短路后，由于没有外部电功率供给，发电机转速将逐步减小，稳态短路电流将为零。但考虑到大型感应发电机的机械惯性一般较大，而电磁过渡过程是很短暂的，因此在分析短路引起的电磁过渡过程中可以近似地认为发电机转速不变。

图 5-9b 为感应发电机出口三相短路时，一相电流的变化曲线。可见：

1) 感应发电机出口短路电流同样包括非周期分量和周期分量。
2) 非周期分量与短路时电源电压的初相位有关，以时间常数 T_a 衰减。
3) 短路电流周期分量与转差 s 有关，以时间常数 T'_a 衰减。
4) 短路电流将衰减至零而无稳态电流分量。

短路电流的幅值随时间变化的表达式可以写成

$$i(t) = i_0 e^{-\frac{t}{T_a}} + (I'_{zm} - I_{zm})e^{-\frac{t}{T_a}}\cos(\omega t + \theta) \tag{5-8}$$

(3) 双馈感应发电机的短路电流

双馈感应风电机组在短路瞬间，风电机组转子的转速、转子励磁电压和频率不会突变。三相短路电流同样含有周期分量和非周期分量，在双馈风电机组转子侧变流器保护动作之前，双馈发电机转子仍有励磁电流，产生的旋转磁场在定子上感应出定子电流中频率对应同步转速的周期分量。短路瞬间定子电压虽然突降为 0，但是定子绕组磁通不能突变，以定子时间常数 T_s 衰减，产生了定子电流的非周期分量。

当双馈发电机转子电流超过转子保护设定值时，转子绕组相当于经过电阻短路，双馈电机完全失去了励磁控制。如果短路故障一直存在，则转子回路电流（双馈电机励磁电流）将会逐渐衰减至零，定子磁通也一样要衰减至零。所以双馈电机的短路电流中的周期分量和非周期分量都会很快衰减。

也就是说，双馈变速风电机组由于短路初期变流器仍处于工作状态，此时的短路电流特性与同步电机类似，当转子保护动作将转子短路后，其短路电流才出现明显的衰减现象，与固定转速风电机组相似，电流波形如图 5-9c 所示。

2. 风电场对电力系统短路容量的贡献

当电网发生故障时，由于继电保护有动作时限，线路中的断路器一般都过一段时间才会动作。由于短路电流随时间衰减，双馈变速风电机组与固定转速风电机组的遮断容量要求会小于同容量的同步发电机。如果不考虑转子保护的动作（其动作延时大于断路器动作时间），则双馈变速风电机组的短路电流特性将取决于变流器配置，需要根据具体情况进行分析。但是从电气设备的动、热稳定性及机械强度方面考虑，不论固定转速风电机组还是双馈变速风电机组，它们的短路冲击电流都比较大，是额定值的几倍。对于装机容量上百兆瓦的大型风电场更应该通过实际计算校核电气设备的动、热稳定性。

短路容量可以用来反映电力系统某一供电点的重要性能：1) 该点可以带负荷的能力和电压稳定性；2) 该点与电力系统电源之间联系的强弱；3) 该点发生短路时，短路电流的水平。短路容量和整个系统的容量有关。随着电力系统容量的扩大，系统短路容量的水平也会增大。

以前并网风电场的容量还比较小，在电力系统短路电流计算时往往没有考虑风电场的影响，而是简单地将风电场认为是一个负荷，不考虑其提供短路电流。然而，当大规模的风电场接入系统后，在电网发生故障时风力发电机组将向短路点提供一定的短路电流。

风电场并网后，电网发生短路时，风电机组作为电源是否影响电网接入点及邻近母线的短路容量，已有的设备是否能遮断风电场接入后的短路电流，如何根据风电场接入容量选择新设备的型号。这些问题需要用短路电流计算的结果来分析。

表 5-3 是一个 300MW 风电场接入某个电网在风电场停运和满发时向系统提供的短路容量表，可以看出这个风电提供的短路电流（或容量）是不可忽略的。

表 5-3　一个 300MW 规划风电场接入某电网的短路容量计算结果表

序号	短路母线名称	三相短路容量/MVA		风电并网短路容量增加比例（%）
		风电场停运	风电场满发	
1	规划风电场升压变 110 母线	382.9	1419.4	73.1
2	规划风电场升压变 35 母线	189.1	387.4	51.2
3	规划风电场升压变 220 母线	4248.6	5166.9	17.8
4	DD 变电站 220 母线	3566.5	3818.0	6.6
5	BB 火电厂 220 母线	3471.3	3692.3	5.9
6	CC 变电站 220 母线	2480.6	2572.6	3.5
7	AA 火电二厂 220 母线	9827.0	10162.3	3.3
8	AA 火电一厂 220 母线	7312.2	7563.6	3.3
9	EE 变电站 220 母线	8436.2	8706.8	3.1

5.2.5　风电场的稳定性计算

电力系统中的大量同步发电机都是并联运行的，因此，使并联运行的所有同步发电机保持同步是电力系统维持正常运行的基本条件之一。

同步发电机的转速取决于作用在其轴上的转矩，转矩变化时转速也将相应地发生变化。正常运行时，原动机的功率与发电机的输出功率是平衡的，从而保证了发电机以恒定的同步转速运行。但是，这种功率平衡状态只能是相对的、暂时的。由于电力系统的负荷随时都在变化，甚至还可能有偶然事故发生，因此这种平衡状态将不断被打破。例如，负荷功率的瞬时变化将引起各发电机输出功率的相应改变，但出于惯性的影响，原动机的机械功率并不能完全适应电功率的瞬时变化，于是原动机的功率和发电机的输出功率之间就将产生不平衡（相应转矩也将产生不平衡）。这种功率（及转矩）之间的不平衡是经常发生的，电力系统中的电能生产正是在这种功率（及转矩）的平衡不断遭到破坏同时又不断恢复的过程中进行的。

功率的不平衡以及与之相应的转矩不平衡将引起发电机组转速的变化。例如，当发电机输出功率减小时，惯性将使原动机的输入功率暂时大于发电机的输出功率，从而使整个机组加速。在加速过程中过剩功率将转化为动能储存于转子中。在相反的情况下，如果某一发电机的输出功率增加，则由于输入功率和转矩的不足，将使发电机组减速，而在减速过程中转子所储存的动能将部分地释放出来以弥补功率的不足。

由于各发电机组功率不平衡的程度不同，因此转速变化规律也不同。有的变化较大，有的变化较小，甚至一部分发电机加速，另一部分减速，从而在各发电机组的转子之间将产生相对运动。如果在外部扰动（负荷变化、操作或发生故障）后不产生自发性振荡，而且各发电机组经历一段运动变化过程后，能重新恢复到原来的平衡状态，或者在某一新的平衡状态下同步运行，系统的频率和电压虽发生某些变化但仍在容许范围之内，则这样的系统称为稳定的。相反，如果遭受外部扰动后各发电机组间产生自发性振荡或很剧烈的相对运动以致机组之间失去同步，或者系统的频率、电压变化很大以致不能保证对负荷的正常供电而造成大量用户停电，这样的系统就是不稳定的。因此，稳定性可以认为是在外扰下发电机组间维持同步运行的能力。

电力系统受到各种形式的干扰后，凭借系统本身固有能力和控制设备的作用，恢复到原来运行状态或达到新的稳态运行的能力，称为电力系统稳定性。

随着系统的容量与规模的日益扩大，稳定性问题也就越来越突出。国内外的许多大面积停电和系统瓦解事故大都起源于稳定性遭受破坏。因此，分析电力系统稳定性的内在规律并研究提高稳定性的措施，对现代电力系统的可靠运行是极其重要的。

按照系统承受扰动的大小，电力系统的稳定性分为静态稳定和暂态稳定两类。

（1）静态稳定性。静态稳定性是指电力系统正常运行时受到小干扰后，自动回复到原来运行状态的能力。电力系统几乎时时刻刻都受到小的干扰，例如发电机组的输入功率的瞬时变化、系统负荷的正常波动等，均对电力系统产生瞬时的小扰动，若扰动消失后，系统能回复到原来的运行状态，称系统为静态稳定的，否则就是静态不稳定的。

（2）暂态稳定性。暂态稳定是指电网在受到大干扰后各同步电机同步运行并恢复到原来稳态运行方式或过渡到新的稳态运行方式的能力。

所谓大干扰，一般有三种：负荷突然变化，如切除或投入大容量的用电设备；发电机组出力突然变化，如切除或投入一台较大容量的大电机；电力系统内发生短路故障，电力系统结构特性发生突然变化。当电力系统受到大扰动，若经过几次减幅振荡后，各发电机组保持同步运行，并恢复到原来或过渡到新的稳定运行状态，属于暂态稳定；若振荡是非衰减的，电力系统不能恢复同步运行，即系统丧失了暂态稳定性。个别发电厂与电力系统之间，或一部分电力系统与另一部分电力系统之间将失去同步，进入异步运行状态。

当系统内并有大量风电时，风电场本身也可能是系统的一个扰动源，例如，因内部故障导致风电机组退出运行、由电网故障导致风电场整体退出运行等，对电网就是一个扰动，电网是否能承受这一扰动，回到新的稳定状态，需要通过暂态稳定计算，才能给出结论。

有关风电并网的暂态稳定计算，有三方面内容：

1）风电场的投入，电网承受大扰动的能力是增加了还是降低了。计算时间一般为5~30s。扰动的方式，通常选择风电场邻近的重载线路，送端发生三相短路故障，或网络枢纽变电站发生严重故障，比较风电场满发和停运时，电网中其他同步电机的摇摆情况。

2）风功率的切入或退出，电网频率或功率是否有变化，稳态值或暂态值是否有超标的情况。如果原型仿真风功率的变化过程，计算时间需要几十分钟。也可用近似模拟风功率曲线的变化过程，将风功率的变化量作为干扰量注入电网，进行计算。

3）电网故障时，风电机组因低电压保护动作，退出运行后对电网的影响；风电机组是否需要具有低电压穿越功能。要求分析计算风电场群，在故障期间低电压达到起动值后，退出电网，是否会扩大电网事故，失去更多的负荷，甚至造成大面积停电。

5.3 风电场对电力系统的影响

风力发电机组的电压无功特性会影响电网的无功平衡及电压稳定；风电机组作为一种电源会改变电网接入点及邻近母线的短路容量，这关系到已有设备是否能遮断风电场接入后的短路电流；风电场并网对电网承受大扰动能力的影响关系到系统的稳定措施；而电网故障对风电机组的影响关系到风电机组是否继续运行及电网对风电机组低电压穿越（LVRT）能力的要求；风电的随机性给电力系统的发电和运行计划的制订带来很多困难；风电场会给电网带来谐波污染、电压波动及闪变等电能质量问题。

5.3.1 对电网电压的影响

1. 风电场对电力系统电压控制的影响

由于电力系统的支路（变压器、输电线路等）中存在电阻、电抗及电容，电流流过支路会产生电压降落，因此支路两端的电压会有所不同。

风电的注入，会使接入电网的潮流发生改变，而电压和潮流息息相关，因此也会改变节点的电压。如果安装在配电网的电压调节设备不能抵偿风电注入对节点电压的影响，则配电网的节点电压就会超出电压安全范围，就必须要采取必要的措施。

（1）风电场对输电网电压控制的影响

大型发电厂作为输电网电压主要控制手段正在逐渐弱化，仅仅依靠传统发电厂控制整个输电网电压是很困难的。输电公司对此采取的措施是安装专门的电压调节设备，并要求发电设备具备无功功率控制能力，对于风电或其他形式的可再生能源也有此要求。

电压是一个局部问题，大型风电场通常位于偏远地区或建在海上，通过电网中其他常规发电厂远距离控制风电场附近的电压是十分困难的，因此需要风电机组自身具有电压控制能力。即使风电机组具有与常规同步发电机组相同的电压控制能力，也不能保证风电可以完成这些机组的电压控制任务。因此，电网不可避免地需要附加措施来控制电压。

（2）风电场对配电网电压控制的影响

到目前为止，尤其是在欧洲，大多数风电机组接入配电网。配电网电压主要由带有可调分接头的变压器来调节，这种措施可以改变与变压器相连的一部分系统的整体电压。还可以用并联电容器组或电抗器调节局部电压，但由于配电网的 R/X 值较低，电压相对于无功功率的灵敏度较低，电容器和电抗器的安装容量也相对较大。

越来越多的分布式发电，如风电机组、光伏系统、小型热电联产机组并入配电网，这些发电设备改变了配电网的潮流。传统的配电网电压的最大值和最小值只取决于负荷本身的波动，但并入了分布式发电，除了负荷，还取决于发电功率的大小。电压极限情况分别针对最大负荷和最小发电功率、以及最小负荷和最大发电功率。而且，并入配电网的风电机组由于成本及运行问题，比起并入输电网的大型风电场，其电压控制能力非常有限。

由此可见，必须在配电网采取适当的电压控制措施，还有就是要求分布式发电机组参与配电网的电压控制。

2. 风电场自身的电压稳定性

并网风电场，尤其是大型风电场，在风电场处于高出力运行状态时，不仅可以满足本地区的负荷供电，还会通过输电系统向远方供电。尽管对于电压稳定性而言，通常是由受端系统引发的，但根据各国风电场的实际运行经验，风电场自身电压稳定性降低的问题仍然会出现。这主要是由于风电场的无功特性引起的，尤其是采用基于普通异步机的恒速风电机组。这类机组不具有电压控制能力，稳态运行消耗大量无功功率，在系统发生故障后的电压恢复期间消耗的无功功率更大，导致风电场自身出现稳态、暂态电压稳定性问题，如果风电场不及时退出运行，则会引起系统出现电压崩溃的现象。

(1) 静态电压稳定

静态电压稳定的基本过程本质上是属于稳态的性质。因此主要的分析手段是潮流仿真，广泛应用两类基于潮流的分析方法，即 $P-V$、$V-Q$ 曲线分析方法。

1) $P-V$ 曲线法。当把 $P-V$ 曲线方法应用于风电场接入电网的静态电压稳定性分析时，由于需要考虑的是风电注入电网对电压稳定性的影响，P 则代表了整个风电场发出的有功功率，V 既可以是机端电压也可以是并网点的电压。对于应用 $P-V$ 曲线对风电场接入电网的静态电压稳定性的分析，实际上是研究风速变化导致的风电场出力变化对电网电压的影响，采用简化的办法将静态电压稳定计算处理成为一个一个连续时间断面上的静态潮流计算，用于研究风电的注入功率引起的电压稳定性的变化及运行点与电压崩溃点的距离。

例：图 5-10 为某个装机为 50MW 的风电场接入示意图，采用 NM750/48 恒速风电机组，通过一回长为 77km、型号为 LGJ-2×120 的 66kV 线路接入一个处于电网边缘的 220kV 变电站的 66kV 母线上。

通过潮流稳态仿真得到的 $P-V$ 曲线如图 5-11a 所示，可以看出，在风电场出力超过 40MW 时，风电场 10kV 母线迅速下降，会导致风电机组因低电压保护退出运行。这是由于风电场采用的恒速机组在运行期间吸收大量无功功

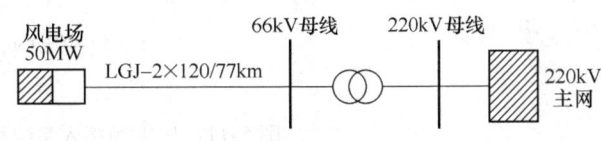

图 5-10 风电场接入系统示意图

率，无法通过送出的线路从系统吸收足够的无功功率，导致电压大幅下降。因此，在没有任何补偿措施的条件下，风电场的有功输出在电压条件的限制下，出力不能超过 40MW，否则风电机组会由于电压过低退出运行。

2) $V-Q$ 曲线法。$V-Q$ 曲线可以通过一系列潮流仿真结果得到，它表示关键母线电压同该母线无功功率之间的关系。假设该母线装有一台虚拟的同步调相机，在潮流计算中该母线不受无功限制，作为 PV 节点。这样，在潮流计算中将同步调相机的端电压设为一系列值，然后将其无功输入与电压值对应的点相连即可得到 $V-Q$ 曲线。这里电压为独立变量且作为横坐标，无功功率作为纵坐标。因此，$V-Q$ 曲线表示所研究母线（通常是研究系统中最为薄弱的母线）电压 $V(\text{pu})$ 同注入该母线无功功率 $Q(\text{Mvar})$ 之间的关系，可以定量研究母线的无功裕度或无功补偿需求等。

图 5-11b 中的两条曲线分别表示未投入和投入 4Mvar 并联电容器组情况下 10kV 母线的 $V-Q$ 曲线，横坐标表示该点电压 $V(\text{pu})$，纵坐标表示在这个电压下需要注入该母线的无功功率（Mvar）。曲线最低点为电压稳定的极限点（电压崩溃点），称为临界电压；运行点（$V-Q$ 曲线与横坐标 $Q=0\text{Mvar}$ 的右侧交点）到极限点之间在纵坐标（无功功率 Mvar）上的距离称为无功功率裕度；临界电压右侧的曲线表示注入母线无功功率越大，母线电压越高，表示电压是稳定的；左侧的曲线注入母线无功功率越大，母线电压越低，电压是不稳定的。从图中装设无功补偿设备之前和之后的曲线对比，看出在风电场内 10kV 母线装设 4Mvar 并联电容器组可以使风电场出力增加到 50MW 而不会使电网及风电场电压超出安全范围。

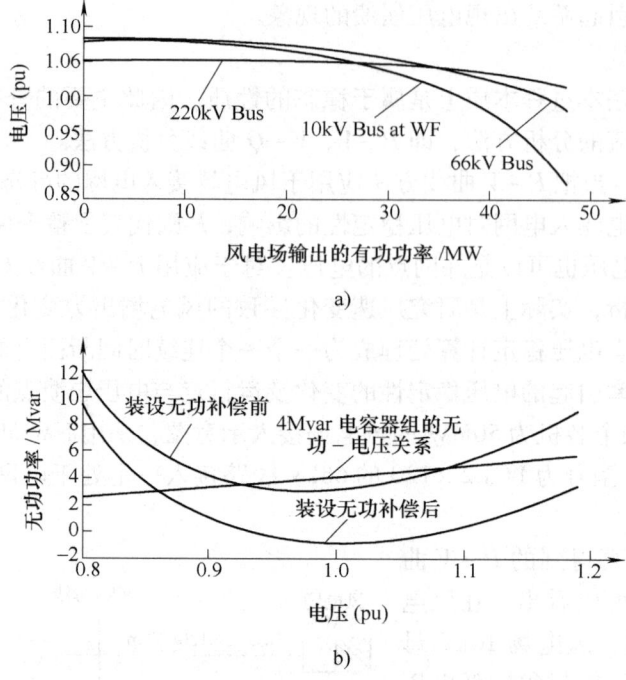

图 5-11 风电场接入系统稳态仿真曲线
a) $P-V$ 曲线 b) 风电场在出力为 50MW 时 10kV 母线的 $V-Q$ 曲线

（2）暂态电压稳定（大扰动电压稳定）

暂态电压稳定的判据，是在给定的扰动及随后的系统控制作用下，所有母线电压都达到可接受的稳态水平。大扰动下的电压稳定性过程相对缓慢，需要在充分长的时间（从几秒到数十分钟）通过长期动态仿真进行分析。

例：仍然以图 5-10 表示的风电接入系统为例，当接入变电站的一条 220kV 出线发生三相短路故障后，经过 0.12s 线路保护动作切除故障线路，不考虑线路重合闸。如果风电机组持续并网运行，各母线电压曲线如图 5-12 所示。由于风电场在系统发生扰动时仍然从系统吸收大量无功功率，风电机组机端电压以及所连接的 66kV 母线不能及时恢复，影响系统的正常运行。如果风电机组在系统故障后及时退出运行，66kV 母线电压就可以及时恢复。这是由于此风电场安装的恒速风电机组在系统故障后的电压恢复期仍然吸收大量无功功率，导致接入风电地区电网电压暂态稳定性降低，甚至崩溃。

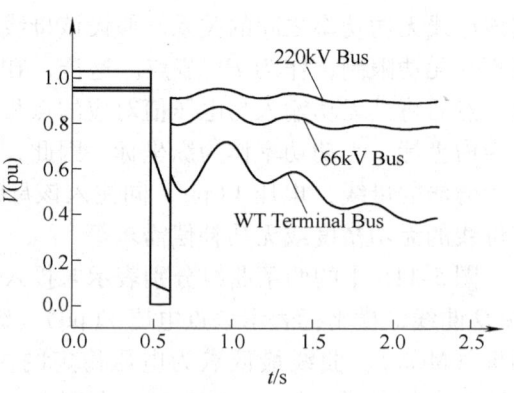

图 5-12 系统故障后的母线电压曲线

通过以上的分析可以看出，风电大量接入会对风电场及电网的静态和暂态电压稳定性产生较大的影响。要根据电网实际情况分析对风电机组及风电场整体的无功和电压控制能力做具体分析，指导风电场规划和运行。

5.3.2 对电网稳定性的影响

风力发电机组接入电网不仅影响系统的稳态运行特性，也会影响扰动后的暂态稳定性。为保证风电系统的安全运行，必须对网络发生故障后的暂态稳定性进行校验。

电网发生故障时，由于不同机组具有不同的动态特性，而对系统中同步发电机暂态特性的影响也不同。下面以恒速异步风力发电机为例分析风电机组的动态特性以及对系统稳定性的影响。

1. 静态稳定特性

在给定转速的条件下，异步感应发电机的电磁转矩与机组出口电压的平方成正比，同时又是转子转速的函数，不同机端电压下有不同的异步发电机转速—电磁转矩特性曲线，如图 5-13 所示。

对于风电机组的异步发电机，有如下的转子运动方程，若机械转矩与电磁转矩不相等，异步发电机便会在不平衡转矩的驱动下加速或减速。

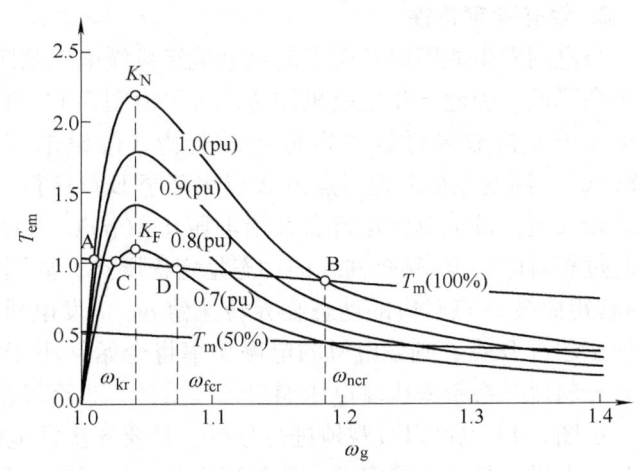

图 5-13 异步发电机转速—电磁转矩特性曲线

$$2H_g \frac{d\omega_g}{dt} = T_m - T_{em} \tag{5-9}$$

式中，T_m 是加在异步发电机轴上的机械转矩，T_{em} 是异步发电机的电磁转矩。

对于异步发电机而言，机械转矩 T_m 是加速转矩而电磁转矩 T_{em} 是减速转矩，由图 5-13 可以看到，在异步发电机的任一运行状态下存在两个运行点，图中电压为额定电压 1.0(pu)、机械转矩为 100% 时，电磁转矩与机械转矩曲线存在两个交点 A 和 B，在这两个运行点发电机的机械转矩与电磁转矩是相等的。显然，只有在运行点 A 异步发电机才可以稳定运行，在发生任意的小扰动后能够恢复到运行点 A；而当发电机运行在 B 点时，当有小扰动导致发电机加速时，发电机的机械功率会总是大于其电磁功率，导致发电机一直加速，无法恢复到扰动前的运行点 B。因此，异步发电机的稳态运行点为电磁转矩曲线与机械转矩曲线的交点 A。对应于不同机端电压下的这一组曲线，从同步转速起始一直到 K_N 点所对应的转速区间 $(0, \omega_{kr})$ 都是异步发电机能够稳定运行的稳态运行区域。

因此，K_N 点及其对应的转速 ω_{kr} 确定了异步发电机的静态稳定极限，可以把 K_N 称为异步发电机的静态稳定极限点，转速 ω_{kr} 称为异步发电机的静态稳定极限转速，当异步发电机转速 $\omega_g < \omega_{kr}$ 时，此时任意的稳态运行点都是稳定的，异步机也是静态稳定的；而在异步机转速 $\omega_g > \omega_{kr}$ 区间内的稳态运行点则都是不稳定的运行点，会在任意的小扰动下发生发电机超速及电压失稳现象。

若以异步发电机的运行点转速 ω_g 与静态稳定极限点转速 ω_{kr} 之差作为此运行点的静态稳定裕度，当异步发电机的机械转矩 T_m 低于 100% 时，其机械转矩曲线向下平移，与电磁转矩曲线的交点对应的转速也会低于额定机械转矩时交点 A 对应的转速，从而整个异步发电机的静态稳定运行裕度增大。因此，异步发电机在低负载运行方式下的静态稳定裕度要高于满载及高负载运行方式下的静态稳定裕度。

由图 5-13 还可以看出，电压越低的情况下，异步发电机的稳定裕度越低；且在故障情况下由于发电机加速还会导致其吸收无功量的增加，在整个风电场接入电网后的故障情况下，由于风电场吸收的无功增多，同时也降低了电网的电压稳定性。

2. 暂态稳定特性

当电网发生故障时，会引起风电机组机端电压的降低，导致发电机向电网注入的电磁功率也会降低，引起异步发电机加速，可以由图 5-14 的异步发电机的故障前后的转速-电磁转矩曲线来分析故障过程中发电机的行为，假设电网故障时异步发电机机端电压跌落至 0.8(pu)，则发电机的运行点由 A 点突降至 E 点运行，由于机械转矩大于电磁转矩使得发电机开始加速，发电机由运行点 E 沿电压 0.8(pu) 时的电磁转矩曲线加速，只要发电机转速不超过相对应转速-转矩曲线的动态稳定极限点，如图中对应于 0.8(pu) 机端电压值时的转速-转矩曲线 D 点对应的动态临界转速值 ω_{fcr}，发电机就是动态稳定的；反之，若发电机一直加速超过 D 点，则发电机的电磁功率将会始终小于机械功率，转速不断增加，导致发电机转子超速并会带来机端电压崩溃无法重建，直至异步发电机的保护动作将其切除。

由图 5-14 也可以直观地进行分析，只要异步发电机故障时的加速面积小于其减速面积，异步发电机就是动态稳定的；若加速面积大于减速面积，则异步发电机转速就会超出故障时的动态临界转速值 ω_{fcr}，异步发电机失去稳定。

因此，异步发电机的机械转矩曲线与电磁转矩曲线在静态稳定极限点 K_N 右侧的交点（电压 1.0(pu) 时为 B 点，电压 0.8(pu) 时为 D 点）对应的转速为动态稳定极限转速。

当异步发电机故障前的初始机械转矩低于其额定机械转矩时，其机械转矩曲线向下平移，与电磁转矩曲线的交点对应的动态稳定极限转速也会高于额定机械转矩时的动态稳定极限转速 ω_{fcr}，从而整个异步发电机的动态稳定极限点增大。因此，异步发电机在低负载运行方

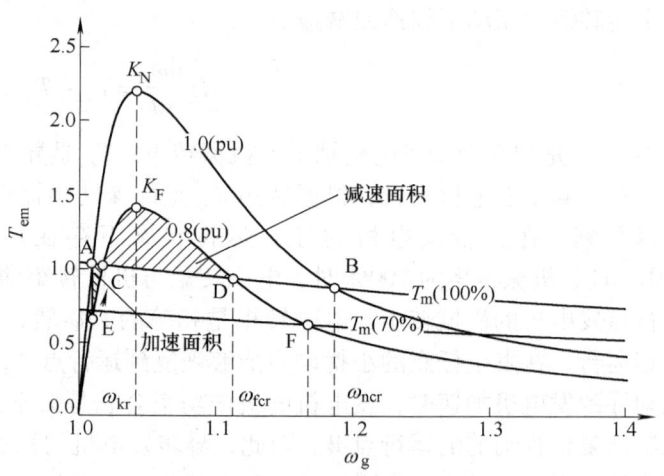

图 5-14 异步发电机电网故障电压降低时转速-电磁转矩特性曲线

式下的动态稳定极限点要高于满载及高负载运行方式下的动态稳定极限点。

以上是对恒速异步风力发电机的分析，而基于双馈感应电机的变速风电机组，由于能够通过变频器控制系统将发电机有功、无功功率实现解耦控制，改善风电场功率因数及机组的暂态稳定性，因此其静态及暂态稳定性要远远好于基于普通异步发电机的恒速风电机组，基于双馈变速风电机组的风电场其静态及暂态稳定性的好坏完全取决于其控制系统的静态控制策略及其暂态控制能力。

在电网故障发生后，电力电子器件出于自身保护退出运行，故障切除后机组利用重新启

动的变流器控制有功功率和无功功率，减小了发电机磁场重建时所造成的电网冲击电流以及机组出口的电压降，另外通过变流器还可以控制双馈感应风电机组的转速。可见在外部条件相同的情况下，双馈机组提高了系统的稳定性。

直驱交流永磁同步风力发电机是由永磁体直接励磁的多极同步直驱风电机组，通过全功率变流器与电网连接。变流器由通过 IGBT 控制的发电机侧变流器和电网侧变流器组成，在电网故障期间和故障切除后，永磁同步风力发电机不从电网吸收无功电流，且机组电网侧变流器参与系统无功和电压的调节，因此可维持电网的短期电压稳定，与异步风力发电机和双馈异步风力发电机相比有利于提高系统的稳定性。

例：图 5-15 所示系统为某规划电网，以此为例分析由不同风电机组组成的风电场对电网暂态稳定性的不同影响，在仿真中假设在母线 1 分别接入由恒速风力发电机、双馈异步风力发电机和直驱式交流同步风力发电机组成的容量为 50MW 的风电场。

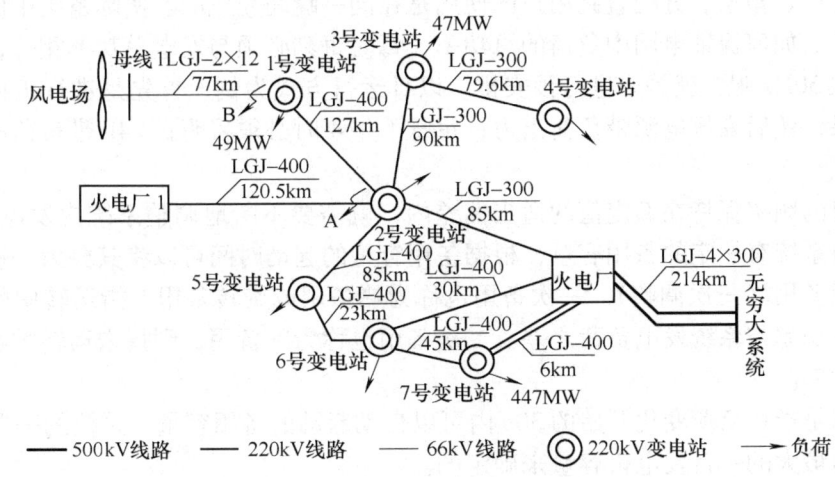

图 5-15　某地区规划电网的结构图

设定在靠近风电场的 B 点发生三相短路故障，根据该地区电网的运行要求 0.15s 后故障切除，此时 3 种风电场等效机组的发电机转速如图 5-16 所示。可见恒速风力发电机转速逐渐增大，最终失去稳定；双馈机组可以利用变流器控制转子电流并通过转子输出功率使机组的机械转矩和电磁转矩维持平衡，从而保持机组的稳定运行；直驱风电机组可以通过变流器控制发电机定子电流以维持机组的稳定运行。

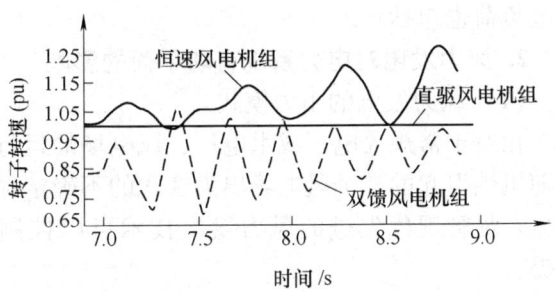

图 5-16　同样故障情况下 3 种机组的转速的暂态特性

5.3.3　对电力系统调峰能力及运行调度的影响

风速变化的时间范围跨越很大，从秒、分、小时到天、月、年的时段。在这些时段内变化的风速对电力系统运行会有影响。随着风电装机容量比例的不断增大，对系统实际运行的影响就会日益突出。

1. 电力系统的有功平衡及频率调整

由于目前电能还不能大规模储存，因此电力生产的各个环节必须随时保持平衡，并与电力的使用（用电）随时保持平衡。

电力系统运行在同一个频率下，频率可以衡量系统中电力的生产和消耗之间是否平衡。当电力的生产等于消耗时（包括输电和配电的损耗），系统的频率为额定值（中国是50Hz）；当频率低于50Hz时，意味着系统的负荷大于电力的生产值；当频率大于50Hz时，电力的生产大于电力的消耗。电力系统的频率变动对用户、发电厂和电力系统本身都会产生不利影响，所以必须保持频率在额定值50Hz上下，且偏移不超过一定范围。按照我国《电能质量 电力系统频率允许偏差》GB/T 15945—1995 的规定，电力系统正常频率偏差允许值为 ±0.2Hz。

电能的生产、输送、分配直到用户的使用是在同一瞬间完成的。实际系统中的负荷无时无刻不在变动。如何保证电网中负荷的总功率，每时每刻必须与发电总功率相等，保持电网的运行频率在50Hz呢？就是要进行预安排。以日运行方式为例，首先是进行负荷预测，根据预测的结果，然后安排电源带负荷出力，每日下午4时必须将明日24h带负荷的电源出力安排完毕。

要使系统的频率保持在额定值的适当偏差内，就需要不断地调整系统内发电机的出力。这就需要电力系统有一定的备用容量，根据备用容量的起动时间可以将其分为一次备用、二次备用及长期备用（三次调整）。一次备用也称为热备用或旋转备用，指运转中的发电设备可能发的最大功率与系统发电负荷之差。二次备用也称为冷备用，则指未运转的发电设备可能发的最大功率。

一次备用是指在负荷变化开始的30s内可以自动起动的备用容量，系统的一次备用容量是根据系统内最大的一台发电机容量来确定的。

二次备用是指在频率发生变化的10~15min起动的备用容量，它替代一次备用平衡发电和负荷的偏差，直到三次备用起动。二次备用通常包括快速起动的燃气轮机、水电机组，自动甩负荷也包括在内。

2. 风力发电对电力系统有功平衡的影响

（1）风力发电的出力模式

相对于常规火电厂或水电厂，风电场的运行有其特殊性，最主要的是风速本身的间歇性和随机性引起的整个风电场出力变化的不确定性。而且风速在不同的季节，不同的时段不断变化。尽管现代先进的风力发电技术可以控制风电机组的出力，但也是以风速限制作为前提。

风电场平均功率相对于额定功率的百分数，称为容量系数（Capacity factor）。对于陆上风电场，容量系数通常在20%~40%之间，最大负荷运行小时数在1800~3500h/a之间。海上风电场的容量系数可以达到45%~60%，最大负荷运行小时数在4000~5000h/a之间。通常，风电机组一年运行6000~8000h，但在大多数时间内出力不到额定功率的一半。

不仅是一个风电场的出力呈现很大的波动性，一个区域的风电出力的波动性也相当大。从一个区域的角度来看，很少出现整个区域都没有风的情况，但区域的最大风电出力也不会达到风电装机容量，因为该区域不可能所有地方的风都同时达到额定风速，而且也不可能所有风机都处于可用状态。例如，根据某个风电场的风电出力数据统计，该风电场中的一台风电机组出力为零的时间为 10%～20%，处于额定出力的时间为 1%～5%，而一个区域的风电出力很少低于 5% 或高于 75%。

即使是地理位置分布很广的更大范围的风电出力，相比于其他形式的发电形式，其出力的变化范围也很大。最大出力通常是平均出力的 3～4 倍。

不仅如此，风资源本身随着年份、季节、天、小时的不同也会有变化。图 5-17a 是一个区域一年内不同月份的平均出力，图 5-17b 是一天的小时平均出力曲线。

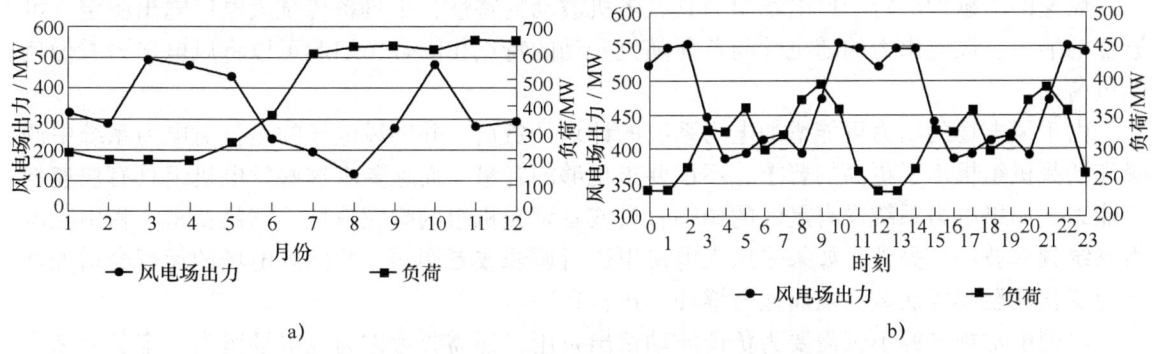

图 5-17 一个区域风电平均出力曲线
a) 月平均出力 b) 小时平均出力

(2) 风电出力的波动性及平滑效应

风速变化的时间范围从小到大，时间范围的变化不同对电力系统的影响也不同。阵风会引起风电场出力在几秒到几分钟变化。天气变化引起的风电场出力变化的时间范围是几个小时。季节和年份的出力变化对于研究系统的长期充足性很重要。对于系统规划来讲，需要知道在一个大的区域内风电出力极端的变化情况，并且要知道这种变化的几率。

要研究的区域越大，平滑效应覆盖的时间范围也越长，随着地域的扩大，风电机组出力变化的相关性不断下降。这里相关性计算是在计算风电相继出力的变化（ΔP）的基础上进行的。在一个风电场内，阵风不会同时影响所有风电机组，但是风电机组的每小时平均出力上升和下降的基本趋势是大体相同的。对于一个成百上千平方公里的区域来说，天气变化引起的风速变化也不会同时扫过该片区域的所有风电机组。

那么多大的区域平滑效应才会明显，如果在一个地理范围很大的区域安装很多风电机组，那么区域平滑效应就会更明显。一个固定区域其平滑效应是有上限的，也就是说，由于平滑效应引起的风电出力变化的降低在某一值上是饱和的，即使在该区域再增加风机的数量，风电出力的变化也不会再降低了。当然，如果地理范围更大，平滑效应的作用也会增加。当然，这种增加也是有限度的。如果所研究的地理区域包括多种气候地形，如沿海、山区或沙漠，那么区域平滑效应会更强。

一台风机本身就可以平滑随秒变化的风速，例如一个变速风电机组由于其巨大桨叶的惯性就可以平滑高速阵风，其转矩随秒的变化可以被变速风电机组的不同转速所吸收。据目前的记载，一个 103MW 的风电场最陡的爬坡斜率为：1s 4%～7% 的装机容量，1min 10%～14% 的装机容量，1h 50%～60% 的装机容量。

系统调度所关心的地理范围较广。对于一个大区域来讲，在秒及分钟时间范围的风电出力变化并不重要，而每小时的变化也大大低于其装机容量的 50%~60%。

对于一个 200×200km² 的区域，例如丹麦东部或丹麦西部，小时范围内的风电出力最大波动为装机容量的±30%；而一个 400×400km² 的区域，例如德国、丹麦及芬兰，小时范围内的风电出力最大波动为装机容量的±20%；而在一个更广的区域，例如北欧小时范围内的风电出力最大波动为装机容量的±10%。以上都是极端情况的数值。通常小时范围内的风电出力波动在装机容量的±5%。

（3）风力发电对系统运行调度的影响

风速的间歇性决定了风电场出力具有随机波动的特性，不具备传统火电厂输出稳定、可调度的能力。风电出力的随机性与负荷随机变动的特点相吻合，因此可以将风电出力看做负的负荷。

由于风电场的出力可能增加电力系统的计划外负荷，并网风电场的运行对电力系统中调峰和调频机组提出了更高的要求，不仅要求足够的容量，而且要求这些发电机组具有快速响应能力。如果电力系统没有足够的调频容量或者调频机组的响应特性不满足要求，将引起电力系统频率波动。另外，如果采用火电机组进行调峰或者调频，并网风电场的运行会增加其出力变化甚至起停次数，从而显著增加了运行费用。

电网中常规电源不仅需要为负荷波动留出备用，还需要考虑为风电场留出一定备用来平衡其出力变化。因此，风电场对电力系统调峰能力及运行调度的影响不可忽视。

分析风电出力是否会影响系统的调峰能力，通常的手段是将风电出力看做负的负荷，和当地负荷曲线进行叠加，得出的等效负荷对了解风电对本地区负荷特性的影响及电力系统的电源调度安排均有一定的参考价值。

图 5-18 为我国某边远地区两个典型日的负荷、风电场出力、及等效负荷的变化曲线。可以看出，大多数时段，风电场的出力与负荷变化趋势相反。因此，该风电场出力不仅不能改善系统的负荷特性，反而使之有所恶化，等效负荷峰谷差的增大，加大了当地电网调度的难度。

风力发电对系统的影响大小取决于系统本身的容量及其电源结构的灵活性。当然还取决于风电装机占系统容量的比例。

风力发电对系统的影响有局部的，例如对电压的影响；也有全局性的，例如短时的风电波动对系统调频控制的影响范围就是风电所在的整个同步运行系统。

按发生时间的长短来分，风电的波动性的影响分为短期和长期的

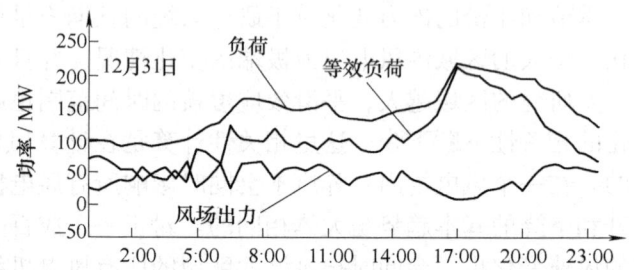

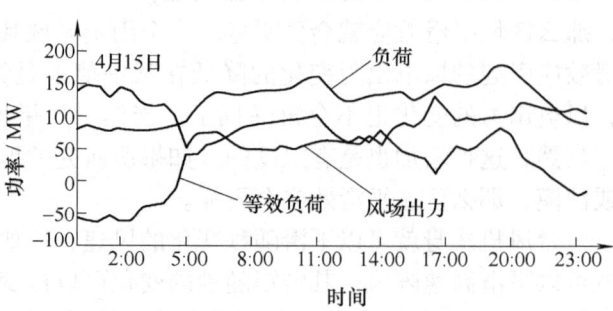

图 5-18　某地区日负荷变化与风电场出力相关性等效负荷曲线

影响。

1) 短期影响。风电出力短期（从几分钟到几小时）波动性对系统的影响，主要是体现在系统为平衡其波动性所增加的系统备用。

系统需要事故备用和负荷备用。事故备用通常是按照系统中容量最大的一台机组来确定的。由于风电场的风电机组容量很小，因此没有必要为风电来提高事故备用。

如果风电所占系统容量较大，风电出力在1小时或几小时内变化会影响系统用于调频的备用容量，即负荷备用。这样系统调度部门会增加系统的负荷备用来平衡风电出力的波动。如果可以较为准确地预测风电出力，调度人员就可以合理地安排系统的备用，在不降低系统可靠性的前提下减少系统的运行费用。

由于风电波动性引起的负荷备用的增加不仅取决于在1小时或几小时内风电本身波动性的大小，还取决于这个时间段内负荷的变化模式以及两者的预测误差。

时间范围从几秒到几分钟（一次调频控制）的风电变化对系统负荷备用增加影响很小。这是因为一个大的区域，风电场出力短时波动之间没有关联，在平滑效应的作用下，风电总体出力的短时波动很小，因此对系统负荷备用的增加影响作用不大。

时间范围从15min~1h（二次调频控制）的风电出力变化就要考虑到对负荷波动的预测准确性大大高于风电出力的波动性。因此，同时需要负荷和风电的预测数据。如果系统的风电穿透率增加，那么由此而引起的系统备用也会增加。在一个风电穿透率为10%的区域，由风电引起的系统备用的增加大约为风电装机容量的2%~8%。

系统备用的分配和使用会引起系统运行费用的增加。在大多数情况下，当风电穿透率较低时，只依靠现有的系统容量就可以解决风电对系统备用增加的要求。这就意味着要增加专门备用、或增加一些只带部分负荷的机组运行，对系统会带来一些附加费用。当风电穿透率超过一个阈值，就需要计算由风电引起的系统备用的容量费用，这一阈值取决于系统本身的结构。据研究，在欧洲风电穿透率的阈值为5%~10%。

如果系统中有蓄水库这样的大型水电厂，可以通过改变出力时间利用水电来补偿风电出力的波动性。

2) 其他短期影响。间歇性出力的大量风电势必造成常规能源发电量的损失，这些机组的起停及低于额定负载运行会使整个系统的效率下降。由于风电的接入，使得整个系统的机组安排（起动慢的机组的起动与停机计划）变得复杂起来。尽管风电预测正确可以适当缓解这个问题，但是波动大的出力仍然会使常规机组运行效率下降。

如果风电的出力超过了系统可以安全接纳的范围，而同时要保持系统有足够的备用及动态控制能力，就需要降低风电的出力。这种情况只有在风电出力占系统负荷比重相当大时发生，是否要采取这种措施取决于系统的运行策略。风电的最大出力比其平均出力大几倍。这就意味着，如果一个系统一年的20%电量来自于风电，那么有一些小时内风电的穿透率接近100%（风电出力基本与负荷相当）。以往的运行经验及研究表明，接纳风电，即使是高风速时，也需要保留一部分火电机组低负荷运行来保证系统拥有调节容量。研究表明，风电穿透率为10%是需要采取降低风电出力措施的起点。当风电可以提供一年用电量的20%时，需损失10%的风力发电量。对于一个以火电机组为主的孤岛运行方式（例如希腊的克里特岛），在风电穿透率为10%时，损失的风力发电量已非常大。

对有些地区，风电接入的问题主要出现在大风季节，这时风电出力超过当地负荷及地区外送能力。特别是在大风、寒冷的时期,当地热电联产(CHP)机组必须承担部分负荷。在丹麦西部,最初发生这种情况时,就放弃了风电,当时风电穿透率为10%而不是20%。通过能源系统模型的仿真,可以将风电、热存储和CHP的锅炉结合在一起,并假设一些灵活的需求和电加热方式,当风电穿透率为50%时,也可以做到不损失风电量。

3) 长期影响。电力单位和系统的调度部门必须能够向负荷提供可靠性高的供电服务,风电本身的间歇性向他们提出了难题。停电的经济、社会及政治成本很高,因此电力单位本身并不情愿依靠间歇性的电源作为其供电容量的一部分。

评价一个系统的充裕度,通常估算电力不足概率(LOLP,是指在给定时间区间内系统不能满足负荷需求的概率)这个可靠性指标。一个系统的风险是LOLP乘以停电事件的后果。对一个电力系统来说,一次大停电的后果是十分严重的,这样的话,即使电力不足概率很小,系统的风险也被视为相当大。系统的可靠性水平通常为10~50年出现一次大停电。

那么风电对系统中电力生产的充裕度有什么影响呢?风电能否替代系统中部分常规容量呢?风电替代常规容量的能力(容量可信度),参见本章5.4节。

总之,对于电力系统来说,风电的缺点是其出力是变化的、难以预测的,对电力系统的备用容量是有影响的。然而,如果对于一个较大的系统,系统中有多种发电形式,出力变化的电源并网就没那么复杂了。风电分布地理范围大可以适当减小总体出力的变化程度,增加可预测性,减少出现出力接近零或满发的情况。系统本身需要有灵活的机制来应对不能准确预测的负荷变化。

系统本身的容量、电源结构(决定其本身的灵活性)、负荷特性都对系统如何接纳间歇性电源有影响。如果间歇性电源所占比例很小、风电的地理范围分布很广并和系统的负荷相关,那么风电并入电网就容易一些。

风电出力在短时内的变化主要影响系统的运行,这是指系统需要配置和使用额外的备用容量,减少常规发电形式的发电量。从长期的角度来看,风电在高峰负荷时的出力对系统的充裕度有影响,其影响用风电的容量可信度来表示。

然而,对于风电并网来说,并没有一个技术上的限值。当风电容量增加时,必须有适当的措施确保风电的波动性不会降低系统的可靠性。当风电穿透率超过10%时,那么风电对系统运行经济性的作用增大。

(4) 风电出力的预测

风电的并网使电力系统的传统调度模式受到了挑战。应对大规模风电对电网功率平衡的挑战可以从两方面做工作,一是增加电网的调峰能力,在系统运行中考虑留有足够的备用电源和调峰容量;二是对风电场输出功率进行预测,把风电功率纳入电网的调度计划。第一种解决办法不仅增加了系统的运行成本,同时还会给系统的安全稳定运行带来隐患。因此,随着风电装机容量的增加,风电功率预测将成为电力系统不可或缺的组成部分。

风电功率预测的意义主要在以下几个方面:

1) 根据风电场预测的出力曲线优化常规机组的出力,达到降低运行成本的目的。
2) 掌握了风电出力变化规律就减少了不确定性,增强了系统的安全性和可靠性。
3) 在风电参与电力市场的系统中,优化电力市场中电力的价值。
4) 为风电场的运行维护提供有益的参考。

如在风电机组需要停机检修时,可以选择在风速较低,风电场出力较小时进行,以减小风电场的电量损失。在出现可能破坏风电场的大风时,提前做好防护准备。根据风电场出力情况及时调整风电场运行状态,减少风电场内部线路和变压器损耗,提高风电场上网电量。

为实现风电预测,涉及许多基础工作,两个大型的实时数据库系统,一个是气象部门的数据库,一个是电力部门的数据库,这些数据库既包括实时数据,也包括历史数据。需要有庞大的通信网络,能将数据传输到数据处理中心。需要有计算机网络,可进行并行计算,更需要有优秀的大型的应用软件,求解从风力到电力的全部问题。

5.3.4 风电场对电能质量的影响

电能质量描述的是公用电网供给用户的交流电能的品质。理想状态的公用电网应以恒定的频率、正弦波形和标准电压对用户供电。在三相交流系统中,还要求各相电压和电流的幅值应大小相等、相位对称且互差120°。如果电压和电流在一定程度上偏离了理想状态,就产生了各种电能质量问题。大型风力发电场所带来的电能质量问题是十分值得关注的。

1. 电压偏差

供电系统在正常运行方式下,某一节点的实际电压与系统额定电压之差对系统标称电压的百分数,称为该节点的电压偏差。即:

$$\delta U = \frac{U_{re} - U_N}{U_N} \times 100\% \tag{5-10}$$

式中,δU 为电压偏差;U_{re} 为实际电压(kV);U_N 为系统额定电压(kV)。

电压偏差是传统电能质量的主要内容,是衡量电力系统正常运行与否的一项主要指标。由于风的随机性、风电机组运行时对无功的需求以及无功只能就地平衡等原因,将使电网电压产生一定的偏差。无论是定速机组还是变速机组,对其接入的电网尤其是接入点的电压都有较大影响。

根据我国《风电场接入电力系统技术规定》,当风电场的并网电压为110kV及其以下时,风电场并网点电压的正、负偏差的绝对值之和不超过额定电压的10%。当风电场的并网电压为220kV及其以上时,正常运行时风电场并网点电压的允许偏差为额定电压的 -3% ~ +7%。

2. 电压波动和闪变

电压波动为一系列电压变动或连续的电压偏差。电压波动值为电压方均根值的两个极值 U_{max} 和 U_{min} 之差 ΔU,常以其相对标称电压 U_N 的百分数来表示,即

$$d = \frac{U_{max} - U_{min}}{U_N} \times 100\% \tag{5-11}$$

闪变描述的是白炽灯亮度的变化,反映的本质是电压的快速变化。闪变的主要影响因素是电压波动的幅值和频率,并和照明装置特性及人对闪变的主观视感有关。电压闪变觉察频率范围为1~25Hz,敏感的频率范围为6~12Hz。

电压闪变一般是由与系统的短路容量相比出现足够大的负荷变动引起的。风电机组引起电压波动和闪变的根本原因是风电机组输出功率的波动。

并网风电机组输出功率波动的原因主要是受到塔影效应、偏航误差和风剪切等因素的影响造成的。风电机组连续运行的过程中,在叶轮旋转一周的过程中产生的转矩不稳定,转矩

波动将造成风电机组输出功率的波动。风况对风电机组引起的电压波动和闪变具有直接影响，尤其是平均风速和湍流强度。随着风速的增大，风电机组产生的电压波动和闪变也不断增大。湍流强度与电压波动和闪变成正比增长的关系。

并网风电机组不仅在连续运行过程中产生电压波动和闪变，而且在机组切换操作过程中也会产生电压波动和闪变。典型的切换操作包括风电机组起动、停止和发电机切换，其中发电机切换仅适用于多台发电机或多绕组发电机的风电机组。这些切换操作引起功率波动，并进一步引起风电机组端点及其他相邻节点的电压波动和闪变。

除去风的自身形态和风电机组的特性，风电机组所接入系统的网络结构对其引起的电压波动和闪变也具有较大影响。并网风电机组引起的电压波动和闪变与线路 X/R 比呈非线性关系，当对应的线路阻抗角为 60°~70°时，电压波动和闪变最小。

目前很多国家对电压波动和闪变的允许范围已制定了一系列的标准和规则进行限制。我国于 2000 年也经修订后重新颁布了国家标准 GB 12326—2000《电压波动和闪变指标限值》，风电场在公共连接点引起的电压波动和闪变应当满足 GB 12326—2000 的要求。

3. 谐波

当电网中的电压或电流波形是非理想的正弦波时，说明其中含有频率高于 50Hz 的电压或电流成分。频率高于 50Hz 的电流或电压成分称为谐波。当谐波频率为工频频率的整数倍时，称为整数次谐波。例如：将频率为 250Hz 的谐波称为 5 次谐波，将频率为 350Hz 的谐波称为 7 次谐波，依此类推。

谐波畸变的度量方法是：将一个畸变的周期电流展开成傅里叶（Fourier）级数：

$$i(t) = \sum_{h=1}^{M} I_{mh}\cos(h\omega_0 + \theta_h) \tag{5-12}$$

式中，I_{mh} 为第 h 次谐波峰值电流；θ_h 为第 h 次谐波电流相位；ω_0 为基波角频率；M 为考虑的谐波的最高次数，一般取 50。

电流总方均根值（有效值）的表达式为

$$I = \sqrt{\sum_{h=1}^{M} I_h^2} \tag{5-13}$$

为衡量某次谐波分量的大小以及整个波形的整个畸变程度，将用谐波含有率和总畸变率来表征。具体定义如下：

第 h 次谐波电流的含有率

$$HD = \frac{I_h}{I_1} \times 100\% \tag{5-14}$$

总谐波电流畸变率

$$THD = \frac{\sqrt{\sum_{2}^{M} I_h^2}}{I_1} \times 100\% \tag{5-15}$$

式（5-13）~式（5-15）中的 I 为电流总方均根值，I_1 为基波电流方均根值，I_h 为第 h 次谐波电流方均根值。对于谐波电压的分析，只需将上述电流变量改为电压变量即可。

电力系统中谐波是由非线性设备造成的。所谓的非线性设备，就是在正弦供电电压下产生非正弦电流或者在正弦供电电流下产生非正弦电压的设备，其中就包括风电变流器这样的电力电子开关设备。

对于风电机组来说，发电机本身产生的谐波是可以忽略的，谐波电流的真正来源是风电机组中采用的电力电子元器件。对于定速风电机组来说，在连续运行过程中没有电力电子器件参与，因而也基本没有谐波产生；当机组进行投入操作时，软并网装置处于工作状态，将产生谐波电流，但由于投入的过程较短，这时的谐波注入可以忽略。变速风电机组则采用大容量的电力电子器件，直驱永磁同步风力发电机组的交直交变频器采用可控 PWM 整流或不控整流后接 DC/DC 变换，在电网侧采用 PWM 逆变器输出恒定频率和电压的三相交流电；双馈式异步风力发电机组定子绕组直接接入交流电网；转子绕组端接线由三只集电环引出接至一台双向功率变换器，电网侧同样采用 PWM 逆变器，定子绕组端口并网后始终发出电功率；转子绕组端口电功率的流向则取决于转差率。不论是哪种变速风电机组，并网后变流器将始终处于工作状态。因此，变速风电机组的谐波注入问题需要考虑。

风力发电机组产生的谐波需要采用实测的方式来确定。某型 850kW 双馈式异步风力发电机组的谐波测试结果见表 5-4。

表 5-4 某型 850kW 双馈式异步风力发电机组谐波测试结果

谐波次数	输出功率/kW	谐波电流
2	709	0.24%（1.71A）
3	795	0.33%（2.35A）
4	829	0.16%（1.14A）
6	830	0.11%（0.78A）
12	753	0.17%（1.21A）
14	675	0.13%（0.92A）
31	454	0.22%（1.56A）
37	825	0.13%（0.92A）
49	52	0.16%（1.14A）
最大总谐波电流畸变率（%）（用额定电流的百分数来表示）		0.46
在最大总谐波电流畸变率处的输出功率/kW		713

根据我国《风电场接入电力系统技术规定》，当风电场采用带电力电子变换器的风力发电机组时，需要对风电场注入系统的谐波电流作出限制。风电场所在的公共连接点的谐波注入电流应满足 GB/T 14549—1993 的要求，其中风电场向电网注入的谐波电流允许值按照风电场装机容量与公共连接点上具有谐波源的发/供电设备总容量之比进行分配，或者按照与电网公司协商的方法进行分配。风力发电机组的谐波测试与多台风力发电机组的谐波叠加计算，应根据 IEC 61400—21 有关规定进行。

5.4 风电场的容量可信度

5.4.1 风电场容量可信度的概念

风电场对电力系统的贡献主要体现在两个方面，即：风电场可以节约常规发电机组使用的燃料和减少环境污染，以及替代部分常规发电机组容量。而后者就涉及风电场的发电容量可信度问题。

充裕度（adequacy）表示电力系统维持连续供给用户总的电力需求和总的电能量的能力。发电容量可信度（有时称为容量价值）是一台给定的发电机对整个系统充裕度的贡献。

因为发电机组可能会发生机械或电气故障，其可用率不可能保证100%，即使是常规发电方式也不例外。任一发电机的容量价值是在一定的系统可靠性水平下，可以供应的额外负荷。

对于并网风电场的容量可信度问题，有一种观点认定并网风电场没有容量效益。持这种观点的主要依据是风力发电的间歇性，只能提供能源，而不能替代一定量的发电容量。为了满足负荷需求，电力公司在进行电源规划时不能考虑风电场容量的影响。此时，风电场未获得容量可信度，也称其容量可信度为零。但是，目前没有一种发电方式是完全可靠的，而就容量可信度而言，风力发电和传统发电方式只是在设备可用率方面的有数量上的差异，而没有本质区别。如果认为风电场的容量可信度为零，则是对常规发电厂和风电场采用了不同的评判标准。因此，并网风电场的容量可信度不为零。确定风电场的容量价值和其他发电形式电厂的方法是相同的。

风电场的容量可信度一般用来表征风电替代常规容量的能力。

5.4.2 容量可信度的评价方法

风电的容量可信度有两种评价方法：

（1）可靠性指标计算。计算含风电系统的可靠性指标，在保证系统可靠性不变的前提下，风电能够替代的常规发电机组容量即为其容量可信度。

这种方法适合于系统的规划阶段。具体方法是：首先在不考虑并网风电场的情况下计算电力系统的可靠性指标，例如电力不足概率（LOLP）。然后计入风电场后重新计算，不断调整常规发电厂的出力水平，直到电力系统的 LOLP 值与没有风电场时的情况相等。此时，常规发电厂所减少的功率输出就是并网风电场的容量可信度。

（2）时间序列仿真。选择合适的时间段作为研究对象，通过计算风电场的容量系数（风电场实际出力与理论发电量的比值）来估算容量可信度。在负荷高峰时段，可以认为容量系数等于容量可信度。该方法适用于为系统的运行提供决策支持。

要评价风电对系统的可靠性指标的影响，首先要知道风电场所在地的气象信息，获得风资源数据，了解风机的技术参数，根据风速计算风电场出力，还要知道与风资源数据同步的负荷曲线风电场出力与负荷的相关性，同时要知道系统内其他常规发电机组容量和事故停电率的记录以及可靠性指标目标水平。

图 5-19 是一个区域的周负荷曲线，该地区可用发电容量为 3250MW，负荷为每个小时的平均负荷曲线。在没有风电的情况下，一周内电力不足的时间为 40h。当该地区风电并网发电，图 5-20 中最下面的曲线为风电的输出曲线，致使系统的可用发电容量（曲线）增加，风电的周平均输出为 392MW，总装机容量为 1994MW。由图可以看出，风电并网使得一周内电力不足的时间从 40h 减小到 27h，这就意味着，由于风电并网使该系统的可靠性增加。如果风电并网前系统的可靠性已经满足要求，那么风电会使系统的可靠性进一步提高。

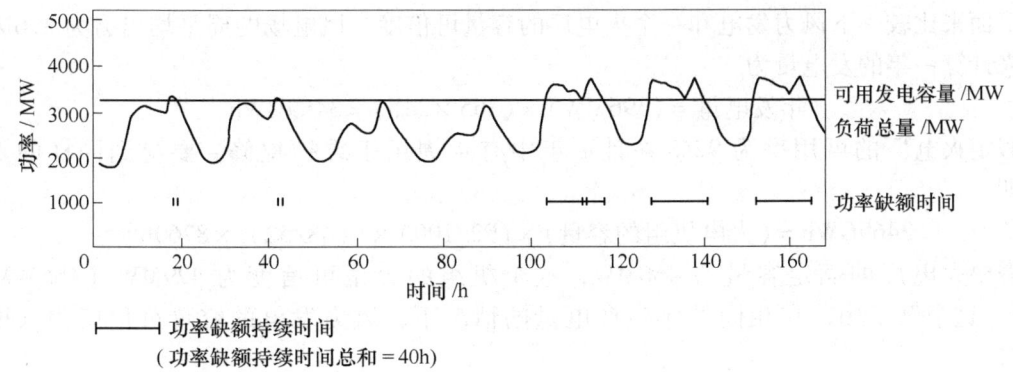

图 5-19　某地区一周内的发电容量与负荷（MW）对比曲线（无风电）

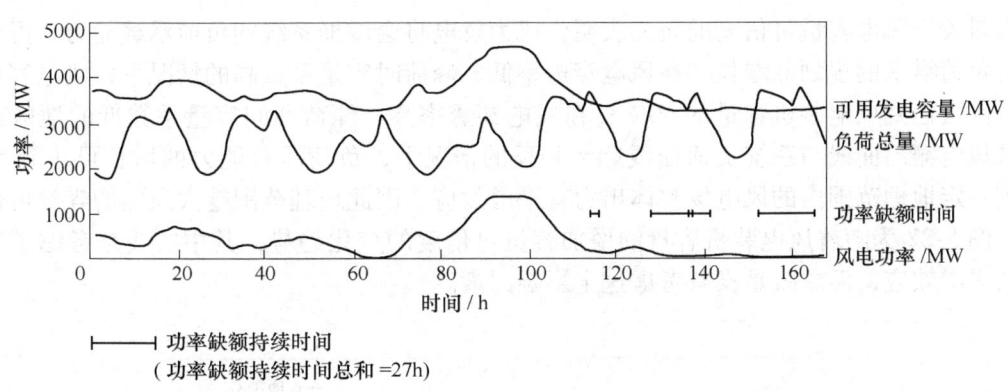

图 5-20　某地区一周内的发电容量与负荷（MW）对比曲线（有风电）

图 5-21 表示如果负荷在图 5-20 的基础上增加 300MW，这样系统电力不足的时间又回到 40h。也就是说，用等效负荷承载能力衡量的风电容量可信度为 300MW。这个例子中，装机容量为 1994MW 的风电容量可信度为 300MW，是装机容量的 15%。本案例选择的时间是一周，也可以是更长的时间，例如一个月、一年或几年的数据，可以得到更一般性的结论。采用的可靠性指标也可以不同，例如可以采用系统的电力不足概率（LOLP）等。

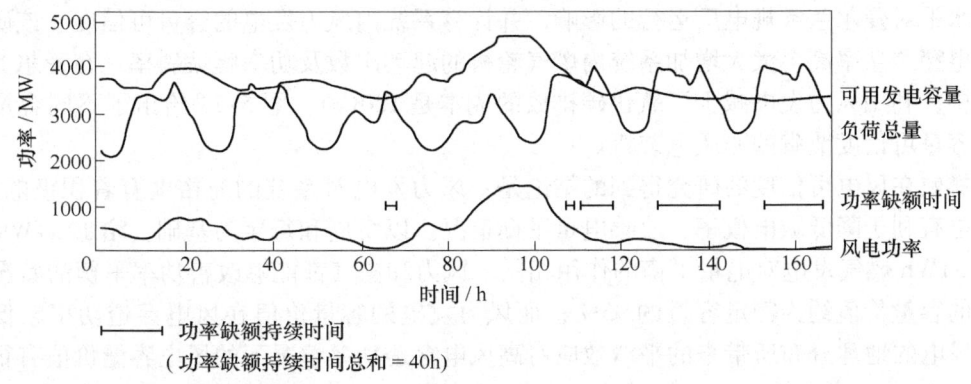

图 5-21　某地区一周内的发电容量与负荷（MW）对比曲线（有风电且增加 300MW 负荷）

下面来比较一下风力发电和一个火电厂的容量可信度，风电场的周平均出力为396MW，以此来计算一年的发电量为

$$年发电量 = (396MW) \times (365 \times 24h) = 3469GWh$$

假定火电厂的可用率为92%并且一年中有4周用于维护检修。要得到同样的发电量，即

$$3469GWh = (火电机组的容量) \times (92/100) \times [(48/52) \times 8760h]$$

需要火电厂的额定容量为466MW，这个机组的容量可信度为429MW（466MW的90%）。这个例子中，在相同的年生产电量的情况下，风力发电的容量可信度为火电厂的70%。

5.4.3 影响容量可信度的因素

大量关于风电容量可信度的研究表明，风力发电将会增加系统的负荷承载能力，可以部分满足负荷需求的规划性增长。在风电穿透率低、峰荷时容量系数高的情况下，风电容量可信度最高可达到风电装机容量的40%；在风电穿透率高、峰荷期间容量系数低的地区或者在地区风电输出曲线与系统负荷曲线趋势相反的情况下，负荷承载能力的增长可小到5%。考虑到一定地理范围内的风电场整体出力有平滑效应，因此地理范围越大风电的容量可信度越高。图5-22为随着风电装机容量的增加容量可信度的变化趋势，其中实线是考虑了地理范围的平滑效应，而虚线是没有考虑这个影响因素。

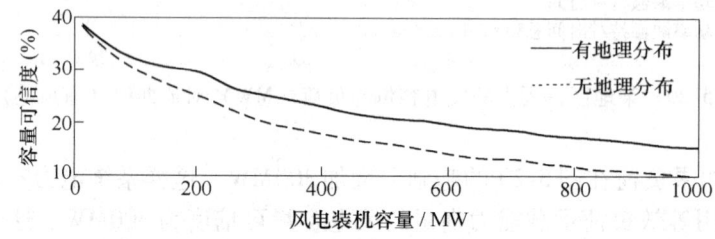

图5-22 有无地理分布平滑效应的风力发电的容量价值

爱尔兰的输电系统运营商，在2004年发布了一份研究报告，分析和量化日益增长的风电装机水平对爱尔兰常规电厂运行的影响，并计算系统内风力发电的容量可信度。该研究发现：风电穿透功率高会大大增加系统内燃气轮机的起动次数及功率爬坡斜率；在爱尔兰的电力系统中，利用风力发电减少二氧化碳排放的成本是120C/t。图5-23给出了不同容量风力发电的容量可信度节省的非风电装机。

而挪威在风电可信度的研究得到的结论是：风力发电对系统的充裕度有着积极的影响。风力发电有利于降低缺电概率，改善电量平衡情况。以每周和每年为基础，增加3TWh风力发电和3TWh燃气发电对电量平衡的作用相同。风力和燃气都能够改善功率平衡的状况。燃气发电的容量价值约为额定容量的95%；而风力发电的容量价值在风电穿透功率较低时为30%。风电的地理分布所带来的平滑效应对高风电穿透功率情况下的风电容量价值有很大的影响。

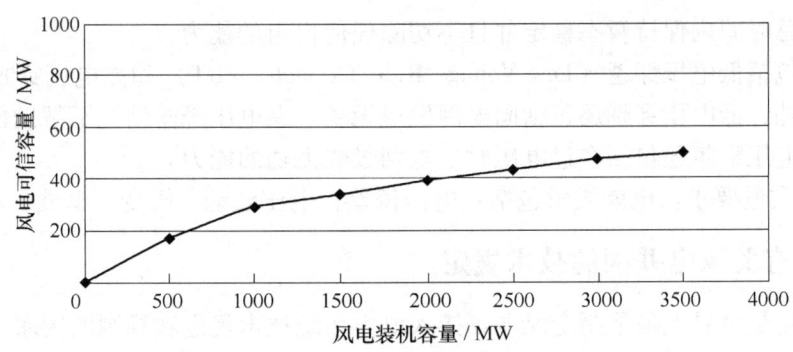

图 5-23　爱尔兰发电容量可信度的研究结论（ESBNG，2004）

5.5　风电场接入电网的技术要求和相关规定

5.5.1　风电场并网的技术要求

为了加快风电场的建设，同时保证电力系统运行的可靠性、安全性和经济性，除了不断提高风电机组运行特性之外，还需要对风电场接入系统的技术要求做出相应的规定。目前欧洲和北美的一些电力协会或电网公司都制订了风电并网的技术导则、标准等。但是，鉴于不同电力系统的特性相差较大，同时风力发电技术发展得十分迅速，因此，很难在全世界范围内制定出一个比较统一的风电场接入电力系统的技术规定。并且，随着风电机组单机容量的增大和风电装机在电力装机中所占比例的增加，现有的风电场接入电力系统的一些技术性文件都还在不断修改和完善之中。

并网技术规定主要包含以下内容：

（1）电压要求。电压要求包括两部分：连续运行区间和故障穿越能力区间。故障穿越能力指风电机组在电网发生故障时具备承受电压升高或电压跌落、保持不间断并网运行的能力。

风电场必须在系统无扰动和系统有扰动两种条件下都具有无功和电压调节能力。

（2）频率要求。频率方面的要求是，在规定的频率范围内，风电机组须保持与电网连接。

（3）有功功率要求。频率下降时必须调节有功功率。如果电网频率降低，风电场必须在一段时间内提高有功功率，直到频率达到可接受水平。

（4）功率因数/无功功率要求。风电场需要向电网提供无功功率以在电压降落情况下支持电网电压。风电场的电压调节和无功功率提供能力随技术发展而变化。某些风电场可能利用风电机组发出无功的能力，而另一些风电场则会使用动态无功补偿装置，还有些风电场会装备换流器作为同步风电设备运行。功率因数一般要求控制在一定的范围内。

（5）故障穿越（Fault Ride Through，FRT）要求。故障穿越能力要求大部分取决于当地电网。对于穿越电压降落的发电设备来说，理想情况是能向电网提供无功电流帮助恢复电压。这也是提供无功与故障穿越能力之间存在强烈相互作用的原因。

故障穿越要求指在电网发生近区永久性三相短路故障或不平衡短路故障时，风电场在规定的故障清除总时间内保持暂态稳定并且不切除任何机组的能力。

故障穿越包括低电压穿越（Low Voltage Ride Through，VRT）和高电压穿越。理想情况下，除不切机外，低电压穿越还包括向电网发送无功、在电压降落情况下帮助恢复电压的能力。同样，高电压穿越还包括在过电压时从电网吸收无功的能力。

（6）电能质量要求。电能质量包括：电压偏差；电压波动；闪变；谐波；不平衡。

5.5.2　国外有关风电并网的技术规定

丹麦。丹麦是世界上最早制定风电场接入电力系统技术规定和导则的国家。在1998年，丹麦电力研究院提出了风电机组接入中低压电网的技术规定（Connection of Wind Turbines to Low and Medium Voltage Networks. DEFU 111，1998），该技术规定适用于接入110kV以下电网的风电机组。Eltra输电公司于2000年颁布了新的技术要求（Specifications for Connecting Wind Farms to the Transmission Networks，Second Edition），适用于风电场接入110kV以上电压等级的电网。现行并网技术规定是从2004年起实施的"接入100kV以上电压的风电机组，风电机组特性和控制技术规范"。

德国。1998年，德国电力协会（German Electricity Association，VDEW）对接入中压电网的发电机组做出了规定（Generation in the Medium Voltage Network-Guidelines for the Connection and Operation of Generation Units in the Medium Voltage Network，1998），适用于接入110kV电网的风电场。德国E.ON电网公司是德国拥有风电装机容量最多的电网公司，其风电并网技术规定（Grid Code for High and Extra High Voltage，2003）适用于与高压和超高压电网的所有连接，即适用于负荷和所有类型的发电机组（同步和非同步发电机）。现行并网技术规定从2006年4月1日起实施。

美国。2004年5月，美国联邦能源监管委员会（Federal Energy Regulatory Commission，FERC）和美国风能学会（American Wind Energy Association，AWEA）共同研究提出了风电场接入电网的技术标准（AWEA Grid Code），该技术标准是依据风电场的装机规模而不是接入电网的电压等级，其适用于装机容量为20MW及以上的风电场，核心内容为：故障穿越，通信能力，功率因数；用于设计研究的风电机组和系统模型。AWEA Grid Code所涉及的范围比较有限，一些电力公司已经或将会结合各自电网的具体特点，在此基础上制定出自己的风电场接入电力系统技术规定和导则等。比如在纽约州，根据纽约州能源研究与开发局（The New York State Energy Research and Development Authority，NYSERDA）和纽约独立调度机构（New York Independ System Operator，NYISO）共同研究的结果，NYISO要求所有新建风电场能够：调节并网点的电压，可控功率因数变化范围，低电压穿越，监测、计量和事件记录，降低出力能力。另外，考虑到风电机组制造和控制技术的不断进步，NYISO还推荐了下列技术要求：功率变化率控制；调速器功能，即参与频率控制；备用功能，即在系统失去其他电源时能够增加出力；即使在不发电时也能进行电压调节。

加拿大。加拿大（AESO）现行并网技术规定"风电设施的技术要求"从2004年起执行。内容包括：频率、有功功率、功率因数/无功功率、故障穿越、电能质量等。

英国。1990年，英国电力协会（Electricity Association，ER）发布了工程推荐标准ER G59/1（Recommendations for the Connection of Embeded Generating Plant to the Regional Electricity Companies Distribution System），适用于装机容量在5MW以下、并网电压等级在20kV

及以下的分布式电源,包括风电场。1995 年,支持 G59/1 的工程技术报告 ETR113 发布,该报告提供了满足 G59/1 要求的方法。对于装机容量在 5MW 以上的分布式电源,英国电力协会于 1996 年发布了工程推荐标准 ER G75 (Recommendations for the Connection of Embedded Generating Plant to the Public Electricity Supplies' Distribution Systems above 20kV or with Outputs over 5MW)。2002 年 12 月,苏格兰输配电公司 (Scottish Power Transmission and Distribution) 和苏格兰水电公司 (Scottish Hydro Electric) 联合提出了大型风电场接入电力系统的技术指导文件 (Guidance Note for the Connection of Wind Farms),其适用于装机容量在 5MW 及以上的所有风电场。2008 年开始执行的并网技术规定包括英格兰、苏格兰和威尔士的电网技术规定。该并网技术规定包括对高压系统的所有连接,即既包括负荷也包括所有类型的发电机组(同步和非同步发电机)。

5.5.3 我国有关风电并网的技术规定

我国风电场正在大规模建设,而且许多风电场位于电网薄弱地区或者末端。根据风电发展的实际情况,我国于 2006 年 2 月颁布实施了《GB/Z 19963—2005 风电场接入电力系统的技术规定》,对接入我国电力系统的风电场提出了技术要求。国家电网公司也制订了《风电场接入电网技术规定》的技术指导书,以指导解决风电场接入电网的若干技术层面的问题。《风电场接入电力系统技术规定》为我国风电场接入电力系统提出技术上的指导原则,但是由于准备时间较短,许多内容借鉴了国外的相关标准,并没有结合中国电网的实际状况进行充分论证,在指导我国风电建设上的可操作性上尚存在一定差距;且由于考虑了我国风电尚处于发展初期和风电在电力系统中所占比例甚小的实际情况,适当降低了对风电场的技术要求。

为了保证大规模风电接入后的电网与风电场的安全稳定,有必要针对具体不同电网,制订风电场接入系统的技术标准,针对实际电网的不同特点提出要求。

中国和丹麦两国政府开展了可再生能源领域的技术合作项目——风能发展(简称 WED)。中国电力科学研究院承担的风电并网标准研究和国家并网导则修订等子课题于 2007 年底启动 2009 年 7 月结束。

《风电场接入电力系统技术规定》的修订主要包括以下内容:

1. 风电场有功功率

要求风电场具备有功功率调节能力,能根据电网调度部门指令控制其有功功率输出,确保最大有功功率值及有功功率变化值不超过电网调度部门的给定值(见表 5-5)。

表 5-5 风电场有功功率变化限值推荐值

风电场装机容量(MW)	10min 最大有功功率变化限值(MW)	1min 最大有功功率变化限值(MW)
<30	10	3
30~150	装机容量/3	装机容量/10
>150	50	15

以上要求也适用于风电场的正常停机。

在电网紧急情况下,风电场应根据电网调度部门的指令来控制其输出的有功功率,并保证风电场有功控制系统的快速性和可靠性。必要时可通过安全自动装置快速自动切除或降低风电场有功功率。事故处理完毕，电网恢复正常运行状态后，应尽快恢复风电场的并网运行。

2. 风电场功率预测

风电场应配置风电功率预测系统，每15min自动向电网调度部门滚动上报未来15min~4h的风电场发电功率预测曲线，每天按照电网调度部门规定的时间上报次日0~24时风电场发电功率预测曲线，预测值的时间分辨率均为15min。

3. 风电场无功配置

充分利用风电机组的无功容量及其调节能力，风电机组的无功容量不能满足系统电压调节需要的，应在风电场集中加装适当容量的无功补偿装置，并应具有自动电压调节能力。风电场的无功容量应按照分层和分区基本平衡的原则进行配置和运行，并应具有一定的检修备用。

直接接入公共电网的，其配置的容性无功容量除能够补偿内部的感性无功损耗外，还要能够补偿风电场满发时送出线路一半的感性无功损耗；其配置的感性无功容量能够补偿风电场送出线路一半的充电无功功率。

通过220kV（或330kV）风电汇集系统升压至500kV（或750kV）电压等级接入公共电网的风电场群，其风电场配置的容性无功容量除能够补偿并网点以下的感性无功损耗外，还要能补偿风电场满发时送出线路的全部感性无功损耗；风电场配置的感性无功容量能够补偿风电场送出线路的全部充电无功功率。

4. 风电场电压

并网点的电压偏差在其额定电压的-10%~+10%之间时，风电机组应能正常运行。

风电场应配置无功电压控制系统，根据电网调度部门指令，自动调节整个风电场的无功功率，实现对并网点电压的控制。当公共电网电压处于正常范围内时，风电场应当能够控制风电场并网点电压在额定电压的97%~107%范围内。

5. 风电场低电压穿越

风电机组在并网点电压跌至20%额定电压时能够不脱网连续运行625ms；并网点电压在发生跌落后2s内能够恢复到额定电压的90%时，风电机组能不脱网连续运行。图5-24为对风电场的低电压穿越要求。

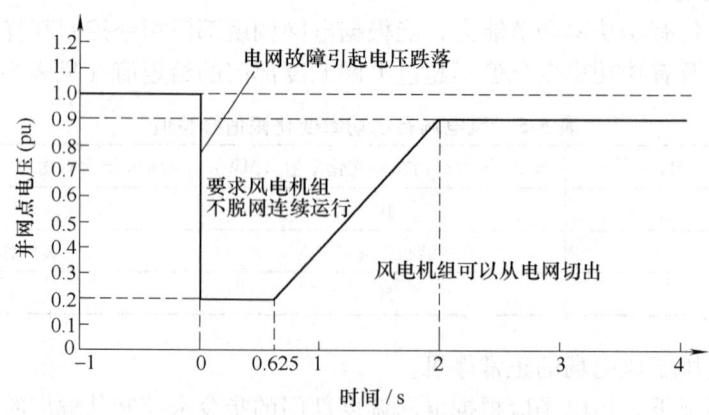

图5-24 风电场低电压穿越要求

当电网发生三相短路、两相短路、单相接地短路故障引起电压跌落，并网点线电压在图中电压轮廓线及以上区域内时，风电机组必须不脱网连续运行；风电场并网点任意一相电压低于或部分低于图中电压轮廓线时，场内风电机组允许从电网切出。

对电网故障期间没有切出电网的风电场，其有功功率在电网故障清除后应快速恢复，以每秒至少 10% 额定功率的功率变化率恢复至故障前的值。

6. 风电场运行频率

风电场可以在表 5-6 所示电网频率偏差下运行。

表 5-6　风电场在不同电网频率偏差范围下的允许运行时间

电网频率范围	要　　求
低于 48Hz	根据风电场内风电机组允许运行的最低频率而定
48~49.5Hz	每次频率低于 49.5Hz 时要求风电场具有至少运行 30min 的能力
49.5~50.2Hz	连续运行
高于 50.2Hz	每次频率高于 50.2Hz 时，要求风电场具有至少运行 2min 的能力，并执行电网调度部门下达的高周切机策略，不允许停机状态的风电机组并网。

7. 风电场电能质量

当风电场并网点的闪变值满足国家标准 GB 12326—2008《电能质量　电压波动和闪变》、谐波值满足国家标准 GB/T 14549—1993《电能质量　公用电网谐波》、三相电压不平衡度满足国家标准 GB/T 15543—2008《电能质量　三相电压不平衡》的规定时，风电场内的风电机组应能正常运行。

8. 风电场通信与信号

风电场的二次设备及系统应符合电力系统二次部分技术规范、电力系统二次部分安全防护要求及相关设计规程。

在正常运行情况下，风电场向电网调度部门提供的信号包括单个风电机组运行状态、风电场实际运行机组数量和型号、风电场并网点电压、风电场高压侧出线的功率和电流、高压断路器和隔离开关的位置、风电场的实时风速和风向等。

在风电场变电站需要安装故障记录装置，记录故障前 10s 到故障后 60s 的情况。该记录装置应该包括必要数量的通道，并配备至电网调度部门的数据传输通道。

9. 风电场接入电网测试

测试的基本要求包括：当接入同一并网点的风电场装机容量超过 40MW 时，需要向电网调度部门提供风电场接入电网测试报告；累计新增装机容量超过 40MW，需要重新提交测试报告。

测试内容包括：有功/无功控制能力测试，电能质量测试，包含电压波动、闪变与谐波；单个风电机组低电压穿越能力的测试及基于仿真的风电场低电压穿越能力的验证等。

思　考　题

1. 试从经济性和技术两方面，分析建设大型、特大型风电场的可行性和必要性。

2. 在本章的分析中，风电场的无功功率会影响电网电压。那么在风电场的内部，有功功率和无功功率对电压的影响是怎样的？

3. 人们对风电场的容量可信度有不同的见解，谈谈你对风电场容量可信度的认识，并设想一下，还有哪些可能用于风电场容量可信度评估的方法。

4. 对风电场接入电网的技术要求应该严格一些还是宽松一些，谈谈你的看法和建议。

第6章 风电场的直流输电与功率控制技术

教学目标：

理解柔性直流输电技术及其在风电场中的应用，掌握风电场中无功和电压控制的要求和方法，理解风电场低电压穿越的概念和意义，并了解有关的技术规定，对双馈式感应风电机组的低电压穿越技术有所认识，掌握风电机组的有功和频率特性，理解风电场的有功功率控制策略。

知识要点：

重要性	能力要求	知识点
***	了解	柔性直流输电技术及其在风电场中的应用
*****	理解	风电场无功、电压控制的要求和原则
***	认知	风电场无功、电压控制技术
****	理解	风电场低电压穿越的概念、意义
***	认知	双馈式感应风电机组的低电压穿越技术
***	理解	风电机组的有功和频率特性
****	了解	风电场的有功功率控制策略

重要术语：

柔性直流输电（VSC-HVDC，HVDC Flexible），无功补偿，电压控制，低电压穿越（过渡），频率调整

6.1 直流输电技术在风电场并网中的应用

风电场通过交流输电技术并网是技术上和经济上最简易可行的方法。当并网风电场为大规模海上风电场且离岸距离较远时，由于海底交流电缆的对地电容比架空线大得多，风电场交流并网方式受到海底交流电缆输电距离有限的约束，往往无法满足风电输送需要。于是直流输电技术有了用武之地。

6.1.1 直流输电概述

1. 直流输电的概念及应用

高压直流（High Voltage Direct Current，HVDC）输电以其独特的技术优势受到越来越多的关注。

要实现直流输电必须将送端的交流电变换为直流电（称为整流），而受端又必须将直流

电变换为交流电（称为逆变）。这两种电力变换统称为换流，需要有高电压、大容量的换流设备。

直流输电系统结构可分为两端直流输电系统和多端直流输电系统两大类。两端直流输电系统是只有一个整流站（送端）和一个逆变站（受端）的直流输电系统，它与交流系统只有两个连接端口，是结构最简单的直流输电系统。多端直流输电系统与交流系统有三个或三个以上连接端口。例如，一个三端直流输电系统包括三个换流站，可以有两个换流站作为整流站运行，一个作为逆变站运行，即有两个送端和一个受端；也可以有一个换流站作为整流站运行，两个作为逆变站运行，即有一个送端和两个受端。目前世界上已运行的直流输电系统大多为两端直流输电系统。

图6-1所示为两端直流输电系统示意图。两个换流站的直流侧分别接在直流线路的两端，换流站装有换流器和谐波滤波器，实现交流电和直流电之间的变换。换流器由一个或多个采用三相桥式换流电路的换流桥串联（或并联）组成。

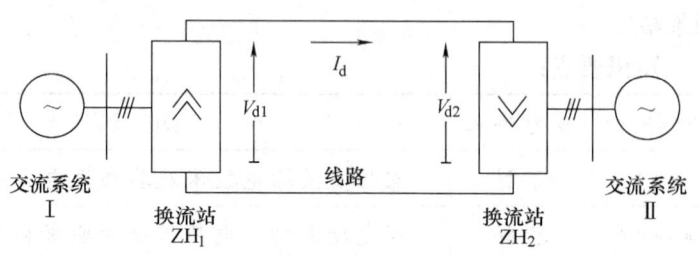

图6-1 直流输电系统示意图

HVDC 在远距离大功率输电、海底电缆送电、不同额定频率或相同额定频率交流系统的互联等场合得到了广泛应用。这主要是由于：

1) 直流输电两端的交流系统经过整流和逆变的隔离，无需同步运行，其输送容量和输电距离将不受电力系统同步运行稳定性的限制。一条500kV交流线路的自然功率为1000MW左右，在采取多种技术措施的情况下，输电能力充其量能够达到1500~2000MW，而一条±500kV直流输电线路输电能力通常为3000MW。

2) 直流输电可以实现不同频率、不同电压等级、非同步运行的电网间互联；并且不会增大所联交流电网的短路容量，即不增大断路器遮断容量。

3) 直流输电对输送的有功和无功功率可快速方便地进行控制（毫秒级），对交流系统的有功和无功平衡起快速调节作用，从而提高交流系统频率和电压的稳定性。

2. 直流输电与交流输电的比较

与三相交流线路不同，直流线路只需正、负两极导线，杆塔结构简单、线路造价低、损耗小。单位长度的直流线路所需的有色金属和绝缘材料可比交流线路输电节省1/3，即如果线路建造费用相同时，直流输电所能输送的功率约为交流输电功率的1.5倍；另一方面，在输送功率相同的条件下，直流线路导线电阻的功率损耗比交流线路的少1/3。直流输电在其线路走廊、铁塔高度、占地面积等方面，也比交流输电优越。此外，由于趋肤效应，大截面导线的交流有效电阻比直流电阻大，也增大了线路的功率损耗。同时，由于直流线路没有感抗和容抗，在线路上也就没有无功损耗。这是直流线路费用比较经济的基本原因。

电缆绝缘在直流和交流电压作用下的电位分布、电场强度和击穿强度都不相同。同样厚度的油浸纸绝缘电缆，用于直流时的允许工作电压比在交流下约高3倍，因此在有色金属和绝缘材料相同条件下，直流电缆输送的功率比交流电缆线路输送功率大很多。在一些工程中曾考虑把原有的交流电缆改用直流，输电能力可提高1.8~2.5倍。海上风电场必须用海底电缆线路长距离输电的情况下，采用直流电缆在投资上比采用交流电缆经济得多。

交流电缆线路的对地电容比架空线大得多，由此所引起的交流线路电容电流很大。随着电缆长度增加，电缆的电容也增加，所以长距离交流输电必须在线路两端安装无功补偿装置。当电缆容性电流将接近电缆的额定电流时，采用交流方式输电将不再经济，因此交流电缆的输送距离将受电容电流的限制，较长的海底电缆用交流输电实际上是不可能的。而直流电缆不存在电容电流，其输电距离将不受限制，有利于进行远距离送电。

但是直流输电系统两端的换流站设备比交流输电系统中的变电站复杂，有不少设备是交流变电站没有的，其中主要是直流断路器、换流器和滤波器。换流站设备造价比交流系统的变电站高，使目前直流输电技术应用的普及受到影响。

传统直流输电使用晶闸管换流器，在进行换流时要消耗大量的无功功率，每个换流站需装设无功补偿设备；换流器在运行中会在交流侧和直流侧产生谐波电流和谐波电压，还必须装设滤波器。但当采用新型高频可关断半导体器件（如 IGBT、IGCT、碳化硅元件等）和脉宽调制（PWM）技术进行换流时，无功补偿问题将会得到解决；换流器所产生的谐波会大幅度减低，滤波系统则可相应简化。

在输送功率相等和可靠性相当的可比条件下，直流输电和交流输电相比，换流站的投资比变电站的投资高，而直流输电线路的投资比交流输电线路的投资低。当输电距离增加到一定值时，采用直流输电其线路所节省的费用，刚好可以抵偿换流站所增加的费用，即交直流输电的线路和两端设备的总费用相等，这个输电距离称为交、直流输电的等价距离，如图 6-2 所示。

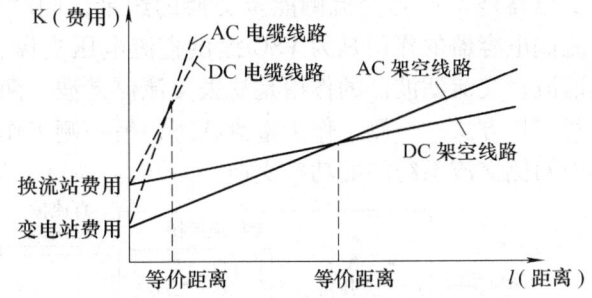

图 6-2　交流、直流输电的等价距离

通常情况下，当输电距离大于等价距离时，采用直流输电比采用交流输电经济；反之则采用交流输电比较经济。目前国际上的架空线路等价距离为 500~700km，电缆线路约为 20~40km。随着电力电子技术的发展，换流装置价格的下降，等价距离还会缩短。当然，输电系统采用交流或直流是由诸多因素决定的，等价距离不是唯一的因素。工程上的等价距离是在一定的范围内变化的（交流约 ±5%、直流约 ±10%）。

因此对于海上风电场或海岛风电场必须采用海底电缆送电，且当输电距离大于上述电缆线路的等价距离时，直流输电是可以作为可选方案之一进行可行性研究的。

6.1.2　基于 VSC 的柔性直流输电技术

1. VSC-HVDC 的概念

传统 HVDC 核心部件换流器采用的是半控型器件晶闸管，其关断必须借助于交流母线电压过零，使阀电流减小至阀的维持电流以下才能使阀自然关断，因此传统直流输电技术存在一些固有缺陷，主要表现在：

1）由于触发滞后角和熄弧角的存在及波形的非正弦，传统 HVDC 要吸收大量的无功功率，数值约为输送功率的 40%~60%，需要大量的无功补偿装置及滤波设备。

2）传统直流输电技术需要交流电网提供换相电流，要保证可靠换相，受端交流系统必须有足够的短路容量，否则会发生换相失败。因此，传统 HVDC 不能向无源网络输送电能。

这些固有的缺陷，只有采用全控型器件才能彻底克服。全控型器件的开关频率高、损耗小，关断由门极触发脉冲控制，换流站可以进行自换相，运行不需要借助外部电压源；VSC 结合脉宽调制技术（PWM），两侧交流电网的无功潮流可以独立控制，不需要无功补偿设备；且有功功率和无功功率控制相互独立。

这就是基于电压源换流器（Voltage Source Converter，VSC）的高压直流（简称 VSC-HVDC）输电技术。这种换流器的功能强、体积小、可减少换流站的设备、简化换流站的结构，也称为柔性直流输电（HVDC Flexible）或轻型直流输电（HVDC Light）。在风力发电、太阳能发电等新能源并网以及向海岛和边远地区（无交流电压支撑）输送电能等特殊场合下，VSC-HVDC 输电技术成为必不可少甚至是唯一的技术手段。

2. VSC-HVDC 的基本原理

VSC-HVDC 的双端拓扑结构如图 6-3 所示，每侧的电压源换流站主要包括：全控换流桥、换流变压器（有时可以由电抗器取代）、直流侧电容器和交流侧滤波器四部分组成。换流变压器是 VSC 与交流侧能量交换的纽带，同时也起到对交流电流进行滤波的作用；VSC 直流侧电容器的作用是为 VSC 提供直流电压支撑、缓冲桥臂关断时的冲击电流、减小直流侧谐波；交流滤波器的作用是滤去交流侧谐波。两侧的换流站通过直流输电线相连或采用背靠背连接方式，一侧工作于整流状态，另一侧工作于逆变状态，两个换流站协调运行，共同实现两侧交流系统间的功率交换。

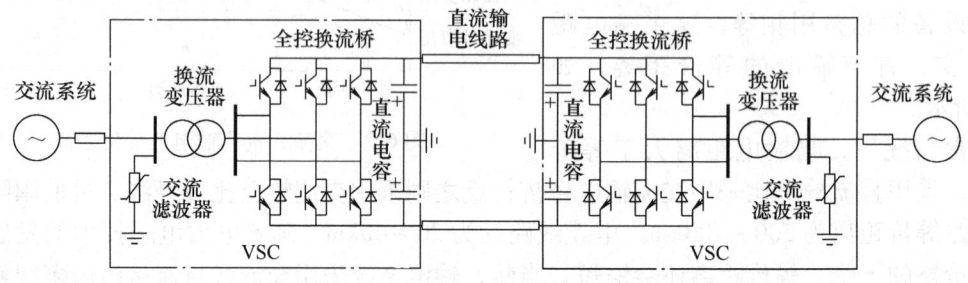

图 6-3 双端 VSC-HVDC 输电系统拓扑结构图

在 VSC-HVDC 中，由于 VSC 中的换流器件是全控型器件，因此它可以采用正弦脉宽调制（SPWM）技术，控制原理类似风电机组并网变流器。

忽略换流变压器（或换流电抗器）的电阻时，VSC 与交流系统间交换的有功功率和无功功率分别为

$$P = \frac{U_S U_0}{X}\sin\delta \tag{6-1}$$

$$Q = \frac{U_S(U_S - U_0\cos\delta)}{X} \tag{6-2}$$

式中，U_0、U_S 分别为 VSC 输出电压和母线电压基频分量的有效值，δ 为 u_0 领先 u_s 的相位差，X 为换流变压器和换流电抗器的电抗。

由式（6-1）可知，有功功率的传输主要取决于 u_0 领先 u_s 的角度 δ，当 $\delta<0$ 时 VSC 吸收有功功率，运行于整流状态；当 $\delta>0$ 时 VSC 输出有功功率，运行于逆变状态。因此，通过对 δ 角的调节就可以控制 VSC-HVDC 传输有功功率的大小和方向。

由式（6-2）可知，无功功率的交换主要取决于 VSC 交流侧输出电压的基波幅值 U_S，当 $U_S-U_0\cos\delta>0$ 时，VSC 吸收无功功率；当 $U_S-U_0\cos\delta<0$ 时，VSC 发出无功功率。因此，控制直流侧电压的幅值，就可以控制 VSC 吸收或发出的无功功率。

综上所述，采用 PWM 控制的电压源换流器，VSC-HVDC 不仅能够控制输送的有功功率，而且还可以同时控制换流站注入到交流系统的无功功率。

VSC 不仅不需要交流侧提供无功功率，还能为交流侧提供动态无功功率补偿，稳定交流母线电压；即在 VSC 容量范围内，VSC-HVDC 系统可向交流系统提供有功功率和无功功率双重支援，并能提高系统故障情况下的频率稳定性和电压稳定性。

值得注意的是，VSC-HVDC 稳态运行时，直流网络的功率必须保持平衡，即注入直流网络的有功功率必须等于直流网络输出的功率、换流桥和直流网络的功率损耗之和。必须有一个换流站采用定直流电压控制，以保证 VSC-HVDC 系统两站之间有功功率的平衡。

6.1.3 风电场经 VSC-HVDC 并网的工程应用

瑞典的 Gotland 岛直流工程和丹麦的 Tjaereborg 直流工程都是 VSC-HVDC 应用于风电并网的成功范例。

1. 瑞典 Gotland 岛 VSC-HVDC 工程

瑞典 Gotland 岛直流工程是风电场交直流混合并网工程，是世界第一个商业化运行的 VSC-HVDC 工程，主要用于风电场经过海底电缆并网，1999 年投入运行。

Gotland 岛不断增加的风电并网容量引起了无功电压问题，阻碍了风电场扩容及进一步接入电网，Gotland 直流工程解决了风电并网带来的无功和电压支撑问题。此工程选择 VSC-HVDC 的一个重要原因是建设另一条架空线路的请求难以得到批准，Gotland 岛直流工程以海底电缆输送电能，对环境的影响相对较小。

Gotland 岛 VSC-HVDC 工程如图 6-4 所示，同已有的 70kV/30kV 交流电网并行连接，在连接点 NAS 的交流侧短路容量不小于 60MVA。VSC-HVDC 的额定传输容量 50MW，直流电压 ±80kV，直流电流 350A，输电距离为 70km。至 2003 年，Gotland 岛已有风电装机 165 台，总装机容量 90MW，已达到 1997 年决定建 VSC-HVDC 工程时装机容量的 2 倍。

2. 丹麦 Tjaereborg VSC-HVDC 工程

丹麦 Tjaereborg 工程用于海上风电场并网，解决了由于波动的风电功率输出引起的风电并网的

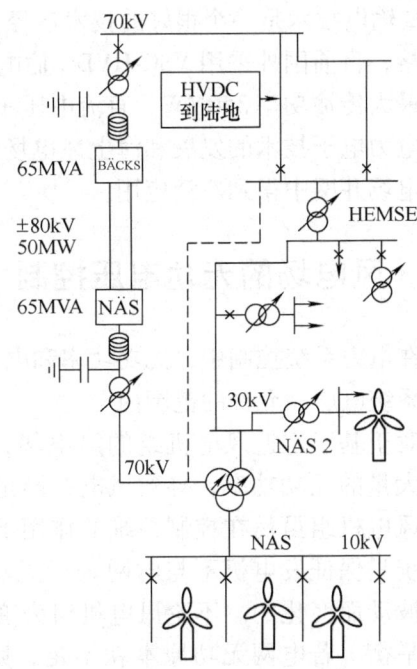

图 6-4 瑞典 Gotland 岛 VSC-HVDC 输电工程

无功/电压问题，2000年投入运行。此项工程是丹麦电力公司Energinet采用VSC-HVDC输电的示范工程，丹麦当时正计划建设5个海上风电场，每个风电场容量约150MW，并计划在未来30年内建设4000MW的海上风电场，占丹麦整个风电装机容量的40%~50%。

Tjaereborg工程VSC-HVDC直流电缆线路与已有的交流10.5kV电缆并联，最大传输功率7.2MW，直流电压±9kV，直流电流358A，直流海底电缆长度为4.3km×2，如图6-5所示。VSC换流器的交直流转换的核心部件采用的是全控型器件IGBT，采用PWM脉宽调制技术，开关频率1950Hz。为了研究和比较的方便，示范系统可以运行在以下三种方式：仅通过交流电缆的AC方式；仅通过直流电缆的DC方式；通过交直流电缆的AC与DC混合方式。

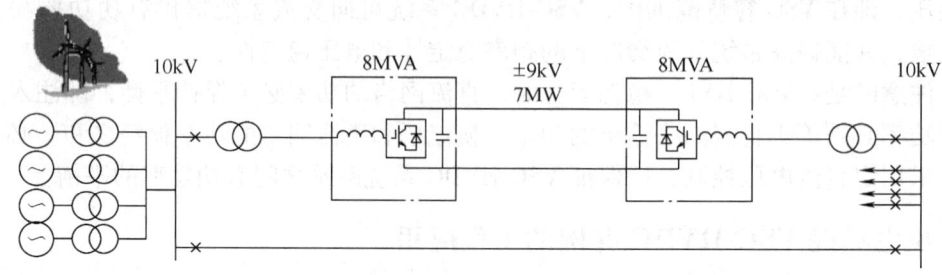

图6-5 丹麦Tjaereborg海上风电场VSC-HVDC并网工程

选择何种方式进行海上风电场并网，需要考虑各种风电并网方式的特点。总的来讲，交流传输并网方式结构简单、成本低，但是传输距离和容量受限，适合小容量、近距离的海上风电场并网，目前海上风电场由于规模都较小，一般采用交流电缆传输并网方式。但是对于额定容量达到几百兆瓦的大型海上风电场，由于交流电缆对传输容量的限制，采用VSC-HVDC输电技术是一个很好的技术途径。VSC-HVDC非常适合于海上风电场与岸上电网的并网连接，目前国外采用VSC-HVDC输电系统的传输容量最大的项目是爱沙尼亚的Estlink工程：最大传输功率350MW，直流电压±150kV，用于电能交易和电网互联，于2006年投运。随着电力电子技术的发展和海上风电场开发成本的降低，VSC-HVDC将会在海上风电场或海岛风电场并网中得到广泛应用。

6.2 风电场的无功电压控制

在电力系统控制中，无功功率和电压关系非常密切，系统中的无功功率必须保持平衡以确保系统电压在允许的范围内。

对于基于定速风电机组的风电场，定速风电机组在送出有功功率的同时需要从电网吸收大量的无功功率，导致风电并网地区的电压稳定性降低。采用双馈或永磁发电机的变速风电机组虽然在控制系统的作用下可以运行在$\cos\varphi=1.0$的恒功率因数模式下，但控制系统只保证发电机不与电网进行无功交换，而电网的无功损耗是随着风电机组有功出力的波动而变化的。不论风电机组为变速型或定速型，并网风电场都会影响电网的无功功率平衡，若电网无功原本就不足，则会扩大电网的无功缺额、恶化无功状况、降低电网电压水平。

6.2.1 风电场无功电压控制的要求和原则

为满足风电机组自身和电网对并网风电场的要求，必须采取措施改善并网风电场的无功电压特性。

1. 相关要求和规定

作为并网运行电源，风电场必须满足电网对无功电压调节的一系列规定。

DL755—2001《电力系统安全稳定导则》要求"电网的无功补偿应以分层分区和就地平衡为原则，并应随负荷（或电压）变化进行调整，避免经长距离线路或多级变压器传送无功功率"。

SD 325—1989《电力系统电压和无功电力技术导则》（试行）对各电压等级的电压允许偏差做出了规定，并要求"电力系统的无功电源与无功负荷，在高峰或低谷时都应采用分（电压）层和分（供电）区基本平衡的原则进行配置和运行，并应具有灵活的无功电力调节能力与检修备用"。

国家电网公司企业标准 Q/GDW 392—2009《风电场接入电网技术规定》中要求："风电场应配置无功电压控制系统；根据电网调度部门指令，风电场通过其无功电压控制系统自动调节整个风电场发出（或吸收）的无功功率，实现对并网点电压的控制，其调节速度和控制精度应能满足电网电压调节的要求"，"当公共电网电压处于正常范围内时，风电场应当能够控制风电场并网点电压在额定电压的97%～107%范围内"。

2009年在中国-丹麦合作项目"风能发展—WED"的资助下，又对国家标准《风电场接入电力系统技术规定》进行了修订和补充。目前，风电并网国家标准 GB/T 19963—2011《风电场接入电力系统技术规定》对风电场并网点的电压偏差范围做出了规定，并要求"风电场应配置无功电压控制系统，具备无功功率调节及电压控制能力。根据电力系统调度机构指令，风电场自动调节其发出（或吸收）的无功功率，实现对风电场并网点电压的控制，其调节速度和控制精度应能满足电力系统电压调节的要求。当公共电网电压处于正常范围内时，风电场应当能够控制风电场并网点电压在标称电压的97%～107%范围内"。

目前，国内大型风电场接入电网的无功调节原则可归结为，风电机组自身调节与电网补偿相结合，容性无功补偿与感性无功补偿配合应用。

2. 风电场无功补偿的基本原则

（1）正常运行方式下满足无功就地平衡原则。风电场正常运行方式下运行状态的变化会对电网的无功分布造成影响，表现为风电场出力较低时，线路轻载，充电功率过剩向电网注入无功；风电场出力较高时，线路充电功率小于风电场与网络元件消耗的无功功率，风电场从电网吸收无功。为了降低并网风电场对电网原有无功平衡方案的影响及减少无功远距离传输导致的输电网架的有功损耗，并参与维持电网电压水平，应利用无功补偿设备就地平衡风电场无功功率的损耗。

（2）事故方式下满足动态无功平衡和快速无功调节需求。电网发生大扰动事故后（如三相短路故障），需要重新建立新的平衡点，伴随着大量的潮流转移，系统电压可能会出现大幅度的跌落，而有功平衡过程中需要系统中的电源发出动态无功提供电压支持。风电场无功调节应尽量具备满足动态无功平衡和快速无功调节的需求。

风电场的无功容量配置实际上很难给出精确的范围，因为这取决于风电场总容量及所接入电网的特性和并网点位置。一般而言，在系统故障情况下需要风电场具有足够的无功容量以支持电压恢复至正常水平，其容量的大小与风电所接入的电网强度有密切关系。

常用 $P-V$ 曲线描述风电场出力变化对电网节点电压的影响，$P-V$ 曲线还可作为风电场无功/电压调节的依据。

3. 风电场电压调节的基本原则

（1）正常运行方式。根据 $P-V$ 曲线，找出对风电场出力变化最敏感的母线，重点观察该母线的电压变化情况，并兼顾其他关键节点的电压水平。保持正常运行方式下电网关键节点电压在适当范围，是无功补偿设备的控制目标。

（2）事故方式下。电网大扰动事故后，风电场并网点电压应以最快速度恢复，并尽可能对电网提供无功支持，加快系统电压恢复。

4. 无功/电压调节方法

应用各种无功补偿设备是无功/电压调节最有效的技术方案。用于风电场并网的常用无功补偿设备有并联电容器和并联电抗器、静止无功补偿器和静止同步补偿器、同步调相机等。

调节有载调压变压器的分接头位置也可以起到调节无功/电压的作用。改变变压器高压侧分接头的位置调节低压侧电压，可以支持低压网络的电容器组和线路充电，并减小较低电压网络的无功损耗。但系统无功功率不足时，采用调节有载调压变压器分接头来提高电压会扩大电网的无功缺额，导致整个电网的电压水平更加下降。

需要说明的是，进行无功调节时，应首先应用无功补偿装置如并联电容器/电抗器、SVC 或 STATCOM 等进行调节，在补偿装置不能满足要求时，才调整风电场升压变压器分接头，以减少分接头调整次数，降低故障率。

6.2.2 风电场的无功电压控制技术

1. 并联电容器组/电抗器调节方案及应用

并联电容器/电抗器是目前风电场无功电压调节最基本的方法。将电容器/电抗器连接成若干组，根据风电场出力水平与电网节点电压变化规律确定每组容量，分组投切，实现无功功率的不连续调节，以保持电网关键节点电压处于适当范围为控制目标。

并联电容器/电抗器的控制策略为，根据风电场电压的变化，按照确定的步长投退补偿装置。步骤可归结为：

1）风电场低出力水平时，若节点电压接近上限，则投入一定容量的电抗器。

2）随着风电场出力增加，节点电压下降至下限附近，首先退出电抗器。

3）风电场出力持续增加，节点电压再次接近下限时，投入电容器；按此原则，直至风电场满发时节点电压都处于规定的范围内。

不同的电网结构和运行方式，控制策略可能会存在差异，但根据风电场出力变化，分组投切并联电容器/电抗器，调节节点电压的原则是不变的。

例 6-1：设某风电场额定容量为 100MW，基于双馈感应发电机的变速风电机组风电场 a）和同容量的基于定速风电机组的风电场 b），在风电场升压变压器低压侧采用投切并联电容器/电抗器调节方案后的 $P-V$ 曲线，如图 6-6 所示。

图 6-6a 中，风电场用的是恒功率因数控制的基于 DFIG 变速风电机组。在有功出力分别达到 85% 及 98% 左右时，各投入 5Mvar 的电容器即可满足风电场满发时有功的送出；而在图 6-6b 中，基于定速风电机组的风电场从其出力达到 78% 左右开始，随着有功出力增加，分 4 次、每次投入 5Mvar 电容器，才可满足风电场满发时有功的送出。可见，以同容量风电场满发时，母线电压满足要求为控制目标，基于 DFIG 变速风电机组的风电场所需补偿容量小于基于定速风电机组风电场的补偿容量。

需要说明的是，电力系统一般以典型的最大运行方式和最小运行方式考虑无功平衡的上下限容量配置，并根据确定的发电计划和运行方式，进行无功平衡。风电场出力受自然风影响波动较大，在某些情况下会对系统原有

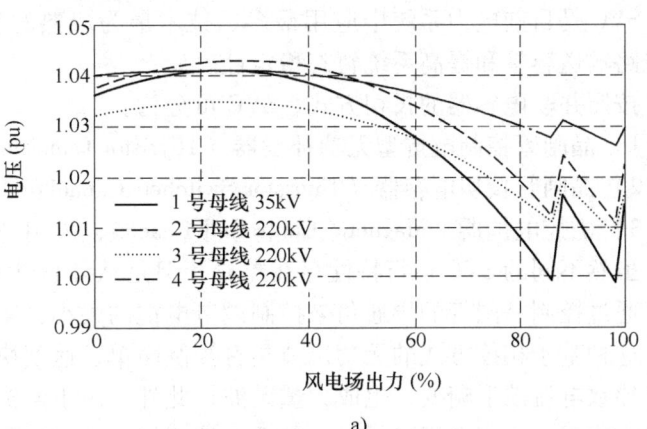

a)

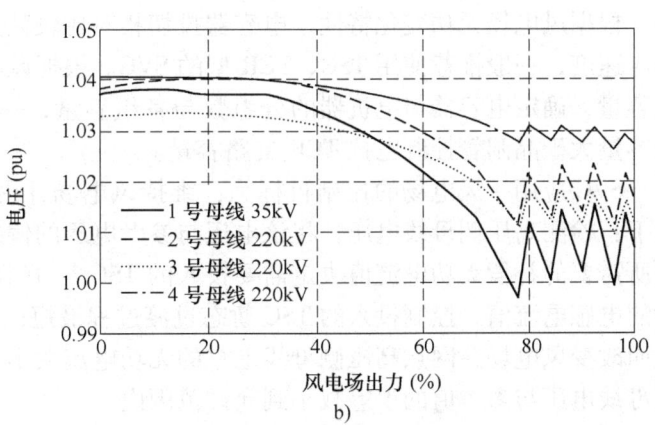

b)

图 6-6 风电场采用投切并联电容器/电抗器的 $P-V$ 曲线

的无功补偿方案造成影响。例如，系统最小方式运行时，潮流较轻，线路充电功率剩余，一般补偿感性无功，无功备用也考虑感性无功备用；而风电场在系统最小运行方式时可能处于高出力水平，基于定速风电机组的风电场在高出力水平时需要从电网中吸收相对较多的无功功率，会降低电网电压水平，当某些母线电压因此接近下限时，就需要退出某些电网中原有的感性无功补偿设备。风电场无功/电压调节，除了自身调节外还需要电网补偿方案的配合。

并联电容器/电抗器因为开关合闸速度太慢，电网故障期间不能提供快速无功支持，对维持风电场暂态电压稳定的作用不大。这是并联电容器/电抗器用于风电场无功/电压调节的最大不足之处。

其他的固有局限性包括：输出无功功率与电压的二次方成正比，在系统低电压期间无功的输出反而降低；机械式投切并联电容器/电抗器一般都采用手动控制，可能出现误操作；此外，由于机械开关可靠重复投切次数有限，频繁投切会降低开关运行寿命，并影响器件工作特性，这一调节方案可靠性比较差。根据风电场无功补偿方案，风电场并联电容器与电网并联电抗器可能同时挂网运行，若两者距离较近，需要做好通信工作，防止发生谐振。按照分组投切原则，某些极端情况下，如阵风作用下，风电场的出力会在很短的时间内发生骤增，会发生欠补偿或过补偿。

2. 静止无功补偿器（SVC）调节方案及应用

SVC 是目前电力系统中应用最多、技术最为成熟的动态无功补偿设备，主要应用于提高线路输送容量和提高系统暂态稳定性。

按照并联电容器的投切方式，SVC 可分为：

1) 晶闸管控制电抗型无功补偿器（Thyristor Controlled Reactor，TCR）。
2) 晶闸管投切电容器（Thyristor Switched Capacitor，TSC）。
3) 磁控电抗器（Magnetic Controlled Reactor，MCR）等。

虽然不同的 SVC 运行特性存在差异，但是从外特性来看，都可以看做是并联型可控阻抗，通过控制晶闸管的导通角来控制调节电抗的大小，实现控制其吸收的无功功率大小的目的。这种基于相控方式的无功调节具有控制简单、速度快的优点。但是，这种基于相控的方法会导致电流波形畸变，生成大量谐波；此外，由于电抗器吸收的无功功率与接入点的电压二次方成正比，当电压降低时，其无功控制能力大大削弱。

根据风电场无功变化特性，电容器投切相对比较频繁，为了保证无功功率补偿可靠性与响应速度，一般推荐使用 TSC、TCR 型的 SVC。根据风电场接入电网的网络强度与风电场装机容量，确定电容器与电抗器的分组数与各组容量，一般应保证晶闸管投切电容 TSC 支路的容量大于晶闸管控制电抗 TCR 支路容量。

SVC 应用于风电场的控制目标为：维持风电场并网点高压侧母线电压恒定。控制策略如下：检测高压侧母线电压，将该电压与参考电压的偏差作为控制器的输入信号，控制器根据所需要的补偿无功电流值决定需要投入的 TSC 与 TCR 支路的数目，同时计算出抵消过补偿的电感电流值；控制投入的 TSC 暂态过渡过程最短；通过触发延迟角控制 TCR 输出电流，从而改变风电场并网点高压侧母线上总的无功电流大小，调节线路和变压器的压降，直到高压母线电压与参考值的误差减小到允许范围内。

为了保证容性的无功备用容量，SVC 可以决定在正常工作条件下附近其他并联电容器组和电抗器的机械开关是否闭合。采用 SVC 补偿方案后，可以减少电网其他节点补偿设备动作次数，提高补偿效率，SVC 连续可调的特点保证了不会出现过补偿和欠补偿，实现平缓控制。

目前，国内某风机制造商针对其 750kW 的定速风电机组并网要求开发了专用的 SVC，已投放市场。该产品为晶闸管投切电容器——磁控电抗器型无功补偿器（TSC-MCR SVC），有 380kvar 和 460kvar 两种规格。其中 TSC 部分能够快速响应风电机组在各种工况下无功需求的变化，通过晶闸管的控制投入容性无功，而 MCR 则可以通过对并联的电抗器的控制，实现对无功的快速、精确、平滑的无级调节，通过 TSC 和 MCR 的配合使其补偿精度达到 0.5kvar。图 6-7 给出了它的系统原理框图。

相对于 SVC 在风电场正常运行方式下对无功/电压的调节作用，SVC 更大的优势体现在电网大扰动故障后，对维持风电场暂态电压稳定性的作用。机械式投切并联电容器/电抗器补偿方案，因为合闸速度较慢，对维持暂态电压稳定性的作用不大。

例 6-2：装有定速风电机组的风电场接入某实际电力系统，风电场升压变低压侧采用并联电容器/电抗器补偿方案，在电网侧发生三相短路故障后（故障发生 0.1s 后线路保护动作切除故障线路，考虑故障线路的重合闸，线路跳闸 1s 后重合闸成功），风电场各相关状态量的变化曲线如图 6-8 所示。图中 P_E 为风电场有功出力、ω_r 为感应发电机转速、Q 为风电场

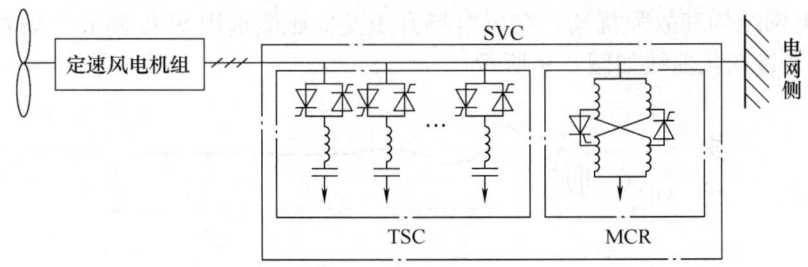

图 6-7　某定速风电机组专用 SVC 装置原理框图

与电网交换的无功功率、U 为风电场并网点高压侧母线电压、β 为叶片桨距角、P_M 为风力机机械功率。

由图 6-8，电网侧发生三相短路故障后，机械式投切并联电容器/电抗器因为合闸速度慢，不能提供快速无功支持，风电机组机端电压未恢复到保证感应发电机维持动态稳定的水平，发电机转速增幅振荡直至超速，机端电压崩溃无法重建；若风电机组低电压保护或超速保护未正确动作，会导致风电场并网点电压失去稳定，风电场暂态电压失稳。

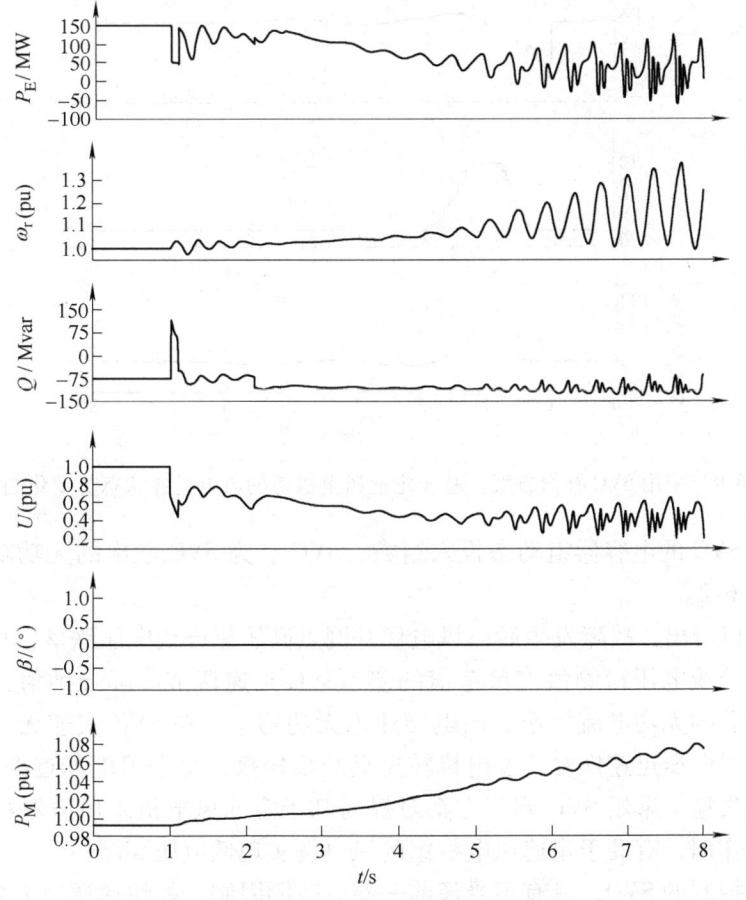

图 6-8　采用机械式投切并联电容器/电抗器补偿方案，基于定速风电机组的风电场各状态量变化曲线

例 6-3：装有定速风电机组、与例 6-2 同容量的风电场接入某实际电力系统，采用与

例6-2同样的电网结构和故障扰动，在风电场升压变低压侧选用SVC调节方案时，风电场与SVC各相关状态量变化曲线如图6-9所示。

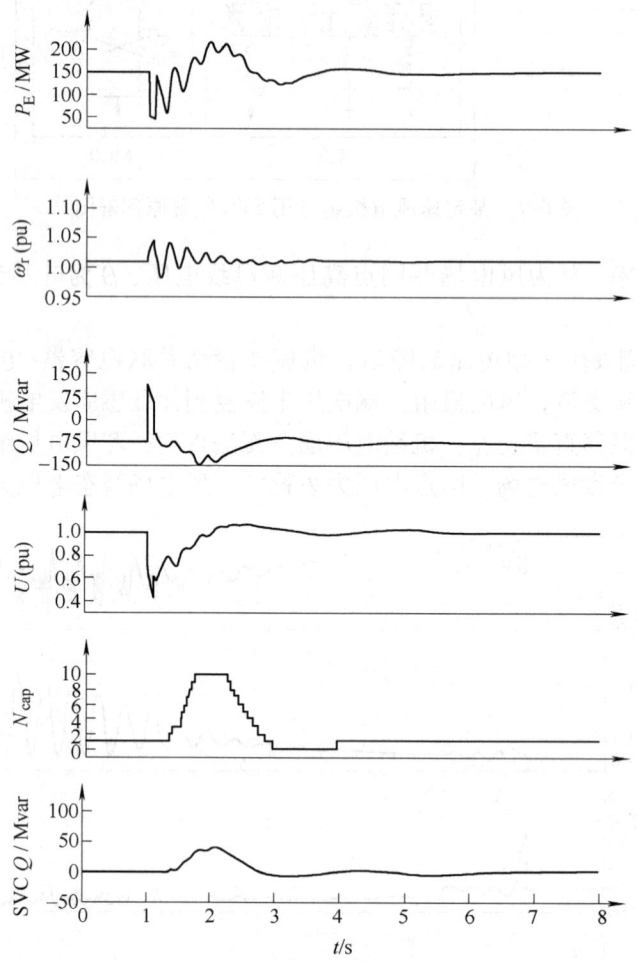

图6-9 采用SVC补偿方案，基于定速风电机组的风电场各状态量变化曲线

图中 N_{cap} 为SVC的电容器组动态投入组数，SVC Q 为SVC发出的无功功率，其余状态量参数含义同例6-2。

由图6-9可以看出，故障发生后，风电场并网点高压侧母线电压跌落，按照控制策略要求，根据高压侧母线电压检测值与参考值的差，SVC迅速调节实际导纳值，改变风电场并网点高压母线上总的无功电流大小，向电网注入无功功率。在SVC快速无功支持下，故障结束后高压侧母线电压迅速恢复，发电机转速呈减幅振荡，整个风电场逐渐恢复稳定运行，未发生暂态电压失稳。采用SVC调节方案对提高基于定速风电机组风电场的暂态电压稳定具有非常积极的作用，有助于定速风电机组的风电场实现低电压穿越。

基于晶闸管控制的SVC，具有不受超前—滞后范围限制、能快速调节无功功率、投切电容器不受暂态过程限制、控制简单等优点。由于并联电容器/电抗器发出/吸收的无功功率与接入母线电压的二次方成正比，当电压降低时，SVC对无功的控制作用将有所削弱。本例中，容量100Mvar的SVC在母线低电压期间只能提供约50Mvar的有效无功。此外，在增压极限处，SVC 将变成普通电容器组，当系统电压崩溃临界值变成由 SVC 控制的电压时，一旦 SVC 达到增压极限，也容易发生电压失稳。

3. 静止同步补偿器（STATCOM）调节方案及应用

STATCOM 是一种更加先进的静止型无功补偿装置，具有比 SVC 更快的响应速度，更宽的运行范围，尤其重要的是，电压较低时仍可以向电网注入较大的无功电流。

STATCOM 的主体是一个电压源型逆变器，逆变器交流侧通过电抗器或变压器并联接入电网，适当控制逆变器的输入电压就可以灵活地改变 STATCOM 的运行工况，使其处于容性负荷、感性负荷或零负荷状态。

图 6-10 为 STATCOM 的原理示意图，其中直流侧为储能电容，为 STATCOM 提供直流电压支撑，逆变器主要功能是将直流电压变换为交流电压，而交流电压的大小、频率和相位可以通过控制电力电子开关的驱动脉冲进行控制。连接变压器将逆变器输出的电压变换到与系统电压等级相同，从而使 STATCOM 可以并联到电力系统中。

整个 STATCOM 相当于一个电压大

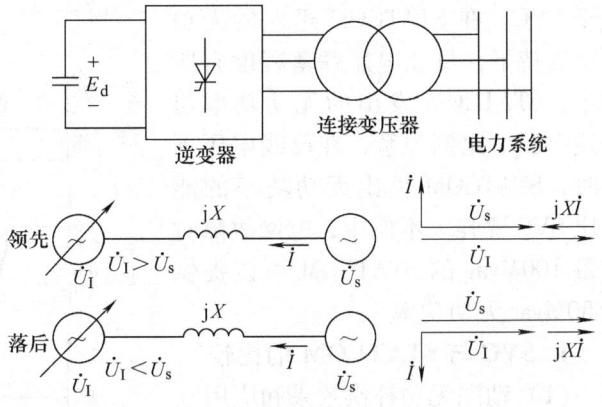

图 6-10 STATCOM 调节无功的原理示意图

小可以控制的电压源，设系统电压为 $\dot{U}_s$，STATCOM 输出电压为 $\dot{U}_I$，连接电抗为 X，则 STATCOM 吸收的电流为

$$\dot{I} = \frac{\dot{U}_s - \dot{U}_I}{jX} \tag{6-3}$$

STATCOM 吸收的复功率为

$$\bar{S} = \dot{U}_s \dot{I}^* = \dot{U}_s \frac{\dot{U}_s^* - \dot{U}_I^*}{-jX} \tag{6-4}$$

通常情况下，STATCOM 吸收的有功功率可忽略不计，其输出电压 $\dot{U}_I$ 与 $\dot{U}_s$ 相位相同，因此 STATCOM 吸收的无功功率为

$$Q = I_m(\bar{S}) = I_m \left(\dot{U}_s \frac{\dot{U}_s^* - \dot{U}_I^*}{-jX} \right) = \frac{U_s - U_I}{X} U_s \tag{6-5}$$

当控制 STATCOM 输出电压使其小于系统电压（即 $U_I < U_s$）时，STATCOM 吸收的无功功率 $Q > 0$，此时 STATCOM 相当于电感；当控制 STATCOM 输出电压使其大于系统电压（即 $U_I > U_s$）时，STATCOM 吸收的无功功率 $Q < 0$，此时 STATCOM 相当于电容。STATCOM 输出电压 $\dot{U}_I$ 的大小可以连续快速地控制，因此 STATCOM 吸收的无功功率可以连续地由正到负快速地调节。

例 6-4：与例 6-2、例 6-3 同容量的风电场，装有定速风电机组，接入某实际电力系统，电网结构和故障扰动与例 6-2 和例 6-3 相同，在风电场升压变低压侧采用 STATCOM 调节方案时，风电场与 STATCOM 各相关状态量变化曲线如图 6-11 所示。

图 6-11 中 U_{dc} 为 STATCOM 的直流电压，Q 为 STATCOM 发出的无功功率，其余状态量参数含义同例 6-2。

比较图 6-9 与图 6-11，电网故障瞬间，STATCOM 以近乎阶跃的方式向电网注入无功功率，响应时间明显快于 SVC。在 STATCOM 迅速的无功功率支持下，母线电压跌落程度有所减小；STATCOM 发出的无功功率与母线电压呈比例关系，在母线电压下降时，STATCOM 输出无功功率的能力比 SVC 要强。本例中，电网故障时容量 100Mvar 的 STATCOM 可以提供约 80Mvar 无功功率。

4. SVC 与 STATCOM 的比较

（1）动态无功补偿效果和应用

SVC/STATCOM 可以提供动态无功功率用以在暂态过程中支撑电网交流电压以满足并网要求，能够在几个周波内对交流电压的变化做出响应，其快速响应特性可以减少系统故障时风电场电压跌落，增强了风电场的故障穿越能力；抑制电网故障清除后的过电压，降低由过电压导致的风电场切机的风险。

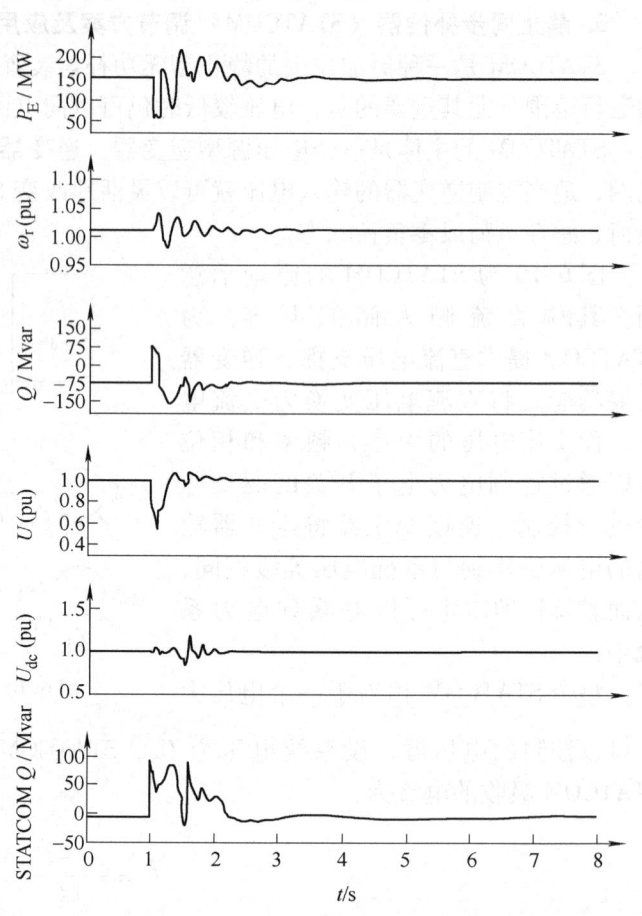

图 6-11　采用 STATCOM 补偿方案，
基于定速风电机组的风电场各状态量变化曲线

正常运行方式下，恒功率因数控制的 DFIG 变速风电机组的运行特性与定速风电机组相比，只是无功功率需求量小于后者，所以采用 SVC/STATCOM 调节方案时，与用于图 6-11 中所示的定速风电机组风电场的调节效果相仿。

SVC/STATCOM 等动态无功补偿设备最大的优点在于：电网故障期间可以提供快速无功支持，提高发电机机端电压，改善风电场暂态电压稳定性。而基于 DFIG 变速风电机组的风电场也可以通过充分发挥风电机组自身控制系统的作用，改善风电场的暂态电压特性。通过风电机组自身控制的作用不能满足系统要求时，采用 SVC/STATCOM 调节方案将具有更积极的作用。

（2）SVC 与 STATCOM 的不同特点

1）无功功率特性。SVC 输出的无功功率与系统电压的平方成正比；而 STATCOM 是通过改变输出电压调节其输出的无功功率，其输出的无功功率与系统电压成比例。因此在系统电压降低时，STATCOM 输出的无功功率与系统电压成比例下降，其输出无功功率的能力比

SVC 强。电力系统出现故障后,主要表现为低电压,因此可认为 STATCOM 的无功功率特性比 SVC 要好,在提高风电场暂态稳定极限方面也比 SVC 更有利。

2) 阻抗特性。SVC 接入电力系统后有可能改变原系统的阻抗特性,因此如果计划在系统中某些节点安装 SVC,除研究 SVC 投入后对提高系统安全稳定性的作用外,还必须研究系统在 SVC 接入前后阻抗特性的变化,防止 SVC 接入后因改变系统阻抗特性而引起谐振;而 STATCOM 由于可以等效为可控电流源,接入系统后不会改变系统的阻抗特性,不存在谐振问题。

3) 谐波问题。SVC 中的 TCR 部分由于晶闸管的开通会产生谐波,因此 SVC 装置应安装滤波器或在其 TSC 支路增加滤波功能;而 STATCOM 逆变器输出的电压谐波很低,一般不需要安装滤波器。

4) 响应速度。SVC 的 TCR 部分采用的是不可关断晶闸管,一旦晶闸管导通,必须等电流过零才能自然关断,因此从 SVC 控制系统发出指令到晶闸管响应的最大延时为 10ms(半周期),加上 TCR 本身的过渡过程,整个 SVC 的响应时间约为 50~60ms;而 STATCOM 为可控电流源,其延时主要是装置的固有时间常数造成的,响应时间为 20~30ms 左右,基于 PWM 调制的 STATCOM,响应速度可以在 10ms 左右。因此总的来说 SVC 和 STATCOM 响应速度都很快,但 STATCOM 响应更快些。

5) 占地面积。SVC 装置采用较大容量的电容器和电抗器,因此整个 SVC 装置的占地面积比较大;而 STATCOM 装置则无需大容量的电容器和电抗器,占地面积较小,同容量的 STATCOM 装置的占地面积仅为 SVC 装置的 1/3。

6) 制造成本。SVC 采用一般的晶闸管,而 STATCOM 采用门极可关断晶闸管及其他可关断器件,可关断器件的价格比较贵,同容量 STATCOM 的成本比 SVC 成本高,这是目前 SVC 得到普遍应用而 STATCOM 只在某些要求更高的场合应用的原因。

6.3 风电场低电压穿越能力

风电场的低电压穿越(Low Voltage Ride Through, LVRT)能力,是指"当电力系统事故或扰动引起并网点电压跌落时,在一定的电压跌落范围和时间间隔内,风电场能够保证不脱网连续运行的能力",即在电网发生三相短路故障或不平衡短路故障时,风电场在规定的故障清除时间内保持暂态稳定,保持机组不间断并网运行的能力。理想情况下,风电场在低电压穿越过程中具有向电网提供无功电流帮助系统恢复电压的能力。

6.3.1 大规模风电场具备低电压穿越能力的必要性

早期风电机组一般采用定速异步发电机技术,无法提供主动励磁,电网故障时机端电压难以建立,若风电机组继续挂网运行,将会影响电网电压恢复,因此电网发生故障出现电压跌落时,一般都是采取切除风电机组的方法来处理。当电网内风电装机比例较低时,允许风电场在电网发生故障及扰动时切除,不会引起严重后果。

本章例 6-2、例 6-3、例 6-4 中,介绍了在电网故障扰动的情况下,在风电场升压变低压侧采取无功补偿措施,故障期间可以对电网提供快速无功支持,提高发电机机端电压,改善风电场暂态电压稳定性。

电网大扰动事故后，系统电压可能会出现大幅度的跌落。当有风电场接入电网时，希望风电场并网点电压能以最快速度恢复，并尽可能对电网提供无功支持，加快系统电压恢复。风电装机比例较高时，尤其在高风速期间，由于输电网故障引起的大量风电切除会导致系统潮流的大幅变化，甚至可能引起大面积停电，带来系统频率稳定问题。大规模风电场低电压穿越能力的实现有利于系统有功平衡及提高局部无功电压支撑能力。

例 6-5：2006 年 11 月 4 日 22：10，欧洲电网发生大面积停电事故，UCTE 电网解列为 3 个区域，各个区域发供电严重不平衡，相继出现频率过低或过高的情况。事故影响范围广泛，波及法国和德国人口最密集的地区以及比利时、意大利、西班牙、奥地利的多个重要城市，大多数地区在半小时内恢复供电，最严重的地区停电达一个半小时。整个事故损失负荷高达 16.72GW，约 1500 万用户受到影响。

故障前，UCTE 电网总发电出力为 274.1GW，其中风电出力约 15 000MW，占总出力的 5.5%。事故主要原因为一条 380kV 线路因过电流而保护动作跳闸，潮流方向转移，并导致整个 UCTE 电网多条联络线连锁跳闸。

UCTE 电网运行着大量的风电机组，这些机组大多直接接入配电网，不受电网调度（Transmission System Operator，TSO）直接控制。一般风电机组最低运行频率是 49.5Hz，事故后风电机组纷纷跳闸。到 23：00，西部地区共损失风电出力 4142MW，导致系统频率进一步降低。系统频率和电压恢复后，大量风电机组又自动并入电网运行。由于 TSO 对这些机组没有必要的监控手段，风电的随意接入影响了系统的功率平衡和潮流分布，使系统存在严重的停电范围扩大的风险。虽然这次大停电事故不是因为风电引起，但在事故后处理和恢复过程中，风电有一定的负面作用。

国内大型风电场也发生过电网故障而引起大面积风电场切机的情况。其主要原因是风电场安装的基于 DFIG 的变速风电机组没有低电压穿越能力，由于变频器对电网电压跌落的敏感而引起风电机组切除。电网发生故障时风电场并网点电压跌落的严重程度与此节点距离电网故障点的电气距离远近、此节点固有的无功电压支撑能力密切相关，因此不同电网中对风电机组低电压穿越能力要求的高低也不一样。

同时电网发生电压跌落对风电场也有负面影响，风电机组的机械、电气功率不平衡会影响其稳定运行，暂态过程导致发电机中出现过电流，可能损坏风电机组的电气器件及变流器；附加的转矩、应力可能损坏风电机组机械部分等。

6.3.2 国外风电场低电压穿越技术要求

需要说明的是，本小节所提及的风电场电压均指风电场升压变高压侧母线电压。

永久性三相短路故障或不平衡接地故障，会使故障点处故障相电压降到零。零电压的持续时间取决于当地保护和断路器的动作时间。

针对风电场的低电压穿越能力，丹麦、德国、美国、加拿大等国对接入电网的风电场都提出了相应的要求。

1. 加拿大风电场接入电力系统技术规定

加拿大风电场接入电力系统技术规定（CanWEA Base Code），对风电场低电压穿越能力的要求是硬性规定（如图 6-12 所示），但是各省各地可以根据实际情况做相应修改。具体包括：

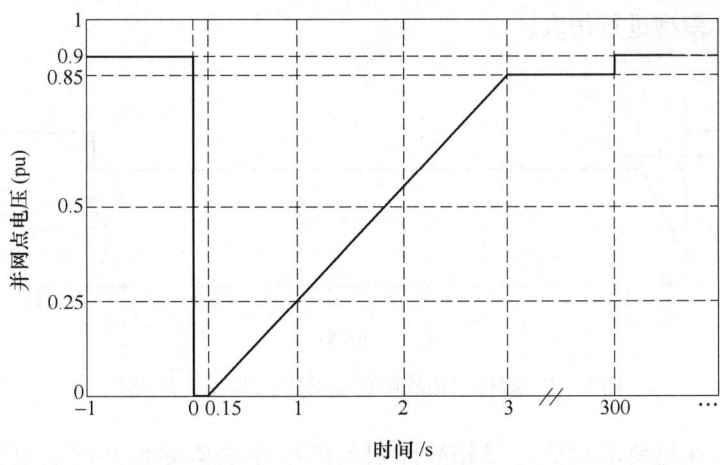

图 6-12　加拿大风电场低电压穿越标准

1) 在电压跌至零电压时风电场有能够维持并网运行 150ms 的低电压穿越能力；

2) 风电场电压在发生跌落后 3s 内从零恢复到额定电压的 85%、在 300s 内恢复到 90% 时，风电场必须保持并网运行（任何时间，只要电压值不低于图中的电压曲线）。

2. 美国风电场接入电网技术规定

美国 2005 年 6 月提出的风电场接入电网的技术标准（FERC Order No. 661）中对风电场低电压穿越能力的要求如图 6-13 所示，即：

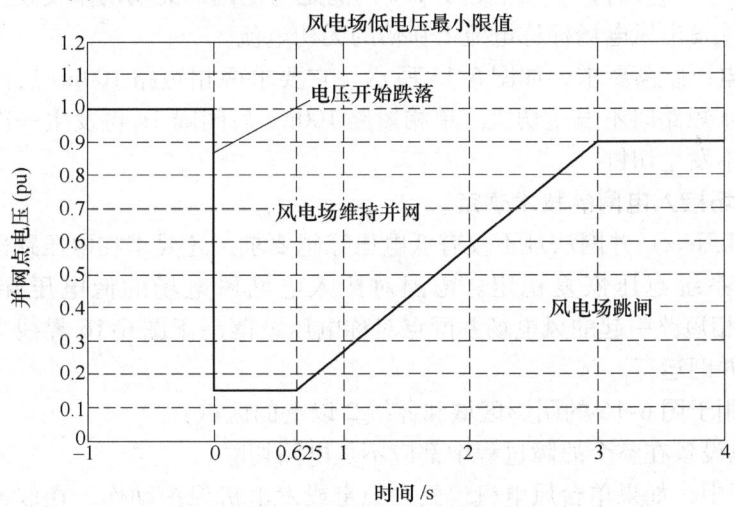

图 6-13　美国风电场低电压穿越标准

1) 在电压跌至 15% 额定电压时风电场必须能够维持并网运行 625ms 的低电压穿越能力。

2) 电场电压在发生跌落后 3s 内恢复到额定电压的 90% 时，风电场必须保持并网运行（任何时间，只要电压值不低于图中的电压曲线）。

3) 风电场电压不低于额定电压的 90% 时，风电场必须不间断并网运行。

3. 丹麦风电场接入电网技术规定

丹麦规定了风电场对单相、两相和三相故障的要求，如图 6-14 所示。进行性能审批时，要求以有效的仿真模型进行仿真。

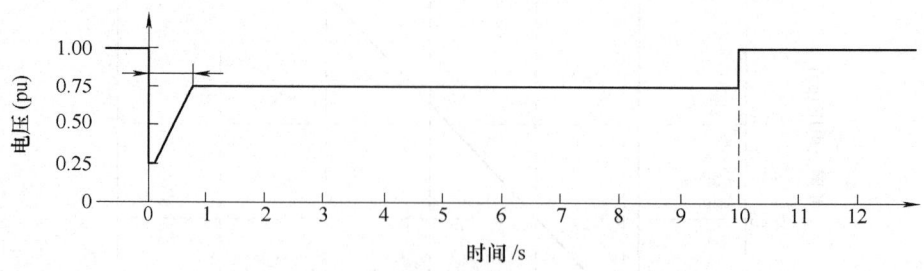

图 6-14 对称三相故障仿真的电压曲线（丹麦）

丹麦的低电压穿越要求规定：三相故障引起的电压跌落导致并网点电压在标称电压的 20%~75% 范围上持续 10s，风电场应在电压重新到达 0.9pu 以上后，不迟于 10s 发出额定功率；电压跌落期间，并网点的有功功率应满足

$$P_{\text{current}} \geq K_p \cdot P_{t=0} \left(\frac{U_{\text{current}}}{U_{t=0}} \right) \tag{6-6}$$

式中，P_{current} 为并网点测得的目前有功功率；$P_{t=0}$ 为电压跌落前一刻在并网点测得的功率；U_{current} 为在并网点测得的目前电压；K_p 为考虑电压跌落对发电机机端影响的降低系数，$K_p=0.4$。

在电压恢复到 0.9pu 后，应在不迟于 10s 内满足与电网的无功功率交换要求。电压跌落期间，风电场必须发出风电场标称电流 1.0 倍的无功电流。

丹麦有二次电压跌落要求，如图 6-15 所示。它要求两相短路 100ms 后间隔 300ms 再发生一次新的 100ms 短路时不发生切机。单相短路 100ms 后间隔 1s 再发生一次新的 100ms 电压跌落时要求也不发生切机。

4. 德国风电场接入电网的技术规定

德国（E.ON.Netz）并网法规不仅有低电压穿越要求，还要求在电压跌落期间向电网输送无功电流帮助系统电压恢复稳定。德国对接入电网风电场的低电压穿越能力要求如图 6-16 所示：三相短路引起的风电场并网点对称电压跌落高于图 6-16 界线 1 以上时风电场必须保持稳定及并网运行。

以下各点适用于图 6-16 的阴影区域和界线 2 以上的区域：

1）所有风电设备在整个故障过程中都应不从电网切除。

2）故障过程中，如果单台风电机组失去稳定或发电机保护动作，在取得系统管理员同意的条件下，风电场可以短时从电网切除。

对故障期间没有切除电网的风电场，必须在故障切除后立即发出有功功率，并以至少每秒 20% 额定功率的梯度升至初始值。

电压跌落期间，风电场必须向电网提供无功电流注入以支持电网电压。为此，在电压跌落达到发电机电压有效值 10% 以上时，必须启动电压控制，如图 6-17 所示。

故障确认后 20ms 内，必须提供电压支持，方法是向发电机变压器低压侧输送无功电流，幅值是对每个百分点的电压跌落至少提供 2% 额定值的无功电流。如果必要，可输送至少 100% 额定电流的无功电流。

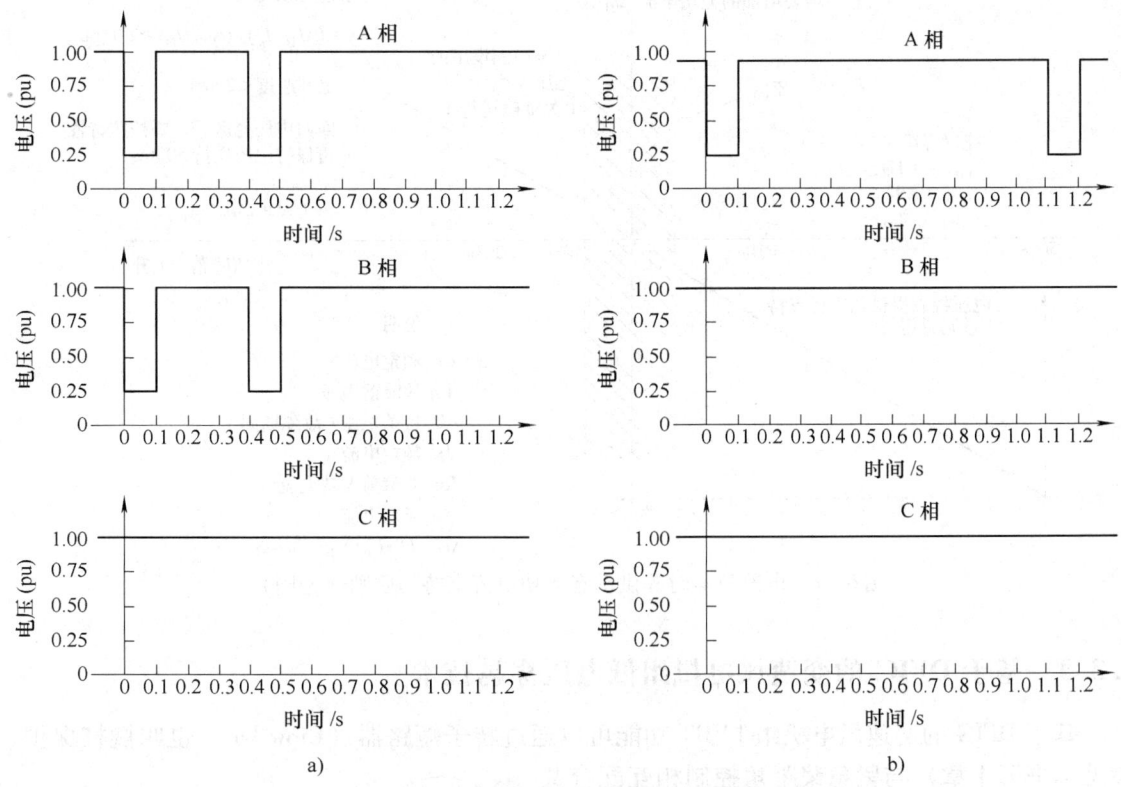

图 6-15 单相故障和两相故障时二次电压降落情况（丹麦）
a) 两相故障时 b) 单相故障时

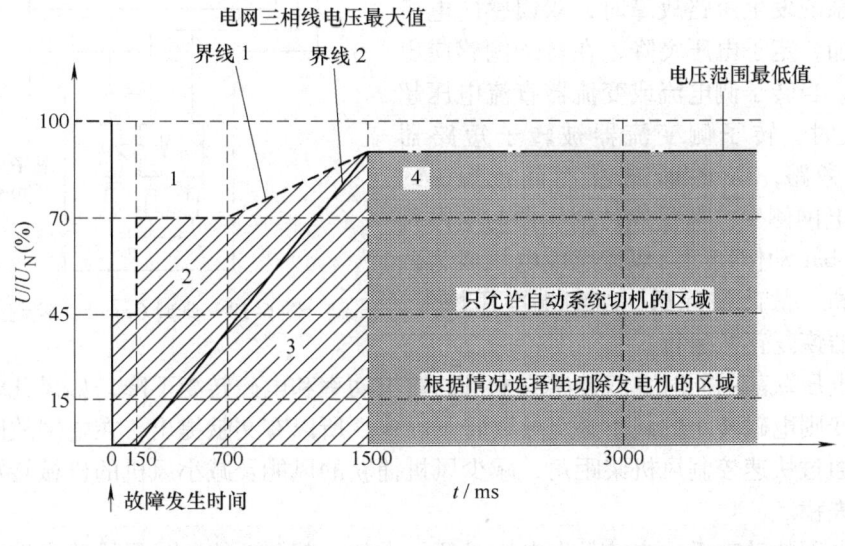

1. 不脱离电网穿越故障 2. 在短时中断情况下，不脱离电网穿越故障
3. 允许短时中断 4. 允许切机

图 6-16 电网故障时，对于不同电网电压模式，与电网直接连接的非同步发电机的界限曲线

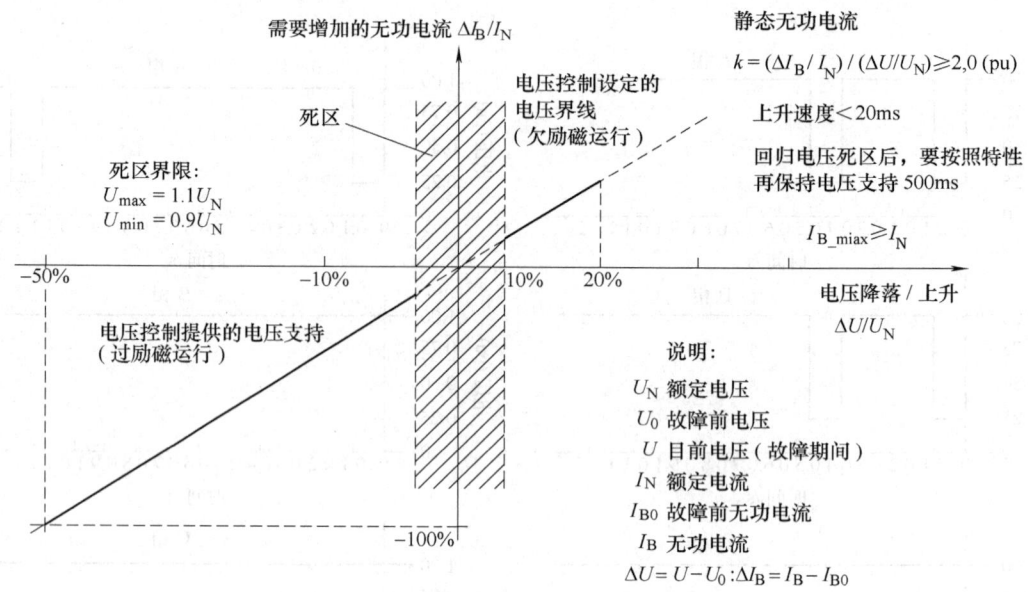

图 6-17　电网故障时提供动态无功电流支持的原则（德国）

6.3.3　基于 DFIG 的变速风电机组低电压穿越技术

基于 DFIG 的变速风电机组 LVRT 功能可以通过转子短路器（Crow-bar，也叫撬杠保护，参见本书第 4 章）与紧急桨距角控制相互配合共同完成。图 6-18 为保护转子侧变流器的转子短路器结构。转子各相都串联一个可关断晶闸管和一个电阻器，并且与转子侧变流器并联。

在外部系统发生短路故障时，双馈感应电机定子电流增加，定子电压突降，在转子侧感应出较大的电流，当转子侧电流或变流器直流电压超过设定限值时，转子侧变流器被转子短路器（Crow-bar）旁路，Crow-bar 短接时间很短，约 60～80ms；电网侧变流器仍通过变压器与电网相连。在 Crow-bar 动作期间，双馈感应电机成为普通的异步电机。故障清除后，机组端电压恢复，转子侧变流器恢复正常运行。

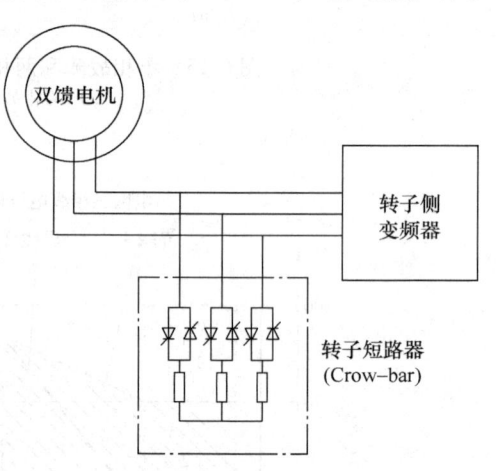

图 6-18　典型 Crow-bar 控制电路

在定子电压跌落的同时，双馈感应电机的输出功率和电磁转矩下降，如果此时风机机械功率保持不变则电磁转矩的减小必定导致转子加速，所以有文献提出，在电网故障发生后风电机组可以通过快速控制风机桨距角，减少风机捕获的风能及减小风机的机械转矩，避免出现风机运行失稳。

对交流电网的动态无功支持是发电机必须具有的一部分功能。如果线路末端交流电压跌落时，发电机应立即发出无功功率调整线路电压。对于风电场来说，这项功能可以通过 SVC 或 STATCOM 来提供。

6.4 风电场的频率特性与有功-频率控制

风电机组的频率特性不同于电力系统中的同步发电机组，而且不同类型风电机组的频率特性也不尽相同。随着风电装机容量的迅速增加，风电场的频率特性对电力系统频率特性的影响也越来越大。

6.4.1 电力系统的有功功率平衡及频率调整

电力系统的频率稳定依赖于有功功率的平衡，任何有功功率的不平衡都将导致系统频率的波动。严格维持频率不变是不可能的，但把频率对额定值的偏移限定在一定范围内是必要的也是可以实现的。我国电力系统的额定频率为50Hz，频率偏差范围为±0.2（或±0.5）Hz以内。

1. 负荷的功率-频率静态特性

系统中的有功功率负荷会随着频率的变化而变化，当系统处于稳态运行时，有功负荷随频率的变化特性称为负荷的静态频率特性。

电力系统负荷由一系列的电气设备组成。照明和加热设备等电阻性负荷，其有功功率与频率变化无关；压缩机、水泵等电动机类负荷，与频率的一次方、二次方，甚至更高次方成正比。

当频率偏差不大时，负荷的静态频率特性可用图6-19所示的一条直线来近似表示。当系统频率降低时，负荷成比例自动降低，图中直线的斜率为

$$K_D = \tan\beta = \frac{\Delta P_D}{\Delta f} \qquad (6\text{-}7)$$

用标幺值表示为

$$K_{D*} = \frac{\Delta P_D / P_{DN}}{\Delta f / f_N} = K_D \frac{f_N}{P_{DN}} \qquad (6\text{-}8)$$

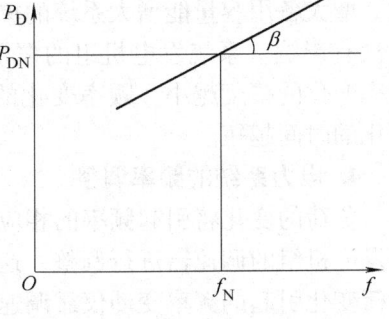

图6-19 负荷的频率静态特性曲线

式中，K_D、K_{D*} 称为负荷的频率调节系数。在实际系统中 $K_{D*} = 1 \sim 3$，表示系统频率变化1%时，负荷有功功率相应变化1%~3%。

2. 同步发电机组的功率-频率静态特性

系统有功功率的变化，立即反映到发电机输出的电磁转矩的变化，从而引起机械转矩与电磁转矩的不平衡，频率发生变化，发电机调速系统动作改变原动机的进汽（水）量，增/减发电机出力。当调速器调节过程结束，建立新的稳态时，发电机的有功出力与频率之间的关系称为发电机组的功率-频率静态特性，简称为发电机组的功频静态特性，其近似曲线如图6-20所示。

定义机组的静态调差系数

$$\delta = -\frac{f_2 - f_1}{P_2 - P_1} = -\frac{\Delta f}{\Delta P} \qquad (6\text{-}9)$$

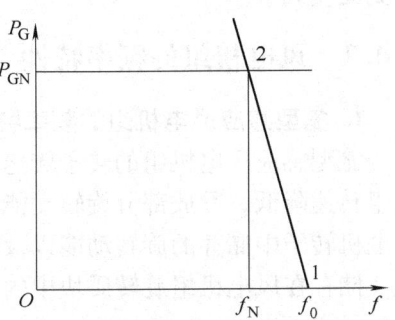

图6-20 发电机组的功频静态特性曲线

用标幺值表示为

$$\delta_* = -\frac{\Delta f/f_N}{\Delta P/P_{GN}} = \delta\frac{P_{GN}}{f_N} \tag{6-10}$$

发电机组的调差系数是可以整定的，其大小对频率偏移的影响很大，调差系数越小，频率偏移越小。但受机组调速机构的限制，调差系数的调整范围是有限的。

3. 电力系统的功率-频率静态特性

要确定电力系统负荷变化引起的频率波动，需要同时考虑负荷和发电机组两者的调节效应。电力系统的功率-频率静态特性如图6-21所示，负荷的功频特性曲线$P_D(f)$与发电机组的功频特性曲线$P_G(f)$的交点确定了系统的频率f_1。当负荷增加ΔP_D引起频率降低时，负荷实际吸收的功率随频率下降而有所降低，此时系统的频率f_2由负荷的功频特性曲线$P'_D(f)$与发电机组的功频特性曲线$P'_G(f)$的交点确定，同时发电机组按有差调节特性提高有功功率输出，在两者共同作用下达到新的功率平衡，此时系统的频率上升为f_3。

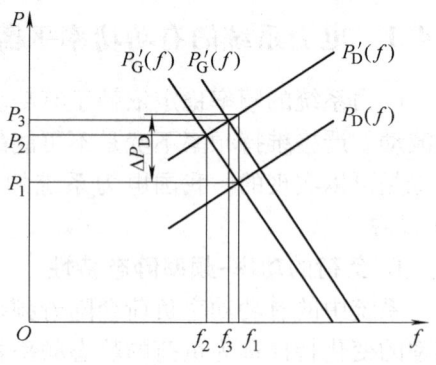

图6-21 电力系统功率-频率静态特性

增大备用容量能增大系统的单位调节功率，改善系统的频率特性，但对频率的初始下降率没有影响。系统发电机组的惯量T_J决定了频率的变化速度和变化过程的长短，T_J越大，频率变化的幅度越小，频率变化的时间越长；反之，T_J越小，频率变化的幅度越大，频率变化的时间越短。

4. 电力系统的频率调整

负荷的变化将引起频率的相应变化。周期较短且幅度较小的负荷变化引起的频率偏移将由发电机组的调速器进行调整，这种调整通常称为频率的一次调整。周期较长且幅度较大的负荷变化引起的频率变动仅靠调速器的作用往往不能限制在允许的范围之内，这时必须要有调频器参与频率的调整，这种调整通常称为频率的二次调整。

负荷的变化引起频率偏移，系统中装有调速器且尚有可调裕度的发电机组都会自动参与频率一次调整。一次调频只能做到有差调节。频率的二次调整由主调频厂承担，调频机组通过调频器改变发电机组的功频特性曲线，调整机组的有功出力以承担系统的负荷变化，可以做到无差调节。

6.4.2 风电机组的频率特性

1. 笼型感应风电机组的频率特性

笼型感应风电机组的转子转速与系统频率的耦合较强，当电力系统的频率降低时，风电机组转速降低，释放部分旋转动能，能够提供惯量响应，其响应的幅度取决于风力机叶片、发电机转子中储存的旋转动能以及电网频率变化率。

储存在风电机组旋转质块中的动能为

$$E = \frac{1}{2}J\omega_r^2 \tag{6-11}$$

式中，J 是风电机组叶片及转子的惯量（$kg \cdot m^2$）；ω_r 为转速（rad/s）。

在电力工程中，通常所说的惯性时间常数 H 如下式表示：

$$H = \frac{E}{S} = \frac{J\omega_r^2}{2S} \tag{6-12}$$

式中，S 是额定视在功率（VA）；惯性时间常数 H 表示发电机只利用其旋转动能提供额定功率输出的持续时间（s）。

风电机组惯性时间常数的典型值为 2~6s。这说明风电接入电网后并没有真正减少总的旋转动能的数量（因为惯性时间常数是一个数量级的，同样容量的风电替代了常规电厂后总的旋转动能也在一个数量级）。

对于同步电机与感应电机，当系统频率降低时机组转子作为旋转质块，其转速会自动降低释放能量。当频率从 f_0 变化到 f_1，假设转子转速按比例从 ω_0 变化至 ω_1，发电机释放的动能 ΔE_k 由下面各式确定：

$$E_{k0} = \frac{1}{2}J\omega_0^2 \tag{6-13}$$

$$E_{k0} - \Delta E_k = \frac{1}{2}J(\omega_0 - \Delta\omega)^2 \tag{6-14}$$

其中 $\Delta\omega = \omega_0 - \omega_1$，得到：

$$\Delta E_k = E_{k0}\left(1 - \frac{\omega_1^2}{\omega_0^2}\right) = E_{k0}\left(1 - \frac{f_1^2}{f_0^2}\right) \tag{6-15}$$

例 6-6：某采用鼠笼式感应风电机组的风电场装机容量为 100MW，在仿真时间 1s 时系统中一台容量为 100MW 的同步发电机突然退出运行，故障后风电场风电机组的频率响应特性如图 6-22 所示。

当 100MW 的同步发电机组退出运行后，整个电网的发电功率低于负荷功率，电网频率 f_{grid} 开始降低，普通异步发电机的转速 ω_r 与电网频率有紧密的耦合关系，在电网频率降低的过程中，其转速也降低。根据能量守恒的原理，其整个风电机组质块的旋转动能有一部分会转化为电功率送出，使电机转速降低时整个风电场输出的有功功率从 100MW

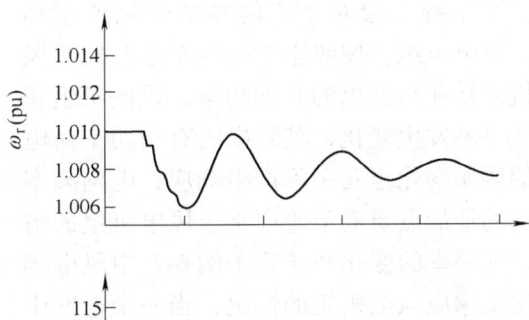
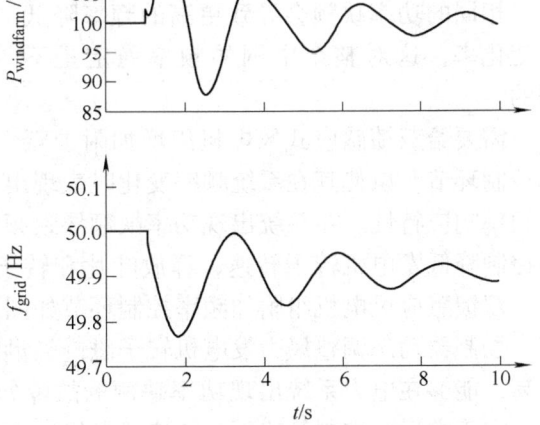

图 6-22 笼型感应风电机组的频率响应特性

升高到最高时的 112MW，其电功率的暂时升高对于频率降低的系统而言起到了短时的频率支持作用，能够减小频率降低的幅度与变化率，因此笼型感应风电机组能够表现出惯量的作用，支持电网的一次频率控制。因为笼型感应风电机组没有类似于同步机组调速器、调频器等可以增加原动机出力的控制系统，因此其发出的有功功率在故障发生后一段时间内恢复到故障发生前的初始运行状态。

2. 双馈感应风电机组的频率特性

双馈感应式风电机组相对于笼型感应风电机组改善了控制能力，能够对其有功与无功分别进行解耦控制，但由于其转速与电网频率的完全解耦控制，致使在电网频率发生改变时无法对电网提供频率响应，因此在电网频率波动时该类型风电机组固有的惯量对电网则表现成为一个"隐含惯量"，无法帮助电网降低频率变化的速率。

例 6-7：某采用双馈感应式风电机组的风电场装机容量为 100MW，在仿真时间 1s 时系统中一台容量为 100MW 的同步发电机突然退出运行，故障后风电场风电机组的频率响应特性如图 6-23 所示。

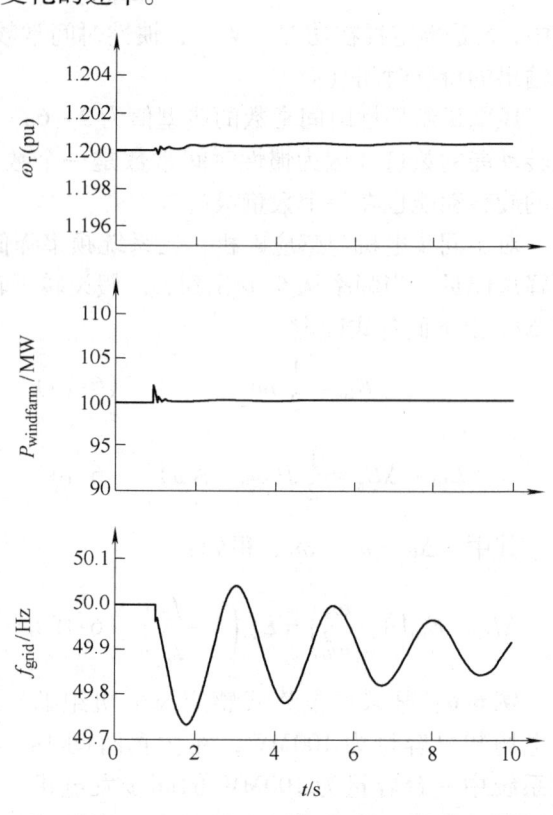

当 100MW 的同步发电机组退出运行后，整个电网的发电功率低于负荷功率，电网频率 f_{grid} 开始降低，但是双馈感应式风电机组的控制系统不会对系统的频率变化产生响应，风电机组仍按照正常的控制策略控制风电机组转速与发出的有功功率，风电机组转速几乎不发生变化，其发出的有功功率对电网的频率变化也几乎不产生响应；电网频率降低的最低点要低于笼型感应风电机组的情况，即频率的变化率要高于例 6-6 中风电场用笼型感应风电机组的情况，当一个电网中双馈感应式风电机组装机容量的比例很高时，相同的功率缺额会导致更高的频率降低的变化率，这对整个电网的频率稳定是不利的。

图 6-23 双馈感应风电机组频率响应特性

需要给双馈感应式风电机组增加附加频率控制环节，以使其在系统频率变化时表现出类似于同步发电机或笼型感应式风电机组惯量的频率响应特性。在系统出现功率缺额导致频率下降时，通过双馈感应式风电机组适当地附加控制降低发电机转子转速，释放叶片和转子中储存的动能，从而对一次频率控制有所贡献。双馈感应风电机组附加频率控制环节如图 6-24 所示。

控制器动态调整风力发电机转子磁链矢量的位置使发电机减速，以允许短时的输出功率升高，能够在电力系统出现功率缺额的故障暂态过程中帮助减小频率跌落、降低频率变化率。在正常运行控制策略下，变速风电机组控制器控制风电机组保持在最优转速，以捕获最大的风能产生更多电力；控制器基于测量得到的转速与功率给出有功功率的参考设定点。有功功率的参考设定点是变频器控制的输入信号，变频器通过控制发电机转子电流实现对其有功、无功的控制。

电网正常工作情况下，频率的偏差 Δf 与电网频率变化率 df/dt 为 0，附加频率控制环节不起任何作用，当电网发生频率故障出现频率变化时，附加频率控制器相应地修改双馈电机的有功功率参考设定点，使其等于电网频率偏差 Δf 与电网频率变化率 df/dt 的函数；模拟的

第6章 风电场的直流输电与功率控制技术 189

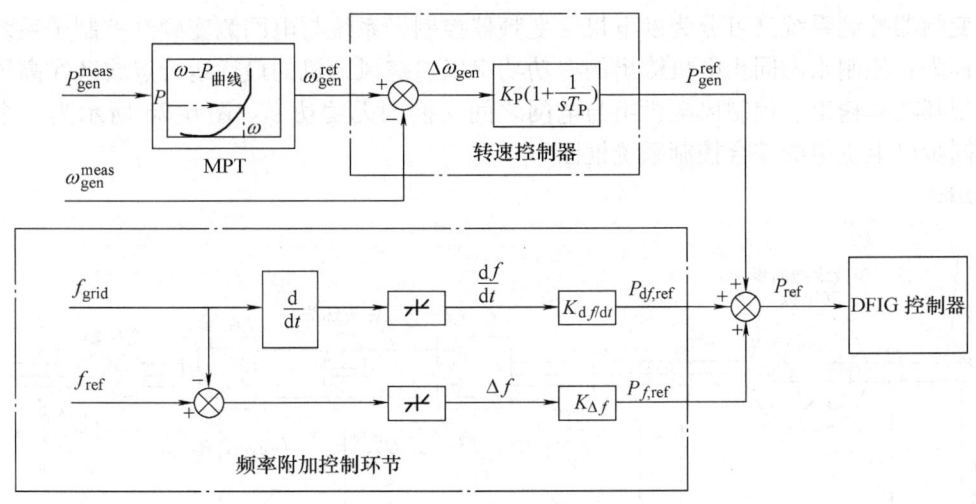

图 6-24 双馈感应风电机组附加频率控制环节

惯量正比于控制器常数 $K_{df/dt}$，对一次频率控制的贡献正比于 $K_{\Delta f}$，当电网频率超出了指定的限值时，这两个控制环节会动作改变双馈感应式风电机组的有功功率设定点。

例 6-8：其他条件同例 6-7，双馈感应风电机组加装附加频率控制环节后，一台容量为 100MW 的同步发电机突然退出运行，故障后风电场风电机组的频率响应特性如图 6-25 所示。

此时，双馈风电机组控制系统能够对电网的频率降低做出响应，当电网频率降低时，增加双馈电机输出的有功功率参考值，当双馈电机发出的有功功率增加时，其转速就会降低，相当于将一部分储存在风机旋转叶轮、转子中的动能转化为电能释放了出来，以帮助电网恢复频率。可以看出，此种情况下电网频率变化率降低，频率跌落的幅度有所减小；但是由于风电机组以风作为原动力，不像传统的火电或水电机组可调，因此，当其惯量表现出以后，则无法继续维持高的输出功率，其功率经一段时间振荡后趋于稳定，会恢复到初始的功率值。因此引入附加频率控制环节的变速风电机组仅能够在很短的一段时间内对电网频率进行支持，降低频率变化率，而不能从根本上对提高电网频率最终的稳态值起作用。

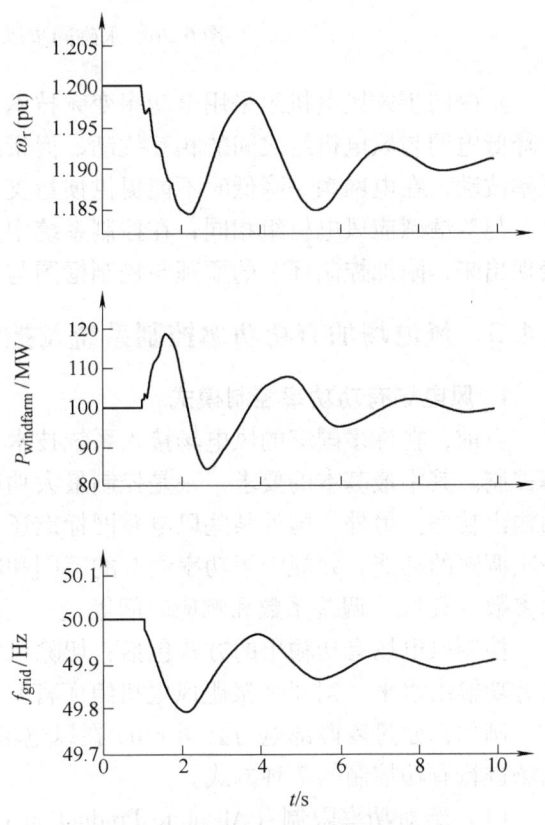

图 6-25 引入附加频率控制的双馈变速风电机组频率响应特性

3. 永磁同步风电机组的频率特性

永磁同步风电机组控制系统可以分为：风力机控制系统与全功率变频器控制系统，其中全功率变频器控制系统又可分为发电机侧变频器控制子系统与电网侧变频器控制子系统。其控制目标为：控制永磁同步电机输出的有功功率以追踪风力机的最优运行点或者在高风速情况下限制其功率输出、控制风电机组与电网之间交换的无功功率。图 6-26 所示为一个典型的永磁同步风电机组的综合控制系统框图。

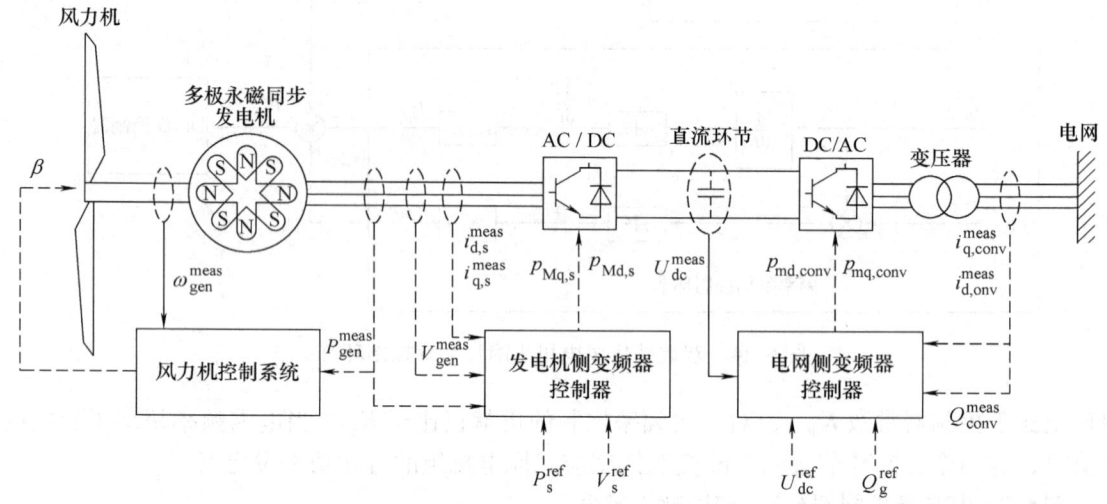

图 6-26　永磁同步风电机组综合控制系统

永磁同步式风电机组采用全功率变频技术，风电场侧和电网侧的频率互不影响。这有利于降低电网与风电机组之间的相互扰动，但带来的一个问题就是风电机组无法感受到电网的频率波动，在电网频率降低时不能提供惯量支持，无法帮助电网降低频率变化的速率。

与双馈感应风电机组相同，在控制系统中加入附加频率控制环节可以将其"隐含惯量"表现出来，附加控制环节的原理与控制框图与双馈感应风电机组类似。

6.4.3　风电场的有功功率控制系统及控制策略

1. 风电场有功功率控制模式

目前，在许多国家的风电场接入系统技术规定中，要求风电场在某些情况下进行有功功率控制。其中最基本的要求：一是控制最大功率变化率，二是在电网特殊情况下限制风电场的输出功率。另外，国外某些风电并网标准还规定了风电场应具有降低有功功率和参与系统一次调频的功能，并规定了功率调节的范围和响应时间，以及参与一次调频的调节系统的技术参数（死区、调差系数和响应时间等）。

控制风电场有功输出的方式包括：切除风电机组，切除整个风电场，或者调节风电机组的有功输出水平（对于变桨距风电机组而言）。

例如，原丹麦西部电力公司 Eltra 在风电场接入 110kV 以上电网的技术规定中提出了风电场进行有功控制的 7 种方式。

（1）绝对功率限制（Absolute Production Constraint）。可以实现将风电场的输出功率控制在一个可调节的绝对输出功率限值上，如图 6-27 所示。风电场的输出功率可以限制在某一定值上，例如从额定功率的 20%～100%。限定功率与并网点的 5min 测量平均值之间的偏差不应超过该风电场额定功率的 ±5%；同时可以在额定功率 10%～100% 的区间内设定每分钟输出功率上升速度和下降速度。

（2）偏差量控制（Delta Production Constraint）。可以将风电场的输出功率限制在低于可能输出功率设定偏差量的功率输出值上，如图 6-28 所示，这个偏差量的单位可设为 MW。

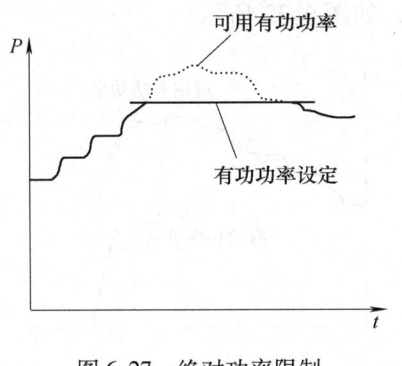

图 6-27 绝对功率限制

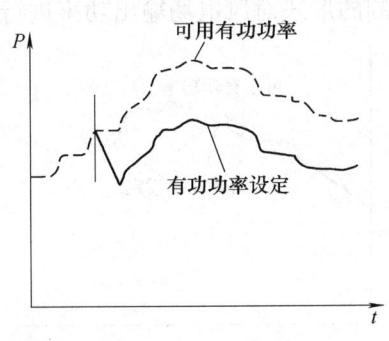

图 6-28 偏差量控制

（3）平衡控制（Balance Regulation）。在需要时，平衡控制作为快速有功功率调节手段来控制风电场输出功率的上升和下降速度，如图 6-29 所示。可以根据平衡控制指令有选择地设定功率变化量，一部分是相对于当前输出功率要求的功率变化（单位为 MW），一部分是要求的功率变化率（单位为 MW/min）。

有功功率平衡控制可以在设定的时间后自动复位，根据可调节的功率变化率回到适当的功率设定值上。

与平衡控制相关的是允许风电场输出功率超过绝对功率限制的定值范围，超出部分限制允许独立设置。

应可以独立启用或禁用平衡控制功能。

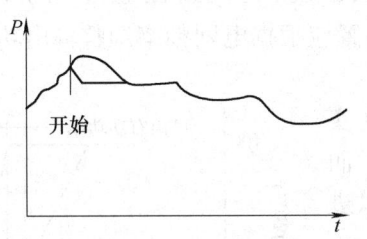

图 6-29 平衡控制

（4）功率抑制控制（Stop Regulation）。功率抑制控制可以保证风电场输出功率尽可能地维持在某时刻当前的输出功率值上（在风速下降时，这是不可能实现的），如图 6-30 所示。当该项功能撤销时，风电场的输出功率根据可调节的功率变化率回到适当的功率设定值上。

（5）功率变化率限制（Power Gradient Constraint）。在风速增大或高风速条件下风机起动时，功率变化率限制可以防止风电场的输出功率增长过快，如图 6-31 所示。如果风速减小，只要不启用偏差量控制，功率变化

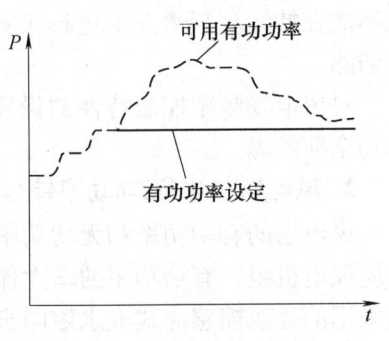

图 6-30 功率抑制控制

率限制就没有任何作用。应可分别设定输出功率增长和减小时的最大功率变化率，也可以启用或禁用该项功能。

(6) 系统保护 (System Protection)。可以由系统向风电场控制器传递外部信号，以系统保护控制的形式对风电场输出功率进行快速下行调节，如图 6-32 所示。

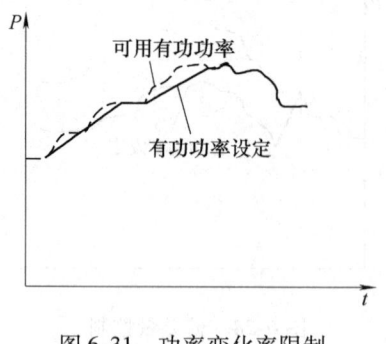

图 6-31　功率变化率限制

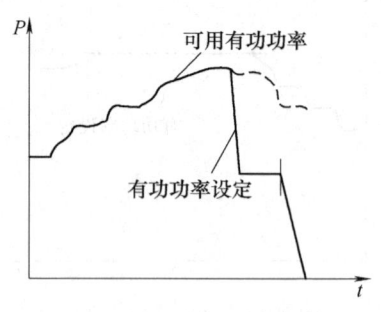

图 6-32　系统保护

下行调节应以预定的速度进行。应当能够设定至系统保护调节所能下行调节功率量的最大值。只要外部系统保护信号一直存在且功率变化量还未达到最大值，下行调节就应当继续进行。当外部信号停止，系统保护控制应当结束，风电场保持当前的输出功率。

系统保护功能应当可以人工复位。当复位发生时，调节状态应返回到当前控制条件下的调节状态，返回速度可以单独设置。当该项功能复位后，如外部系统保护信号仍然存在，基于当前输出功率计算新的功率变化限定值，风电场的输出功率可能会进一步下行调节。

在系统保护调节功能启动情况下，应能够最多在 30 秒内将输出功率从满负荷下行调节到完全停止状态。系统保护功能是否接入应当可以独立设置。

(7) 输出功率频率控制调节 (Frequency-controlled Regulation of the Power Production)。通过自动频率调节功能，每个风电机组的控制装置应根据电网频率调整输出功率。通过风电场控制器可以设置风电场整体的频率调节特性。

图 6-33 给出了两种频率控制实例。实例 1 (实线) 中频率控制只能对输出功率进行下行调节，而实例 2 (虚线) 中由于前面的下行调节，还可以进行上行调节。

当功率输出低于风机额定功率的 20% 时，如风机不能在持续高频情况下进行下行调节，风机就应当切除。

对风电场频率控制特性的设置应当针对全体风电场全面考虑。

2. 风电场有功/无功功率综合控制系统

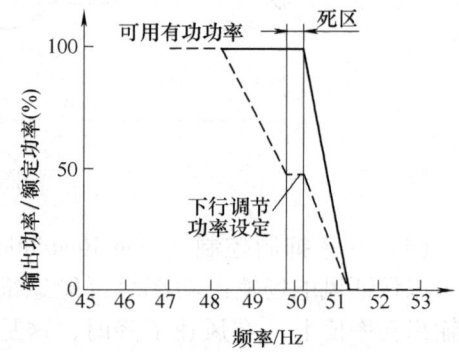

图 6-33　输出功率频率控制调节

风电场的有功功率和无功功率之间有一定的相互影响和制约：如果风电场采用的是笼型感应风电机组，有功功率的增大伴随着无功需求的增加，从而引起机端电压降低；如果风电场采用的是双馈感应式或永磁同步式风电机组，由于这类风电机组一般都采取恒功率因数控制，随着风电场有功功率的增大，机端升压变和场内集电线路的无功损耗也随之增大，同样会引起机端电压降低；机端电压的大幅降低将对风电机组的正常运行带来不利影响，甚至可能导致低压保护动作切除风电机组。因此，在对风电场进行有功功率控制的同时需要考虑与无功功率的相互影响。

为了控制风电场的有功功率、无功功率，减小风电场对系统的不利影响，有必要设计风电场的综合控制系统。风电场综合控制系统是根据调度指令和风电场并网点信号，调节风电场的有功、无功功率及无功补偿设备的控制系统，实现整个风电场的优化控制，系统的总体结构如图 6-34 所示。

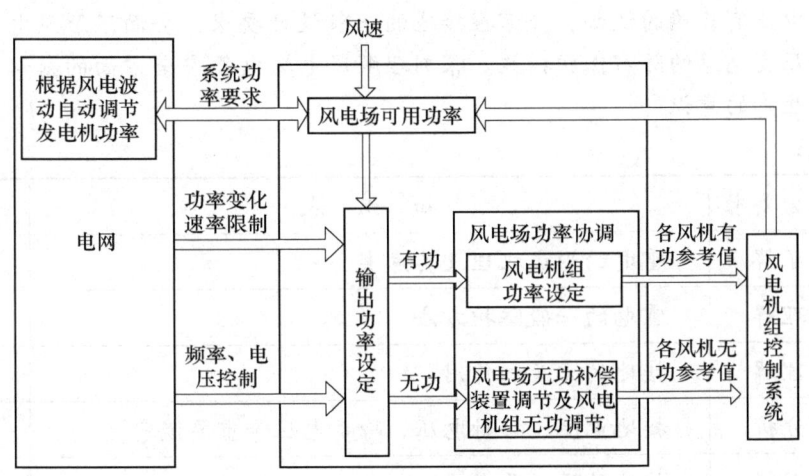

图 6-34　风电场有功/无功功率综合控制系统示意图

风电场综合控制系统的输入信号有调度指令、风速以及并网点有功功率、无功功率、电压等，控制目标为保持风电场的有功、无功、电压等在合理范围内变化，并能根据调度指令在一定范围内对风电场的有功、无功功率进行控制。

在正常情况下，风电场有功功率都随风速变化，在最大可能功率下运行。在特殊情况如电网紧急情况下，调度中心根据电网的运行状况向风电场下达指令，对风电场的有功功率和无功功率提出要求。风电场根据风速、电压等信息确定风电场的功率输出，并向各风电机组下达指令。对于变速风电机组可以通过桨距角调节风电机组输出的有功功率，对于定速风电机组只能通过起停的方式调节风电场输出功率。如果风电机组具有无功调节能力，风电机组也可以参与系统电压调整；否则只能通过调节风电场的无功补偿装置调节无功功率。

思 考 题

1. 试分析在风电场中应用柔性直流输电技术的必要性、可行性和经济性。
2. 风电机组设计和制造水平的提高，能否解决风电场中的无功和电压问题？怎样才是解决风电场无功和电压问题的现实途径？
3. 根据你对不同类型风电机组运行原理的认识，分析并简述各种风电机组的低电压穿越技术方案。
4. 随着技术的发展，风电机组本身能否完全解决有功功率控制和具有频率响应特性的问题？为什么？

第7章 风电场防雷与接地

教学目标：

了解雷电的形成机理和雷电的危害，以及雷电防护的一般方法；理解接地的意义，对接触电压和跨步电压有正确的认知，并掌握接地的一般设计要求；全面了解风电场发电机组、集电线路和升压变电站的防雷保护措施。深刻理解风电场电气安全方面的知识和解决办法，提高电力安全生产的意识。

知识要点：

重要性	能力要求	知识点
**	了解	雷电的形成机理及其危害
****	理解	雷电的一般防护方法
***	理解	接地的意义和作用
****	分析	接地电阻、接触电压、跨步电压等重要概念
****	理解	接地的设计要求
***	了解	风力机组的防雷保护
****	分析	集电线路和升压变电站的防雷保护

重要术语：

雷击，雷电防护，避雷针，避雷器，接地，接地电阻，接触电压，跨步电压。

雷电会对地面的电气设备、建筑物等造成严重威胁。因此，雷电防护是风电场建设必须考虑的问题。利用接地极把故障电流或雷电流快速自如地泄放进大地土壤中，以达到保护人身安全和电气设备安全的目的，也是电气系统保护的重要内容。

7.1 雷电及常见防护措施

7.1.1 雷电及其危害

当空间电场强度超过大气游离放电的临界强度时，就发生雷云之间或雷云与大地之间的火花放电，并伴随有强烈的光和热，使其周围空气急剧膨胀，并发出轰鸣，这就是闪电和雷鸣，统称雷电。简而言之，雷电是雷云之间或雷云与地面物体间的放电现象。

经验表明，对地放电的雷云绝大部分带负电荷，所以雷电流的极性也为负。

雷云中的负电荷随雷云的发展逐渐聚积。在雷云与大地之间局部电场强度大于大气游离临界强度时，就产生局部放电通道，由雷云边缘向大地发展，称为先导放电。先导放电通道中充满了负电荷，并向地面延伸，与此同时，地面上感应出的正电荷也逐渐增多。当先导放电通道发展到靠近地面，由于局部空间电场强度增强，在地面突起处出现正极性电荷形成的迎雷先导，并向天空发展。当先导放电与迎雷先导相遇后，因大气强烈游离就在通道端形成高密度的等离子区，并由下而上迅速传播，产生一条高导电率的等离子通道，从而使先导放电通道中的负电荷以及雷云中的负电荷与大地感应出的正电荷迅速中和，这个过程称为主放电过程。

雷云直接对建筑物或地面上的其他物体放电的现象，称为直击雷。此外还有感应雷和球形雷。雷云接近地面会在凸出物顶部感应出大量异性电荷，在雷云与其他部位放电后，凸出物顶部的电荷失去束缚，以雷电波形式，沿凸出物极快地传播，形成静电感应雷。雷击后，巨大雷电流在周围空间产生迅速变化的强大磁场，这种磁场能在附近的金属导体上感应出很高的电压，造成对物体的二次放电，这就是电磁感应雷。球形雷是一种球形的发红光或极亮白光的火球，能从门、窗、烟囱等通道侵入室内，极其危险。

大多数雷云放电发生在雷云之间，对地面没有直接影响。而雷云对地放电形成的直击雷，虽然占的比例不大，但一旦发生，就有可能带来严重的危害。

雷云放电时，引起很大的雷电流，可达几百千安，从而产生极大的破坏作用。雷电流通过被雷击物体时，产生大量的热量，使物体燃烧。被击物体内的水分由于突然受热，急骤膨胀，还可能使被击物劈裂。所以当雷云向地面放电时，常常发生房屋倒塌、损坏或者引起火灾，发生人畜伤亡。

雷电感应是雷电的第二次作用，即雷电流产生的电磁效应和静电效应作用。雷云在建筑物和架空线路上空形成很强的电场，在建筑物和架空线路上便会感应出与雷云电荷相反的电荷（称为束缚电荷）。在雷云向其他地方放电后，云与大地之间的电场突然消失，但聚集在建筑物的顶部或架空线路上的电荷不能很快全部泄入大地，残留下来的大量电荷，相互排斥而产生强大的能量使建筑物震裂。同时，残留电荷形成的高电位，往往造成屋内电线、金属管道和大型金属设备放电，击穿电气绝缘层或引起火灾、爆炸。

7.1.2 雷电的防护

雷电的一般防护措施，包括避雷针、避雷线、避雷器、避雷带等，以及接地装置。

（1）避雷针。避雷针由接闪器、支持构架、引下线和接地体四部分构成，作用是将雷电吸引到自身并泄放入地中，从而保护附近的建筑物和电气设备等免遭雷击。

当雷云中的先导放电向地面发展，距离地面一定高度时，避雷针能使先导通道所产生的电场发生畸变（如图 7-1 所示）。此时，最大电场强度的方向将出现在从雷电先导到避雷针顶端（接闪器）的连线上，致使雷云中的电荷被吸引到避雷针，并安全泄放入地。

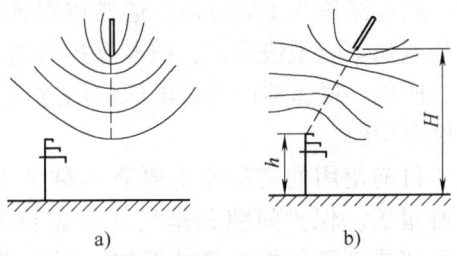

图 7-1 接地物体对雷电先导发展的影响

当雷电先导刚开始形成时，避雷针并不能影响它的发展路径，如图 7-1a 所示，只有当雷电先导通道发展到离地面一定高度 H（称定向高度）时，地面上的避雷针才可能影响雷电先导的发展方向，如图 7-1b 所示，使雷电先导通道沿着电场强度最大的方向击向避雷针。这个雷电定向高度 H 与避雷针高度 h 有关，根据模拟实验，$h \leq 30\text{m}$，$H \approx 20h$；$h > 30\text{m}$ 时，$H \approx 600h$，由于绝大多数的雷云都在离地面 300m 以上，故避雷针的保护范围是根据室内人工雷电冲击电压下的模拟实验研究确定的，并经过多年的运行实践检验。所谓保护范围是指被保护物体在此空间范围内不致遭受直接雷击的概率为 99.9%（即屏蔽失效率或绕击率为 0.1%）。可见，用了避雷针也不是绝对保险的。

(2) 避雷线。避雷线由悬挂在被保护物上空的镀锌钢绞线（接闪器）、接地引下线和接地体组成。其保护原理与避雷针基本相同，但因其对雷云与大地之间电场畸变的影响比避雷针小，所以避雷线的引雷作用和保护宽度也比避雷针小。

避雷线主要用于输电线路的防雷保护。但近年来也用于保护变电站（所），如有的国家采用避雷线构成架空地网保护 500kV 变电站。

(3) 避雷带和避雷网。长期经验表明，雷击建筑物有一定的规律，最可能遭到雷击的地方是屋脊、屋檐及房屋两侧的山墙；若为平顶屋面，则为屋顶四边缘及四角处。在建筑物的这些容易受雷击的部位安装避雷带（即接闪器），并通过接地引下线与埋入地中的接地体相连，就能起到防雷保护的效果。采用避雷带保护时，屋面上任何一点距避雷带的距离不应大于 10m。若屋顶面宽度超过 20m 时，应增加避雷带或用避雷带纵横连接构成避雷网，则保护效果会更好。

由避雷带构成的避雷网，其网络尺寸有：$\leq 5\text{m} \times 5\text{m}$（或 $6\text{m} \times 4\text{m}$）、$\leq 10\text{m} \times 10\text{m}$（或 $12\text{m} \times 8\text{m}$）及 $\leq 12\text{m} \times 20\text{m}$（或 $24\text{m} \times 16\text{m}$）等。对于钢筋混凝土建筑物也可利用建筑物自身各部分混凝土内的钢筋，按防雷保护规范要求相互连接构成其防雷装置。

避雷带、避雷网与避雷针及避雷线一样可用于直击雷防护。

(4) 避雷器。避雷器是用来限制沿线路侵入的雷电过电压（或因操作引起的内部过电压）的一种保护设备。避雷器的保护原理与避雷针不同，避雷器实质上是一种放电器，把它与被保护设备并联在被保护设备的电源侧，如图 7-2 所示，一旦沿线路侵入的雷电过电压作用在避雷器上，并超过其放电电压值，则避雷器立刻先行放电，从而限制了雷电过电压的发展，保护了与其并联的电气设备免遭过电压击穿绝缘的危险。

当避雷器动作（放电）将强大的雷电流引入大地之后，由于系统还有工频电压的作用，避雷器中将流过工频短路电流，此电流称为工频续流，通常以电弧放电的形式存在。若工频电弧不能很快熄灭，继电保护装置就会动作，使供电中

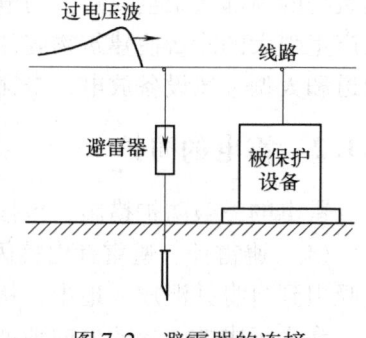

图 7-2 避雷器的连接

断。所以，避雷器应在过电压作用过后，迅速切断工频续流，使电力系统恢复正常运行，避免供电中断。

目前使用的避雷器主要有四种类型：保护间隙、排气式避雷器、阀型避雷器和氧化锌避雷器。保护间隙和排气式避雷器主要用于变电站的进线保护段、线路的绝缘弱点、交叉档或大跨越档杆塔的保护。阀型避雷器和氧化锌避雷器用于配电系统、变电站的防雷保护。

(5) 接地装置。接地和接地装置的概念参见本章 7.2 节。针对防雷保护装置的需要而

设置的接地称为防雷接地。其作用是使雷电流顺利入地，减小雷电流通过时的电位升高。

7.2 接地的概念及措施

7.2.1 接地的基本概念

1. 接地的含义和作用

在电力系统中，接地通常指的是接大地，即将电力系统或设备的某一金属部分经金属接地线连接到接地电极上。

电力系统中接地的通常是中性点或相线上某处的金属部分。电气设备的接地部分通常是不带电的金属部件（一般为外壳或底座）。

接地的作用主要是利用接地极把故障电流或雷电流快速自如地泄放进大地土壤中，以达到保护人身安全和电气设备安全的目的。

2. 接地电阻及对地电压

大地具有一定的电阻率，当外界有电流流入大地时，大地就不能保持等电位。流进大地的电流经过接地线、接地体注入大地后，以电流场的形式向周围远处扩散。

设接地装置（接地体）为一半径为 r_0 的半球体（图7-3中阴影以下部分），并认为接地体周围土质均匀，其电阻率为 ρ，当电流 I_d 经接地体注入地中时，电流 I_d 将从半球表面均匀地散流出去。

在距半球球心为 x 的球面上，电流密度为

$$\delta_x = \frac{I_d}{2\pi x^2} \quad (7\text{-}1)$$

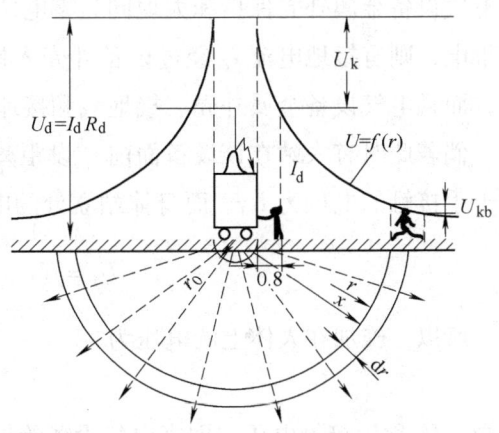

图7-3 接地装置对地电位分布曲线

于是，大地中呈现出相应的电场分布，其电场强度为

$$E_x = \delta_x \rho \quad (7\text{-}2)$$

沿电流散流方向，在 dx 段内的电压降落为

$$dU_x = E_x dx = \delta_x \rho dx = \frac{I_d \rho}{2\pi x^2} dx \quad (7\text{-}3)$$

所以，在距离球心为 x 的球面上的电位为

$$U_x = \int_{r_x}^{\infty} dU_x = \int_{r_x}^{\infty} \frac{I_d \rho}{2\pi x^2} dx = \frac{I_d \rho}{2\pi r_x} \quad (7\text{-}4)$$

可见，距离接地体越远，电流密度越小，电场强度越弱，电位越低。若在相当远处（例如距球心20m以外），地中电流密度很小，电场强度近似为零，则该处的电位仍可视为零。从球心到远处（例如20m范围内），地面上电位分布情况如图7-3所示。其中接地线、接地体上的电位最高。图中 U_k 为接触电位差，U_{kb} 为跨步电位差，后文会有详细介绍。

接地装置的对地电阻（又称接地电阻）为

$$R_\mathrm{d} = \int_{r_0}^{\infty} \mathrm{d}R_\mathrm{d} = \int_{r_0}^{\infty} \frac{\rho}{2\pi r^2}\mathrm{d}r = \frac{\rho}{2\pi r_0} \tag{7-5}$$

由欧姆定律，可得接地装置对地电压

$$U_\mathrm{d} = \frac{\rho I_\mathrm{d}}{2\pi r_0} = R_\mathrm{d} I_\mathrm{d} \tag{7-6}$$

接地装置对地电压 U_d 等于入地电流与接地装置对地电阻的乘积。接地装置对地电阻 R_d 为接地装置对地电压与入地电流之比。它包括接地线、接地体的电阻以及接地体与土壤间的过渡电阻和大地的散流电阻。前两者较小，可忽略不计，主要是大地的散流电阻。故接地电阻与土壤的电阻率 ρ 成正比，与接地体的半径 r_0 成反比。

3. 接触电压和跨步电压

正常情况下都要求电气设备外露导电部分和接地装置相连接（即接 PE 线或 PEN 线），使电气设备金属外壳保持和大地同为零电位。但如果电气设备中某一相的绝缘损坏，设备外壳带电，则有接地电流 I_d 经过设备外壳入地，于是在接地装置周围地面上就有对地电位分布，而且电气设备金属外壳、接地线和接地体的对地电位最高，即为 U_d。

倘若此时有人站在该设备面前（设距离设备外壳 0.8m），而手触及到带电的设备外壳，由于手接触的电位为 U_d，而身体站立处的电位为

$$U_1 = f(r_x) = \frac{\rho I_\mathrm{d}}{2\pi(r_0 + 0.8)} \tag{7-7}$$

所以，施加在人体上的电压为

$$U_\mathrm{jc} = U_\mathrm{d} - U_1 \tag{7-8}$$

式中，U_jc 称为接触电压，即当电气设备绝缘损坏外壳带电时，有可能施加于人体的电压。

为保证人身安全，接触电压在任何情况下都不允许超过安全电压（≤36V）。

若此时有人向设备走来，虽然并未触及该设备，但由于人在跨步过程中，两只脚所处的位置不同（人的跨距取 0.8m，牲畜取 1m），假设前脚电位为 U_2，后脚电位为 U_3，则施加在人体上的电压为

$$U_\mathrm{kb} = U_2 - U_3 \tag{7-9}$$

式中，U_kb 称为跨步电压。跨步电压同样不允许超过安全电压（≤36V）。

由图 7-3 可知，对地电位分布曲线 $U = f(r_x)$ 越陡，接触电压和跨步电压越高，对人身等的危险越大。所以，接地装置设计时，应设法降低电位分布曲线陡度。采取的方法有埋设均压带、降低接地电阻 R_d 和做接地均压网。

7.2.2 接地的类型

1. 功能性接地

（1）工作接地。为保证电力系统的正常运行，在电力系统的适当地点进行的接地，称为工作接地。在交流系统中，适当的接地点一般为电气设备，例如变压器的中性点；在直流

系统中还包括相线接地。

(2) 逻辑接地。电子设备为了获得稳定的参考电位，将适当的金属部件（如金属底座）作为参考零电位，把需要获得零电位的电子器件接于该金属部件上，这种接地称为逻辑接地。该基准电位不一定与大地相连接，所以它不一定是大地的零电位。

(3) 信号接地。为保证信号具有稳定的基准电位而设置的接地，称为信号接地。

(4) 屏蔽接地。将设备的金属外壳或金属网接地，以保护金属壳内或金属网内的电子设备不受外部的电磁干扰；或者使金属壳内或金属网内的电子设备不对外部电子设备引起干扰。这种接地称为屏蔽接地。法拉第笼就是最好的屏蔽设备。

2. 保护性接地

(1) 保护接地。为防止电气设备绝缘损坏而使人身遭受触电危险，将于电气设备绝缘的金属外壳或构架与接地极做良好的连接，称为保护接地。接低压保护线（PE 线）或保护中性线（PEN 线），也称为保护接地。停电检修时所采取的临时接地，也属于保护接地。

(2) 防雷接地。将雷电流导入大地，防止雷电伤人和财产受到损失而采用的接地，称为防雷接地。

(3) 防静电接地。将静电荷引入大地，防止由于静电积累对人体和设备受到损伤的接地，称为防静电接地。而油罐汽车后面拖地的铁链子也属于防静电接地。

(4) 防电腐蚀接地。在地下埋设金属体作为牺牲阳极以达到保护与之连接的金属体，如输油金属管道等，称为防电蚀接地。牺牲阳极保护阴极的称为阴极保护。

7.2.3 接地的基本要求

设置接地装置的目的，一是保证人身安全，二是保证电气设备安全。为保证人身和电气设备的安全，接地网的电位、接触电位差、跨步电位差三者都必须控制在允许值的范围之内。

1. 一般要求

电气设备及设施接地或接中性线，应做到因地制宜，安全可靠，经济合理。

1) 不同用途和不同电压的电气设备，除另有规定者外，应使用一个总的接地系统，接地电阻应符合其中最小值的要求。

2) 接地装置应充分利用直接埋入水下和土壤中的各种自然接地体接地，并校验其热稳定。

3) 当电站接地电阻难以满足运行要求时，可根据技术经济比较，因地制宜地采用水下接地、引外接地、深埋接地等接地方式，并加以分流、均压和隔离等措施。对小面积接地网和集中接地装置可采用人工降阻的方式降低接地电阻。

4) 接地设计应考虑土壤干燥或冻结等季节变化的影响，接地电阻在四季中均应符合设计值的要求。防雷装置的接地电阻，可只考虑雷季中土壤干燥状态的影响。

2. 工作接地及要求

1) 有效接地系统中，自耦变压器和需要接地的电力变压器中性点、线路并联电抗器中性点、电压互感器、接地开关等设备应按照系统需要进行接地。

2) 不接地系统中，消弧线圈接地端、接地变压器接地端和绝缘监视电压互感器一次侧中性点需要直接接地。

3）中性点有效接地的系统，应装设能迅速自动切除接地短路故障的保护装置。中性点不接地的系统，应装设能迅速反映接地故障的信号装置，也可装设自动切除的装置。

3. 保护接地及要求

1）电力设备某些金属部件，除非另有规定，均应接地或接中性线（保护线），例如：电机、变压器、电抗器等底座和外壳；SF6全封闭组合电器（GIS）与大电流封闭母线外壳以及电气设备箱、柜的金属外壳；电力设备传动装置；互感器的二次绕组；配电、控制保护屏（柜、箱）及操作台等的金属框架；屋内配电装置的金属构架和钢筋混凝土构架，以及靠近带电部分的金属围栏和金属门、窗；装有避雷线的电力线路杆塔等。

2）电力设备某些金属部分，除非另有规定，可不接地或不接中性线（保护线），例如：在木质、沥青等不良导电地面的干燥房间内，交流额定电压380V及以下的电力设备外壳；但当维护人员可能同时触及设备外壳和接地物体时除外；在干燥场所，交流额定电压127V及以下，直流额定电压110V及以下的电力设备外壳，但爆炸危险场所除外；安装在配电屏、控制屏和配电装置上的电气测量仪表、继电器和其他低压电气等的外壳，以及当发生绝缘损坏时，在支持物上不会引起危险电压的绝缘子金属底座等；安装在已接地的金属构架上的设备（应保证电气接触良好），如套管等；标称电压220V及以下的蓄电池室内的支架；用电设备较少、分散，且又无接地线的地方，宜采用接中性线保护。接中性线保护有困难，而土壤电阻率较低时，可采用直接埋设接地体进行接地保护。

4. 防雷接地及要求

所有设有避雷针、避雷线的构架、微波塔均应设置集中接地装置。

避雷器宜设置集中接地，其接地线应以最短的距离与接地网相连。

独立避雷针（线）应设独立的集中接地装置，接地电阻不宜超过10Ω。在高土壤电阻率地区，当要求做到的10Ω确有困难时，允许采用较高的数值，并应将该装置与主接地网连接，但从避雷针与主接地网的地下连接点到35kV以下电气设备与主接地网的地下连接点，沿接地体的长度不得小于15m。避雷针（线）到被保护设施的空气中距离和地中距离还应符合防止避雷针（线）对被保护设备反击的要求。

独立避雷针（线）不应设在人经常通行的地方。避雷针（线）及其接地装置与道路或入口等的距离不宜小于3m，否则应采取均压措施，铺设砾石或沥青地面。

7.3 风电机组的防雷保护

风电机组工作于自然环境下，而且是高耸塔式结构，一般为40~65m，多安装在空旷的地方或山地，易受到雷击。风电机组的电气绝缘等级低，还大量使用自动化控制和通信器件，其环境远比常规发电机组的环境恶劣。由于风机内部结构非常紧凑，无论叶片、机舱、主轴、还是尾翼受到雷击，机舱内的发电机及控制系统等设备都可能受到机舱的高电位反击，在电源和控制回路沿塔柱引下的途中，也可能受到反击。

一旦发生雷击，雷电释放的巨大能量会造成风力发电机组叶片损坏、发电机绝缘击穿、控制元器件烧毁等后果。图7-4为德国帕德博恩市附近一风力机遭雷击着火的情景，总损失达150万欧元。我国沿海地区地形复杂，雷暴日较多，雷击给风力发电机组和运行人员带来巨大威胁。例如，红海湾风电场建成投产至今发生了多次雷击事件，据统计，叶片被击中率达4%，其他通信电器元件被击中率更高达20%。统计表明风力机受到的大多属于直击雷，遭受雷击后叶片和电气系统一般均会受到不同程度的损坏，严重的会导致停运。

图 7-4 风力机遭雷击着火

对于风力机而言，直击雷保护主要是针对叶片、机舱、塔架防雷，而感应雷击保护主要是指过电压保护和等电位连接。电气系统防雷则主要是间接雷击保护。

7.3.1 叶片的防雷保护

作为风力发电机组中位置最高的部件，叶片是雷电袭击的首要目标；同时叶片又是风力发电机组中最昂贵的部件，因此叶片的防雷保护至关重要。

研究结果表明，大部分雷击事故只损坏叶片的叶尖部分，少量的会损坏整个叶片。雷击造成叶片损坏主要有两个方面：一方面是雷电击中叶尖后，释放大量能量，强大的雷电流使叶尖结构内部的温度急剧升高，水分受热汽化膨胀，从而产生很大的机械力，造成叶尖结构爆裂破坏，严重时使整个叶片开裂；另一方面雷击造成的巨大声波，对叶片结构造成冲击破坏。叶片的完全绝缘不能降低被雷击的风险，而只能增加受损伤的程度，而且在很多情况下雷击的位置在叶尖的背面。

1. 叶片防雷系统

研究表明，物体被雷电击中，雷电流总是会选择传导性最好的路径。针对雷电的这一破坏特性，可以在被击设备结构内部构造出一个低阻抗的对地导电通路，这样就可以使设备免遭雷击破坏。这一原理是叶片防雷措施的基础，并且贯穿于整个风力机防雷系统中。根据这一特性，风力机叶片配备了一套完备的防雷系统。

叶片防雷系统连于叶片根部的金属环处，包括雷电接闪器和引下线（雷电传导部分），如图 7-5 所示。叶片防雷系统的主要目标是避免雷电直击叶片本体而导致叶片本身发热膨胀、迸裂损害。其工作原理简单地说，就是由叶尖接闪器捕捉雷电，再通过叶片内部引下线将雷电导入大地，约束雷电，从而保护叶片。

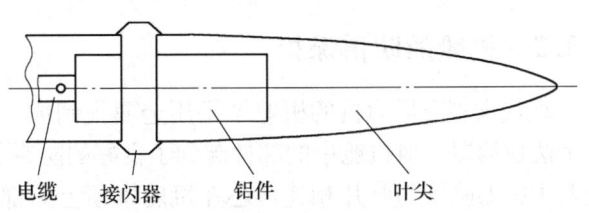

图 7-5 叶片防雷系统示意图

雷电接闪器是一个特殊设计的不锈钢螺杆，装置在叶片尖部，即叶片最可能被袭击的部位。事实上，接闪器相当于一个避雷针，起引雷的作用。接闪器应该能够经受多次雷电的袭击，受损后也可以更换。

引下线是一段铜电缆，装于叶片内部，始于接闪器，终于叶片根部。为了避免与接闪器断开，要确保引下线不能移动。同时，由于雷电流非常巨大，要求引下线的传导容量裕量充足，根据不同的机型与环境，对引下线电缆的最小允许直径做出不同的规定。一般而言，规定引下线电缆最小直径在 50~70mm 内。发生雷击时，引下线可将雷电从接闪器导入叶片根部的金属环，从而不会引起叶片本身温度的明显增高。也就免遭强大的雷电流破坏，实现了防雷保护作用。

叶片内可能会附加或特设有保护系统，一般由动叶片制造商来设计安装。假设叶片上或内部装有传感器，则必须与叶片防雷系统进行适当的等电位连接，来对其进行保护。用于等电位连接的导线，要求采用屏蔽电缆或者是安放于金属套管中，还应当尽可能地靠近引下线，并与之连接。

2. 叶片到机舱的过渡段

首先说明的是，不同厂家生产的不同机型，设计上会有所区别，这里只取常见的典型设计进行介绍。

始于叶片接闪器的引下线延伸到叶片根部的金属环，该环与叶片轴承和轮毂电气隔离，由穿过该环的弹性连接将雷电流传到轮毂。所谓弹性连接，由两组连接到钢弹簧上的轮组成。这部分可称为叶片到叶片轴承、轮毂间的过渡段。

轮毂与机舱间过渡段上有三个并联的电火花放电间隙，彼此相差 120°。其设计与动叶片和叶片轴承间相同。每个电火花间隙还有一个电刷，用来补偿静态电位差。

3. 不同类型叶片的防雷系统

目前大型风机使用的叶片，从结构上来讲大致可分成两大类型，一种是定桨距失速风机，广泛使用的有叶尖阻尼器结构的叶片；一种是无叶尖阻尼器的叶片（变桨距风机及少数失速型风机使用）。两种结构的叶片分别采用不同的保护方式。

(1) 无叶尖阻尼器机构的叶片。由于无叶尖阻尼机构，因而该型叶片防护方式实现起来较为简单。即在叶尖部分将铜网布或金属导体预置于叶尖部分玻璃纤维聚脂层表面，形成接闪器通过埋置于叶片中的 $50mm^2$ 铜导线与叶根处金属法兰连接。

(2) 有叶尖阻尼器结构的叶片。设置了叶尖阻尼器的叶片，整个叶片分成了两段，叶尖部分玻璃纤维聚脂层预置铸铝型芯作为接闪器，通过采用了碳纤维材料制成的阻尼器轴，与连接轮毂的叶尖阻尼器启动钢丝相连接，这种用于叶片的防雷保护系统，通过了 AEA 雷电实验室的实脸，实验结果表明电流达到 200kA 时叶片无任何损坏。

7.3.2 机舱的防雷保护

现代大多数风力机的机舱罩是用金属板制成，这相当于一个法拉第罩，对机舱中的部件起到了良好的防雷保护作用。机舱主机架除了与叶片相连，还在机舱罩顶上后部设置一个（数目可多于一个）高于风速、风向仪的接闪杆，如图 7-6 所示，相当于一个避雷棒，用以保护风速计和风向仪免受雷击。

机舱罩及机舱内的各部件均通过铜导体与机舱底板连接，

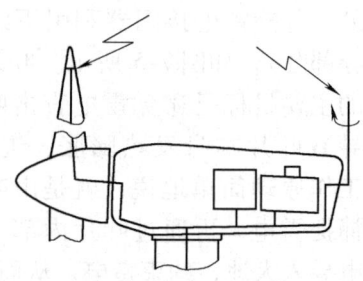

图 7-6 机舱的防雷设计

旋转部分的轮毂，通过电刷经铜导体与机舱底板连接。专设的引下线连接机舱和塔架，且跨越偏航环，即机舱和偏航制动盘通过接地线也连接起来，从而雷击时将不受到伤害。这样，可通过引下线将雷电顺利地导入塔架，从而保证即使风机的机舱直接被雷击时雷电也会被导向塔架而不会引起损坏。

关于机舱内外如何接到地电位，不同的机型会有不同的设计。这里取典型的一种。

以机舱外壳内围绕塔架的 $70mm^2$ 铜电缆环作为电压公共节点，机舱内所有部件都连到该公共节点，专设的引下线再将该公共电压节点连到塔架。

为了将机舱外壳顶部的避雷器接到地电位，基于法拉第笼原理制造一个电缆笼，并将其连于电压公共节点上。

7.3.3 塔架的防雷保护

如果放电路径的直径较大，则其电感较小。因此应该选用比较粗的导体将避雷针接至大地。实际中，避雷针的接地线是好几根并行的导线，就像四分裂导线一样，其等效直径很大，因而电感较小。

下面根据不同材质的塔架，分别介绍其防雷措施。

（1）钢制塔架。雷电通常沿系统的金属部分进行传导。然而，钢制塔架包括若干个大约25m高的钢制部件，具体情况因其高度而异。在这些钢制部件之间的过渡段，采用并行路径方式，设置三个彼此相间120°的间隙作为雷电路径。

连接部分包括一个不锈钢多孔板，与法兰面上的孔一起用螺栓固定。不允许雷击沿紧固的螺栓进行传导。

塔基处该部件在三个彼此相间120°的位置上接到由 $95mm^2$ 铜电缆组成的公共节点上，后者则接到接地环或接地电极上。

（2）混凝土塔架。至于混凝土塔架情况，雷电通过塔架内的铜电缆仍是在三个彼此相间120°的位置上（并行路径概念）被散流。在塔基处，它们连接到与接地环和接地电极相连的电压公共节点上，不允许雷击电流沿着为加固塔架而装设的钢拉线进行传导。

（3）混合塔架。混合塔架底部为混凝土，上面部分由钢制成。钢制区从塔架自身接地。其与混凝土区连接处，钢制连接适配法兰与钢制区法兰在附有不锈钢盘的法兰面上选择三个彼此相间120°的位置用螺栓进行固定。

钢制适配器（在混凝土区）依次接于三个彼此相间120°的接地电缆（最小截面为 $95mm^2$ 的铜电缆），后者接于塔基的公共节点。

7.3.4 风电机组的接地

风电机组采用TN方式的供电系统，可以较好地保护风电机组电气系统及人员的安全。

所谓TN系统，其第一个字母T说明系统中有一点（一般是电源的中性点）直接接大地，称为系统接地，其第二个字母N说明用电设备的外壳经保护接地即PE线（Protecting Earthing conductor）与系统直接接地点连接而间接接地，称为保护接地。与之对应的是TT系统。TT系统的第一个字母也表明系统接地是直接接大地，第二个字母T表明用电设备外壳的保护接地是经PE线接单独的接地板直接接大地，与电源中的N线线路和系统接地点毫无关联。

风电机组的接地系统是风电机组防雷保护系统中的一个关键环节，应该保证在土壤电阻率差异较大的不同地区，风电机组的接地系统均能达到IEC规范的要求。一个有效的风电机组接地系统应保证雷电顺利入地，为人员和动物提供最大限度的安全，保护风电机组部件不受损坏。

风电机组接地系统应包括一个围绕风电机组基础的环状导体，此环状导体埋设在距风电机组基础1m远的地面下1m处，采用50mm^{2}铜导体或直径更大些的铜导体；每隔一定距离打入地下镀铜接地棒，作为铜导电环的补充；铜导电环连接到塔架两个相反位置，地面的控制器连接到连接点之一。有的设计在铜环导体与塔基中间加上两个环导体，使跨步电压更加改善。如果风电机组放置在接地电阻率高的区域，要延伸接地网以保证接地电阻达到规范要求。若测得接地网电阻值大于要求的值，则必须采取降阻措施，直至达到标准要求。

可以将多台风电机组的接地网进行互连，这样通过延伸机组的接地网可进一步降低接地电阻，使雷电流迅速流散入大地而不产生危险的过电压。

7.3.5 电气系统的防雷保护

依据是否可能发生直击雷、雷电流的幅值以及相关电磁场情况，可划分若干区域来定义雷电对本区内设备所造成影响的特性，即雷电保护带（LPZs）。表7-1给出了四种雷电保护带。

表7-1 四种雷电保护带

LPZ0A	直接雷击，完全的雷电流，无衰减的电磁场
LPZ0B	无直接雷击，完全的雷电流，无衰减的电磁场
LPZ 1	无直接雷击，减小的雷电流，衰减的电磁场
LPZ 2	进一步减小的雷电流，进一步衰减的电磁场

只需要对从一个保护带跨到另一更低保护水平防雷带的电缆进行过电压保护，而无需保护区内的电缆。在不同的保护区的交界处，通过SPD（防雷及电涌保护器）对有源线路（包括电源线、数据线、测控线等）进行等电位连接。

适当的等电位连接可以在雷击时避免出现触摸电压和跨步电压从而起到保护作用，并减少对电气电子系统的危害。

为避免雷击产生的过电压对电气系统的破坏，一般来说，风机电气系统在主电路上加设过电压保护器件来保护元器件免受过电压损坏。具体来说，在发电机、开关盘、控制器模块电子组件、信号电缆终端等，采用避雷器或压敏电阻块的过电压保护。

对于在塔内的较长的信号线缆，在两端分别加装保护，以阻止感应浪涌对两端设备的冲击，确保重要信号的传输。

7.3.6 风电机组防雷保护的注意事项

1）风力发电机组的外部直击雷保护，重点是放在改进叶片的防雷系统上；而内部的防雷过电压保护则由风机厂家设计完成。为了改进风机的防雷性能，首先要确定合理统一的防雷设计标准，明确防止外部雷电和内部雷电（过电压）保护的制造工艺规范，这是提高风力发电机组防雷性能的基础。

2）不同地域的雷电活动有所差别，我国北方和南方的雷电活动强度也不一样。在我国将来的规范标准中，应该考虑到地域的不同。

3）风机的一般外部雷击路线是：雷击（叶片上）接闪器→（叶片内腔）导引线→叶片根部→机舱主机架→专设（塔架）引下线→接地网引入大地。从丹麦和德国统计受雷击损坏部位中，雷电直击的叶片损坏占15%~20%，而80%以上是与引下线相连的其他设备，受雷电引入大地过程中产生过电压而损坏，就是说，雷电形成的过电压必须引起充分重视。

4）风场微观选址中，地质好的风机基础和低电阻率接地网点是有矛盾的；而风机设备耐雷性能的设计和要求现场接地电阻值的高低也是有矛盾的。所以，必须充分考虑各方面因素，进行技术经济的优化。

5）国外风机防雷和过电压设计也不是很完善，在风机国产化的过程中，改进风机防雷和过电压设计是必要的。

6）应当认识到无论采取多么有效的措施，也不可能完全消除被雷击的危险。应当在风机安装前，即进行风电场的规划设计及微观选址时，将风机的防雷作为影响因素之一加以考虑（雷电活动剧烈地区）。

7.4 集电线路的防雷与接地

7.4.1 集电线路的感应雷过电压

集电线路防雷性能优劣主要用两个技术指标：耐雷水平和雷击跳闸率来衡量。耐雷水平是指线路遭受雷击时，线路绝缘所能耐受的不至于引起绝缘闪络的最大雷电流幅值（kA）。耐雷水平越高，线路的防雷性能越好。雷击跳闸率是指雷暴日数 $T_d = 40$ 的条件下，每100km 的集电线路每年因雷击而引起的跳闸次数，它是衡量线路防雷性能的综合指标。

集电线路上出现大气过电压主要有直击雷过电压和感应雷过电压两种。一般直击雷过电压危害更严重。

感应雷过电压的特点包括：

1）极性与雷电的极性正好相反。

2）同时存在于三相导线，相间不存在电位差，故一般只能引起相对地闪络，而不会产生相间闪络。

3）幅值不高，一般不会超过500kV，因此，它对110kV 及以上电压等级线路的绝缘不会构成威胁，仅在35kV 及以下的线路中可能会产生一些闪络事故。

雷电造成的感应过电压，可按下面的方法进行计算。

1. 当雷击点离开线路的距离 s 大于 65m 时

此时雷往往会击中附近地面和周围其他物体，而不会击中线路。根据线路是否架设避雷线，可以分以下两种情况分别计算线路上的感应过电压。

（1）导线上方无避雷线。导线上的感应电压最大值 U_{gd} 为

$$U_{gd} = 25 \frac{I \times h_d}{s} \quad (\text{kV}) \tag{7-10}$$

式中，s 为雷击点与线路的垂直距离（m）；h_d 为导线悬挂的平均高度（m）；I 为雷电流幅

值(kA)。

(2) 导线上方挂有避雷线。当雷电击于挂有避雷线的导线附近大地时,则由于避雷线的屏蔽效应,导线上的感应电荷就会减少,从而降低了导线上的感应过电压。

导线上的感应过电压最大值 U'_{gd} 为

$$U'_{gd} = U_{gd}\left(1 - k_0 \frac{h_b}{h_d}\right) \quad (\text{kV}) \tag{7-11}$$

式中,k_0 为避雷线与导线之间的几何耦合系数;h_d 为导线悬挂的平均高度(m);h_b 为避雷线悬挂的平均高度(m)。

2. 雷击线路杆塔时

距离线路较近的落雷,通常因线路的引雷作用而直接击于线路。当雷击杆塔或杆塔附近的避雷线(针)时,导线上的感应电压应该采用下面的公式进行计算。

(1) 无避雷线的线路。目前,规程建议对一般高度(约40m以下)无避雷线的线路,此感应过电压最大值可用下式计算

$$U_{gd} = ah_d \tag{7-12}$$

式中,α 为感应过电压系数(kV/m),其数值等于以 kA/μs 计的雷电流平均陡度,即 $\alpha = I/2.6$。

(2) 有避雷线的线路。有避雷线时,由于其屏蔽效应,应按下式计算

$$U'_{gd} = ah_d\left(1 - k_0 \frac{h_b}{h_d}\right) \tag{7-13}$$

7.4.2 集电线路的直击雷过电压

输电线路遭受直击雷可能出现下面三种不同的情况,如图7-7所示。

1) 雷击杆塔塔顶及塔顶附近避雷线(以下简称雷击杆塔),可能会造成"反击",使线路绝缘子发生冲击闪络。

2) 雷击档距中央的避雷线,可能会造成导、地线之间的空气间隙发生击穿。

3) 雷绕过避雷线而击于导线,也称绕击,通常会造成线路绝缘子串发生闪络。

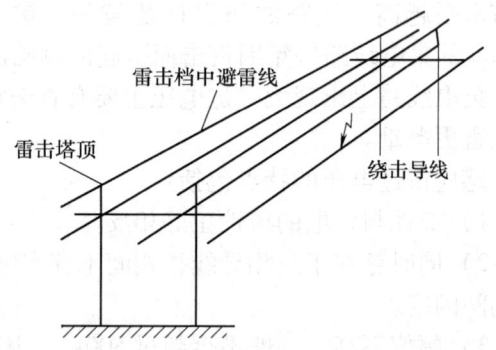

图7-7 有避雷线线路发生直击雷的三种可能情况

1. 雷击杆塔塔顶时的线路耐压

(1) "反击"的概念

当雷击杆塔时,极大部分雷电流会通过杆塔接地装置流入大地。巨大的雷电流会在杆塔电感和杆塔接地电阻上产生很高的电位,使原来电位为零的接地杆塔带上了高电位,此时杆塔将通过绝缘子串对导线逆向放电,造成闪络。由于这种闪络是由接地杆塔的电位升高所引起的,故又称为"反击"。

(2) 绝缘子串上的各个电压分量

1) 绝缘子串杆塔一侧横担高度处的电位 U_{hd}。U_{hd} 是由流过杆塔部分的雷电流分量 I_{gt} 在

杆塔横担至大地之间的塔身电感和杆塔接地电阻上产生的电压降，它与雷击具有相同的极性。

2）绝缘子串导线一侧的电位 U_{dc}。它包括感应过电压、耦合电压和导线工作电压三个电压分量。

① 感应过电压分量 U'_{gd}。雷击杆塔时会在导线上产生与雷电极性相反的感应过电压，可以由式（7-13）计算得到。

② 耦合电压分量 kU_{td}。雷电流通过杆塔电感和杆塔接地电阻时会在杆塔顶部产生很高的电压，又称塔顶电位，用 U_{td} 表示。该塔顶电位 U_{td} 将以过电压波的形式向两侧避雷线传去，由此将会通过耦合在导线上产生耦合电压分量 kU_{td}。它与塔顶电位 U_{td} 具有相同的极性，即与雷电同极性。

③ 导线工作电压。导线上工作电压的极性是不断交替变化的，从严考虑，应取其与雷电反极性，此时作用于绝缘子串上的电压更大，情况更严重。但在通常情况下，由于导线上的工作电压不大，一般可以忽略，不予考虑。

综上所述，导线上的电位为

$$U_{dx} = kU_{td} - U'_{gd} \tag{7-14}$$

此时，线路绝缘子串上两端电压 U_j 应是杆塔横担高度处电位 U_{hd} 和导线电位 U_{dx} 两者之差。即

$$U_j = U_{hd} - U_{dx} = U_{hd} - kU_{td} + U'_{gd} \tag{7-15}$$

式中，k 为导线、地线之间考虑电晕修正的耦合系数。

(3) 提高"反击"耐压水平的措施

如果雷击杆塔时雷电流超过线路的耐压水平，就会引起线路闪络，造成"反击"。为了减少反击，必须提高线路的耐压水平，可采取的措施主要有：

1）加强线路绝缘；
2）降低杆塔接地电阻；
3）增大耦合系数；
4）增大地线分流以降低杆塔分流系数，常用措施是将单避雷线改为双避雷线或在导线下方加装耦合地线。

2. 雷击避雷线档距中央的线路耐压

(1) 等效电路图及雷击点的电压

雷击避雷线档距中央如图 7-8a 所示，其等效电路如图 7-8b 所示。雷击点 A 的电压 u_A 为

$$u_A = 2 \times \left(\frac{i}{2} Z_0\right) \times \frac{\frac{Z_b}{2}}{Z_0 + \frac{Z_b}{2}} = i \frac{Z_0 Z_b}{2Z_0 + Z_b} \tag{7-16}$$

在计算中可以近似地取 $Z_0 = \frac{Z_b}{2}$。代入式（7-16）可得

$$u_A = \frac{Z_b}{4} i \tag{7-17}$$

式中，i 为雷电流；Z_0 为雷道波阻抗；Z_b 为避雷线波阻抗。

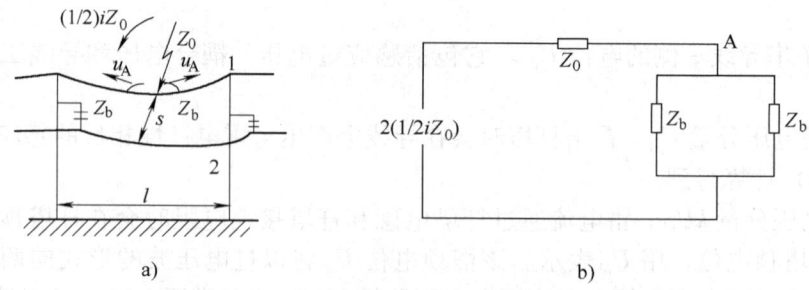

图 7-8 雷击避雷线档距中央及其等效电路图
a) 线路示意图 b) 等效电路
1—避雷线 2—导线 s—避雷线与导线之间的空气气隙

(2) 避雷线与导线之间的空气气隙 s 上所承受的最大电压

若雷电流取为斜角波头，即 $i = at$，代入式 (7-17) 可得

$$u_A = \frac{Z_b}{4} at \tag{7-18}$$

因此，雷击点 A 处的电压 u_A 将随着时间的增加而线性增加。同时，这一电压波 u_A 将沿两侧避雷线向相邻杆塔传播，经过 $0.5l/v$ 时间（l 为档距长度，即两个杆塔之间的距离；v 为避雷线中的波速）到达杆塔。由于杆塔接地，在该处将发生电压的负反射，于是一个负的电压反射波将开始向雷击点 A 回传，又经过 $0.5l/v$ 时间到达 A 点，于是 A 点的电压 u_A 不再继续升高，此时 A 点电压达到最大值 U_A，即

$$U_A = \frac{a Z_b l}{4v} \tag{7-19}$$

由于避雷线与导线之间的耦合作用，在导线上将产生耦合电压 kU_A，故雷击处避雷线与导线间的空气气隙 s 上所承受的最大电压 U_s，可用下式表示：

$$U_s = U_A(1-k) = \frac{a Z_b l}{4v}(1-k) \tag{7-20}$$

从式 (7-20) 可知，雷击避雷线档距中央时，雷击处避雷线和导线之间的空气气隙电压 U_s 与雷电流陡度 a 成正比，与档距长度 l 成正比。当该电压超过空气气隙的放电电压时，气隙将被击穿，造成短路事故。为了防止该空气间隙被击穿，通常采取的办法是保证避雷线与导线之间有足够的空间距离 s。

根据理论分析和运行经验，我国规程规定档距中央导线、地线之间的空气距离 s 可按下列经验公式选取

$$s = 0.012l + 1 \quad (\text{m}) \tag{7-21}$$

式中，l 为档距长度 (m)。

3. 绕击导线时的线路耐压

(1) 雷击点的电压。绕击导线时雷击点的电压 U_d 为

$$U_d = \frac{Z_d}{4} i \tag{7-22}$$

考虑过电压情况下导线上会出现电晕，取 Z_d 约为 400Ω，故有

$$U_d \approx 100i \tag{7-23}$$

式中，i 为雷电流。

（2）耐压水平的计算。如果绕击时导线上的电压 U_d 超过绝缘子串的 50% 冲击闪络电压 $U_{50\%}$，则导线将发生冲击闪络。此时，绕击导线时的线路耐压水平 I_2 为

$$I_2 = \frac{U_{50\%}}{100} \tag{7-24}$$

7.4.3 集电线路的雷击跳闸率

雷电过电压引起集电线路直击雷跳闸需要同时满足以下两个条件：

1）雷电流超过线路耐雷水平，引起线路绝缘发生冲击闪络。

2）当极短暂的雷电波过去后，冲击闪络可能在导线上工作电压的作用下转变成稳定的工频电弧。一旦形成稳定的工频电弧，导线上将持续流过工频短路电流，从而造成线路跳闸停电。

1. 建弧率

建弧率是指冲击闪络转变为稳定工频电弧的概率，用 η（%）来表示。

冲击闪络转变为稳定工频电弧的概率与闪络通道中的平均运行电压梯度有关，根据试验运行经验，建弧率 η（%）可用下式表示

$$\eta = 4.5E^{0.75} - 14(\%) \tag{7-25}$$

式中，E 为绝缘子串的平均运行电压梯度。

对中性点直接接地系统

$$E = \frac{U_n}{\sqrt{3}l_j} \tag{7-26}$$

对非中性点非直接接地系统（中性点绝缘或经消弧线圈接地）

$$E = \frac{U_n}{2l_j + l_m} \tag{7-27}$$

式中，U_n 为线路额定电压（有效值）（kV）；l_j 为绝缘子串闪络距离（m）；l_m 为木横担线路的线间距离（m）；对贴横担和水泥横担线路，则 $l_m = 0$。

对于中性点不接地系统，单相闪络不会引起跳闸。只有在第二相导线也发生闪络时，才会造成相间短路而跳闸。因此，对于式（7-27），放电距离应该为绝缘子串长度的两倍，即 $2l_j$。

若 $E \leq 6\text{kV/m}$（有效值）时，则建弧率很小，可近似认为 $\eta = 0$。

2. 有避雷线线路雷击跳闸率 n 的计算

（1）雷击杆塔时的跳闸率 n_1。每 100km 有避雷线的线路每年（40 个雷暴日）落雷次数为

$$N = 0.28(b + 4h_s) \tag{7-28}$$

式中，b 为两根避雷线之间的距离（m）；h_s 为避雷线的平均对地高度（m）。

若击杆率为 g,则每100km线路每年雷击杆塔次数为 $0.28(b+4h_s)g$ 次。若雷电流幅值大于雷击杆塔时的耐雷水平 I_1 的概率为 P_1,建弧率为 η,则每100km线路每年因雷击杆塔的跳闸次数 n_1 为

$$n_1 = 0.28(b+4h_s)\eta g P_1 \tag{7-29}$$

(2) 绕击跳闸率 n_2。设线路的绕击率为 P_a,则每100km线路每年绕击次数为 $0.28(b+4h_s)P_a$,雷电流幅值超过绕击耐雷水平 I_2 的概率为 P_2,建弧率为 η,则每100km线路每年绕击跳闸次数 n_2 为

$$n_2 = 0.28(b+4h_s)\eta P_a P_2 \tag{7-30}$$

(3) 线路雷击跳闸率。根据运行经验,只要避雷线与导线之间的空气距离满足式 (7-21),则雷击避雷线档距中央时一般不会发生击穿事故,故其跳闸率为零。

所以线路雷击跳闸率只考虑雷击杆塔和雷绕击于导线两种情况。故有避雷线的线路,雷击总跳闸率为

$$n = n_1 + n_2 = 0.28(b+4h_s)\eta(gP_1 + P_a P_2) \tag{7-31}$$

n 的单位为次/(100km·年)。

7.4.4 集电线路的防雷保护措施

(1) 架设避雷线。避雷线是高压集电线路最基本的防雷措施,其主要目的是防止雷直击于导线。此外,对雷电流有分流作用,可以减少流入杆塔的雷电流,降低塔顶电位;对导线有耦合作用,降低雷击杆塔作用时作用于线路绝缘子串上的电压;对导线有屏蔽作用,可以降低导线上的感应过电压。

(2) 降低杆塔接地电阻。降低杆塔接地电阻是提高线路耐雷水平、防止反击的有效措施。杆塔的工频接地电阻一般为 10~30Ω,在雷季干燥时一般不宜超过表 7-2 所列数值。

表 7-2 线路杆塔的工频接地电阻

土壤电阻率/(Ω·m)	100 及以下	100~500	500~1000	1000~2000	2000 及以上
接地电阻/Ω	10	15	20	25	30

在土壤电阻率低的地区,应充分利用杆塔的自然接地电阻。在土壤电阻率高的地区,当降低接地电阻比较困难时,可以采用多根放射形水平接地体、连续伸长接地体、长效土壤降阻剂等措施。

(3) 加强线路绝缘。主要有增加绝缘子串的片数、改用大爬距悬式绝缘子、增大塔头空气间距等。这样做固然也能提高线路的耐雷水平、降低建弧率,但实施起来往往局限性较大,难度也较大。因此通常作为后备保护措施。

(4) 架设耦合地线。架设耦合地线通常是作为一种补救措施。它主要是在某些已经建成投运线路的雷击故障频发线路段上使用,通常是在导线下方再加装一条地线(又称耦合地线)。它可以加强地线的分流作用和增大导地线之间的耦合系数,从而提高线路的耐雷水平。运行经验表明,耦合地线对减少雷击跳闸率效果是显著的,约可降低50%左右。

(5) 采用消弧线圈。适用于35kV及以上的线路,可大大降低冲击闪络转变为稳定工频电弧的概率(即减小建弧率),减少线路的雷击跳闸次数。

(6) 装设自动重合闸。由于线路绝缘具有自恢复功能，大多数雷击造成的冲击闪络和工频电弧在线路跳闸后能快速去游离，迅速恢复绝缘功能。因此，在线路形成稳定的工频电弧引起线路断路器跳闸后，采用自动重合闸在极大多数情况下都能使线路迅速恢复正常供电。35kV以下的线路重合闸成功率约为50%~80%。各种电压等级的线路应尽量装设自动重合闸。

(7) 采用不平衡绝缘方式。为节省线路走廊用地，高压线路中同杆架设的双回路线路日益增多。为避免在线路落雷时出现双回路同时闪络跳闸，造成完全停电的严重局面，在采用通常的防雷措施仍无法满足要求的情况下，还可采用不平衡绝缘方式来降低双回路雷击同时跳闸率，以保证不中断供电。

不平衡绝缘方式就是使两个回路的绝缘子串片数有差异，这样，雷击时绝缘子串片数较少的回路先发生闪络，闪络后的导线相当于一根地线，从而增加了对另一回路导线的耦合作用，提高了另一回路的耐压水平，使之不会再发生耐压闪络，这样就保证了该回路可以继续供电。

(8) 装设避雷器。为了减少输电线路的雷害事故，提高输送电的可靠性，可在雷电活动强烈或土壤电阻率很高的线段及线路绝缘薄弱处装设排气式避雷器。

7.5 升压变电站的防雷与接地

风电场升压变电站是风电场的枢纽，担负着向外输出电能的重任，一旦遭受雷击，引起变压器等重要电气设备绝缘毁坏，不但修复困难，而且会导致风电场所发出的电能不能外送，可能会造成供电区域内大面积、长时间停电，必然给国民经济带来严重损失。因此，风电场升压变电站的雷电防护必须十分可靠。

对直接雷击变电站一般采用安装避雷针或避雷线保护。运行实践表明，只要符合相关防雷标准要求安装的避雷针或避雷线，其保护可靠性较高，只有在绕击或反击时，才有可能发生事故。对于沿线路侵入变电站的雷电侵入波的防护，则主要靠在变电所内合理地配置避雷器，并在距变电站1~2km的进线段加装辅助的防护措施，以限制通过避雷器的雷电流幅值和降低雷电压的陡度。这样，每年每一百个变电站，因沿线路侵入的雷电压波造成的事故可控制在0.5~0.6次。

7.5.1 升压变电站的直击雷保护

风电场升压变电站因其在风电场及电力系统中的重要地位，应按第一类建筑物标准作防雷保护。

建、构筑物年预计雷击次数N的计算如下式

$$N = kN_g A_e = 0.02kT_d^{1.3}A_e \tag{7-32}$$

式中，当$H<100$m时

$$A_e = [LW + 2(L+W)\sqrt{H(200-H)} + \pi H(200-H)] \times 10^{-6}$$

当$H \geqslant 100$m时

$$A_e = [LW + 2H(L+W) + \pi H^2] \times 10^{-6}$$

式中，A_e 为与建筑物接受相同雷击次数的等效面积（km^2）；T_d 为当地年平均雷电日数；N_g 为建筑物所在地区雷击大地年平均密度（次/（km^2）·α）；L、W、H 为建筑物的长、宽及最高点；k 为校正系数，位于旷野的孤立建筑物取 2，金属屋面的砖木结构建筑物取 1.7，位于河边、湖边、山坡下或山地中土壤电阻率较小处、地下水露头处、土山顶处、山谷风口处的建筑物及特别潮湿的建筑物取 1.5，除此之外一般取 1 即可。

雷击避雷针时，雷电流流经避雷针及其接地装置，在避雷针 h 高度和避雷针的接地装置上，将出现高电位 u_k 和 u_d。此时有

$$u_k = L \frac{di_L}{dt} + i_L R_{ch}$$

$$u_d = i_L R_{ch} \tag{7-33}$$

式中，L 为避雷针的等值电感；R_{ch} 为避雷针的冲击接地电阻；i_L 和 di_L/dt 分别为流经避雷针的雷电流和雷电流平均上升速度。

取雷电流 i_L 的幅值为 100kA，雷电流的平均上升速度 di_L/dt 为 38.5kA/μs，避雷针电感为 1.55μH/m，则可得

$$u_k = 100 R_{ch} + 60h \quad (kV)$$

$$u_d = 100 R_{ch} \quad (kV) \tag{7-34}$$

式中，h 为配电构架的高度（图 7-9 中的点 A）。上式表明，避雷针和其他接地装置上的电位 u_k 和 u_d 与冲击接地电阻 R_{ch} 有关，R_{ch} 越小则 u_k 和 u_d 越低。

为防止避雷针与被保护设备或构架之间的空气间隙 S_k 被击穿而造成反击事故，要求 S_k 大于一定距离，若取空气的平均抗电强度为 500kV/m，则 S_k 应满足下式

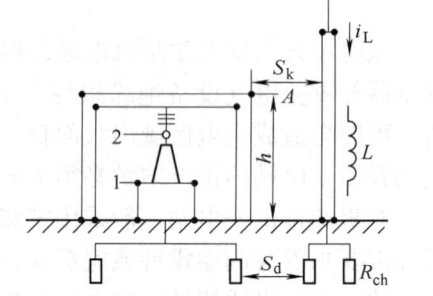

图 7-9 独立避雷针离配电构架的距离
1—变压器 2—母线

$$S_k > 0.2 R_{ch} + 0.1h \quad (m) \tag{7-35}$$

同样，为了防止避雷针接地装置和被保护设备接地装置之间在土壤中的间隙 S_d 被击穿，要求 S_d 大于一定距离（此处假设土壤的抗电强度为 300kV/m）

$$S_d > 0.3 R_{ch} \quad (m) \tag{7-36}$$

在一般的情况下，S_k 不应小于 5m，S_d 不应小于 3m。

对于 110kV 及以上的变电站，可以将避雷针架设在配电装置的构架上，这是由于此类电压等级配电装置的绝缘水平较高，雷击避雷针时在配电构架上出现的高电位不会造成反击事故。装设避雷针的配电构架应装设辅助接地装置，此接地装置与变电站接地网的连接点离主变压器接地装置与变电站接地网的连接点之间的距离不应小于 15m，目的是使雷击避雷针时在避雷针接地装置上产生高电位，在沿接地网向变压器接地点传播的过程中逐渐衰减，以便到达变压器接地点时不会造成变压器的反击事故。由于变压器的绝缘较弱又是变电站中最重要的设备，故在变压器门型构架上不应装设避雷针。

对于 35kV 及以下的变电站，因其绝缘水平较低，故不允许将避雷针装设在配电构架

上，以免出现反击事故，需要架设独立避雷针，并应满足不发生反击的要求。

关于线路终端杆塔上的避雷线能否与变电所构架相连的问题也可按上述装设避雷针的原则（即是否会发生反击）来处理。110kV 及以上的变电站允许相连，35kV 及以下的变电所一般不允许相连。电力行业标准 DL/T 620—1997 建议，若土壤电阻率不大于 500Ω·m，则可相连。

7.5.2 升压变电站的侵入波保护

雷击输电线路的次数远多于雷击变电站，所以沿线路侵入变电站的雷电入侵波较常见。再加上输电线路的绝缘水平（即绝缘子串 50% 冲击放电电压 $U_{50\%}$）比变压器及其他电气设备的冲击绝缘水平高得多，因此，变电站对雷电侵入波的防护显得很重要。

安装避雷器是变电站用来限制雷过电压的主要手段。然而，要有效和经济地保护变电站内电气设备，不仅要正确选择避雷器的型号、参数，还要合理地确定避雷器的接线；同时还要限制由线路传来的雷电波陡度及流过避雷器雷电流幅值。

以变压器为保护对象，雷电波沿变电站进线侵入，避雷器连接点距离变压器连接点的最大允许电气距离，称为避雷器的防护距离。

从保证防护的可靠性来说，最理想的接线方式是把避雷器和变压器直接并联在一起，但是，由于在变压器和母线之间还有其他开关设备，按照电气设备互相之间应留有一定的安全距离（保证绝缘）的要求，所以接在母线上的避雷器和主变压器之间必然会出现一段电气接线 l（见图 7-10）。具体计算从略。

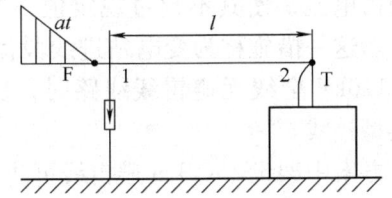

图 7-10 分析避雷器保护距离的简单回路

对于 220kV 及以下电压等级的一般变电站，无论电气主接线如何，实际上只要保证在每一段（包括分段母线）可能单独运行的母线上都装设一组避雷器，就可以使整个变电站得到保护，如图 7-11 所示（对变压器中性点保护另行考虑）。但对大型变电站的母线或设备连接线很长，有些变电站靠近大跨越高杆塔的情况应经过计算或实验来验证以上布置的安全性，并考虑是否需要选择适当位置增设避雷器。

对于 500kV 敞开式变电站，目前多采用双母线带旁路或一个半开关的电气主接线，其防雷保护接线的电气距离很长，这样每组避雷器通常只能保护到与它靠近的一些电气设备。再加上操作过电压的防护，其

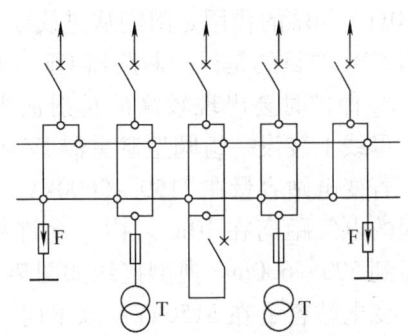

图 7-11 220kV 变电站防雷电侵入波保护典型接线

接线要求是：在每回路出口断路器的线路侧装一组线路避雷器，而在每台变压器出口装一组所用避雷器；如果线路出口装有并联电抗器，而且通过断路器操作，则需在电抗器侧增设一组避雷器。

7.5.3 升压变电站的进线段保护

变电站的进线段保护的作用是限制流经避雷器的雷电流和限制侵入波的陡度。

由前面的分析可知，l_{max}一经确定，为使避雷器能可靠地保护变压器，还必须设法限制侵入波陡度。对于已安装好的电气距离 l，可求出最大允许陡度。同时，应限制流过避雷器的雷电流的大小，以降低残压，尤其是不能超过避雷器的额定通流能力，否则避雷器就会烧坏。

另据运行经验证明，变电站因雷电侵入波形成的雷害事故约有 50% 是离变电站 1km 以内雷击线路引起的，约有 71% 是 3km 以内雷击线路引起的。这就说明加强变电站进线段的雷电防护的必要性和重要性。

再有，雷电侵入波沿导线传播时有损耗。这就是说雷电过电压在线路上感应产生的地点离变电站越远，它流动到变电站时的损耗就越大，其波陡度和幅值降得越低。为此，可以在变电站进线段，即距变电站 1～2km 的这段线路上加强防雷保护。对全线路无架设避雷线的，应在这段线路增设避雷线；当全线路有避雷线时，应使该段线路有更高的耐雷水平，减少进线段内绕击和反击形成侵入波的概率。这样，侵入变电站的雷电过电压波主要来自进线段以外，并经过 1～2km 线路的冲击电晕影响，不但削弱了侵入波的幅值和陡度，而且因进线段波阻抗的作用，也限制了通过避雷器的雷电流，使其不超过规定值，保证了避雷器的良好配合。这一措施称为变电站进线段保护。图 7-12 所示为 35～110kV 全线无避雷线线路时，变电站进线段保护方案典型接线。

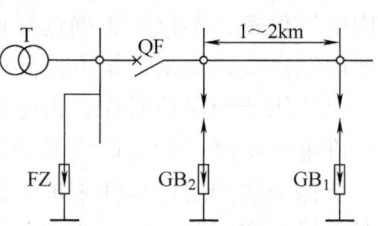

图 7-12　35～110kV 无避雷线线路的进线段保护段

方案中架设 1～2km 避雷线可防止进线段遭受直接雷击和屏蔽雷电感应。图中管型避雷器 GB_1 和 GB_2 在一般线路不必装设，但对于冲击绝缘强度特别高的木杆线路或者钢筋混凝土杆木横担线路，应在进线保护段首端加装一组管型避雷器 GB_1，其工频接地电阻一般不超过 10Ω。GB_1 的作用是限制从进线段外沿导线侵入的雷电流幅值。在进线段保护段末端装设一组 GB_2 的目的是保护断路器 QF。当雷雨季节，QF 处于开断状态，且线路侧带工频电压，无 GB_2 保护时会出现较高的折射波电压（2 倍侵入波电位），引起触头闪络，甚至烧坏触头。母线上装设一组阀型避雷器 FZ 的作用是保护变压器及其他电气设备。

若变电站容量在 3150～5600kVA，避雷器与变压器之间的电气距离在 10m 之内，允许将进线段保护地线缩短到 500～600m。典型接线如图 7-13 所示。

变电站容量在 3150kVA 以下时，可采用图 7-14 a、b 所示简化接线。管型避雷器 GB_1、GB_2 可采用保护间隙 JX 代替，其工频接地电阻应小于或等于 5Ω。

对 35～110kV 变电站，当在进线区域架设避雷线较困难或难于实现低接地电阻（$\rho > 500Ω \cdot m$），不能保

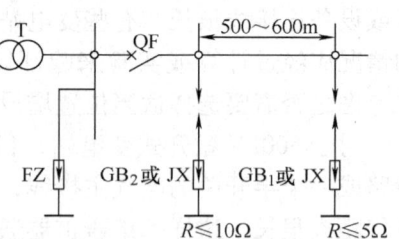

图 7-13　3150～5600kVA 的 35kV 变电站的简化进线保护

证要求的耐雷水平时，可以在进线终端杆上安装一组 1000μH 的电抗器（L），以限制雷电侵入波的陡度 a' 和雷电流幅值 I，起到进线段保护的作用。接线如图 7-15 所示。

另外，35kV 及以上电压等级变电站进线段采用电缆线路时，在电缆线与架空线连接处，考虑波过程可能产生过电压，故应装设一组避雷器保护，并且使避雷器的接地端与电缆的金属外皮连接。如图 7-16 所示。

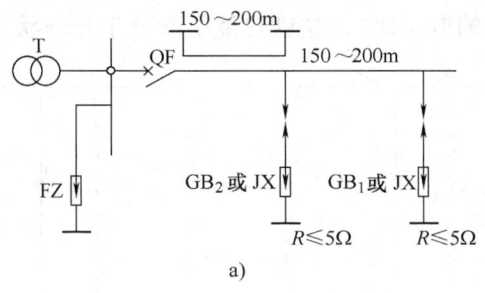
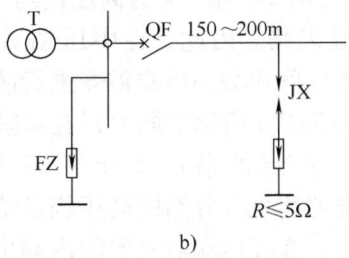

图 7-14　3150kVA 以下 35kV 变电站的简化进线保护

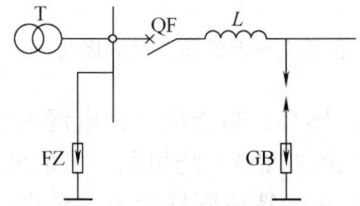
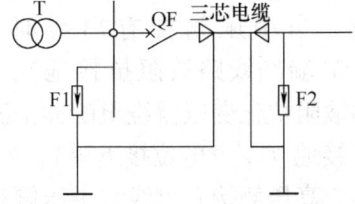

图 7-15　用电抗器代替进线段保护　　　图 7-16　35kV 及以上电缆进线段的保护接线

7.5.4　升压变电站变压器防雷保护

1. 三绕组变压器侵入波过电压及防护

接入电网的双绕组变压器高、低压侧断路器都是闭合的，两侧都有避雷器保护，所以任一侧沿线路侵入的雷电波都不会对另一侧的绝缘造成威胁。

但三绕组变压器在正常运行中，可能出现高、中压绕组工作而低压绕组开路的情况。此时，当高压或中压有雷电波侵入，由于开路状态的低压侧对地电容很小，低压绕组会因电磁耦合而产生过电压，危及低压绕组对地绝缘。又因为低压三相绕组电位同样升高，所以只需在一相绕组出口处装设一只避雷器即可防护。如果低压绕组外接 25m 以上的全金属外皮电缆线路，则因对地电容的增大，足以限制感应过电压，故可省去避雷器。

三绕组变压器的中压绕组也可能开路运行，但其绝缘水平较高。只有当高、中压电压比很大，中压绕组的绝缘水平比高压绕组低得多时，才考虑装设避雷器。

2. 自耦变压器侵入波过电压及防护

自耦变压器一般除了有高、中压自耦绕组外，还有三角形接线的低压非自耦绕组，以减少系统零序阻抗和改善电压波形。与三绕组变压器情况相同，当低压侧开路运行时，不论雷电波从高压端或中压端侵入，都会经过高压或中压与低压绕组之间的静电耦合，使开路的低压绕组出现很高的过电压，危及低压绕组绝缘。由于静电分量使低压三相电位同时升高，所以只要在任意一相低压绕组出线端对地装一台避雷器，就可以限制其过电压，保护三相低压绕组。

此外，因为自耦变压器波过程的自身特点，所以在雷电防护上还有与其他变压器不同的地方。运行中，可能出现高、低绕组运行，中压绕组开路，或者中、低压绕组运行，而高压绕组开路的情况。

当雷电侵入波 U_0 从高压端 A 侵入时，在开路的中压端 A′ 上可能出现很高的过电压，其

值约为 U_0 的 $2/k$ 倍（k 为高压侧与中压侧绕组的电压比），这就可能引起处于开路状态的中压侧套管闪络。因此，在中压端 A' 与断路器之间应装一组避雷器进行防护，如图 7-17a 所示。同时，在振荡过程中，A 点的最高电压可高达 $2kU'_0$，这必将危及开路的高压绕组绝缘，因此，在高压端断路器的内侧也必须装一组避雷器进行保护，如图 7-17b 所示。

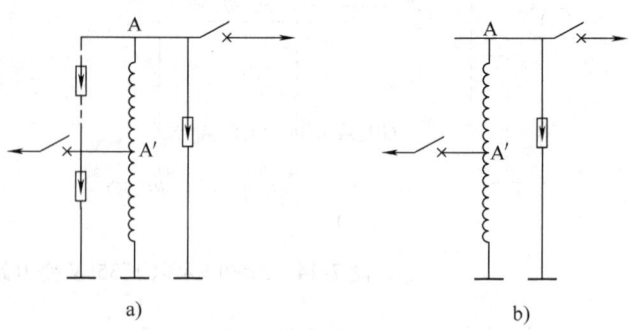

图 7-17 自耦变压器的防雷保护接线

此外，当中压侧接有出线时（相当于 A' 端经线路波阻抗接地），因为线路波阻抗比变压器绕组的冲击波等效阻抗小得多，那么，高压侧有雷电侵入波侵入时，A' 近似于接地（A' 点电位接近零），则雷电过电压几乎全部加在 AA' 绕组段，可能使绕组损坏；同样，高压侧接有出线，中压侧有雷电侵入波侵入，也会造成同样后果。显然，AA' 段绕组越短（电压比 k 越小）时，危害越大，当电压比小于 1025kV 时，应在 AA' 之间也装设一组避雷器进行保护，如图 7-17a 中虚线所示。

3. 变压器中性点保护

35～60kV 电网的变压器中性点是不接地或通过电感线圈接地的。在三相同时有雷电波侵入时，中性点电位理论上可达到绕组首端电位的 2 倍，实测也达到 1.5～1.8 倍。虽然此电压等级的变压器是全绝缘（即中性点的绝缘水平与相线端一样），但过电压仍会对中性点绝缘构成威胁。然而，实际运行经验表明，三相进波的概率只占 10%（据统计约 15 年才一次），所以规定 35～60kV 变压器的中性点一般不需要保护。

而中性点经消弧线圈接地的 110～154kV 电网的变压器也是全绝缘的。由于线路上架有避雷线，并且线路绝缘较强，三相同时有雷电波侵入的机会更少（据统计 25 年才有一次），故中性点一般也不需要保护。

对于 110kV 及以上中性点直接接地系统，由于继电保护或限制单相短路电流的需要，其中一部分变压器的中性点是不接地的。此时，如果变压器中性点的绝缘水平属分级绝缘，例如，110kV 变压器中性点用 35kV 级绝缘，220kV 变压器中性点用 110kV 级绝缘，330kV 变压器中性点用 154kV 级绝缘，则需选用与中性点绝缘等级相同的避雷器进行保护，并注意校正避雷器的灭弧电压必须大于中性点可能出现的最高工频电压。如果变压器中性点属全绝缘，则其中性点一般不需要保护；但是变电站若为单进线单台变压器运行时，中性点则需要装设避雷器，并且要求中性点避雷器的冲击放电电压低于变压器中性点的冲击耐压，灭弧电压应大于电网发生一相接地时引起的中性点电位升高的稳态值（其最大值可达到最高运行线电压的 0.35 倍）。

思 考 题

1. 简述各种雷电现象的成因及其对风电场的危害。
2. 避雷针和避雷器的作用原理有何区别？
3. 总结电气接地的类别和作用。

4. 理解接触电压和跨步电压的概念，想一想，生活中哪些情况下要对此进行考虑，如何防止其对人体造成危害？
5. 风电机组的防雷保护是比较复杂的，有没有简化合并的可能？
6. 输电线路应对直击雷过电压和感应雷过电压，在原理和措施上有何异同？
7. 风电场升压变电站防雷保护的重点是什么？

参 考 文 献

[1] 王承煦, 张源. 风力发电 [M]. 北京: 中国电力出版社, 2003.
[2] Ackermann. T. *Wind Power in Power Systems* [M]. New York: Wiley, 2005.
[3] Heier. S. *Grid Integration of Wind Energy Conversion* [M]. New York: John Wiley & Sons Inc, 6, 2006.
[4] 宫靖远. 风电场工程技术手册 [M]. 北京: 机械工业出版社, 2007.
[5] 熊信银, 朱永利. 发电厂电气部分 [M]. 3版. 北京: 中国电力出版社, 2004.
[6] 卢文鹏, 吴佩雄. 发电厂变电所电气设备 [M]. 北京: 中国电力出版社, 2005.
[7] 刘振亚. 国家电网公司输变电工程典型设计——110kV 变电站分册 [M]. 北京: 中国电力出版社, 2005.
[8] 卓乐友, 董柏林. 电力工程电气设计手册——电气二次部分 [M]. 北京: 水利电力出版社, 1990.
[9] 电力工业部西北电力设计院. 电力工程电气设备手册——电气一次部分 [M]. 北京: 中国电力出版社, 1998.
[10] C H 弗卢夏姆. 断路器的理论与设计 [M]. 北京: 机械工业出版社, 1984.
[11] 徐国政. 高压断路器原理和应用 [M]. 北京: 清华大学出版社, 2000.
[12] 希思科特. 变压器实用技术大全 [M]. 北京: 机械工业出版社, 2008.
[13] 肖耀荣, 高祖绵. 互感器原理与设计基础 [M]. 沈阳: 辽宁科学技术出版社, 2003.
[14] 国家电力调度通信中心. 电力系统继电保护规程汇编 [M]. 北京: 中国电力出版社, 2000.
[15] 张保会, 尹项根. 电力系统继电保护 [M]. 北京: 中国电力出版社, 2005.
[16] 贺家李, 宋从矩. 电力系统继电保护原理 [M]. 增订版. 北京: 中国电力出版社, 2004.
[17] 何永华. 发电厂及变电站的二次回路 [M]. 2版. 北京: 中国电力出版社, 2004.
[18] 刘学军. 继电保护原理 [M]. 北京: 中国电力出版社, 2004.
[19] J D Glover, M S Sarma. *Power System Analysis and Design* [M]. 3rd. Edition. Kentucky: Brooks/Cole, 2002.
[20] F Blaabjerg, Z Chen, R Teodorescu, F Iov. Power Electronics in Wind Turbine Systems [D]. IPEMC, 2006.
[21] 刘万琨, 张志英, 李银凤, 赵萍. 风能与风力发电技术 [M]. 北京: 化学工业出版社, 2006.
[22] 高景德, 王祥珩, 李发海. 交流电机及其系统分析 [M]. 2版. 北京: 清华大学出版社, 2005.
[23] 连继中, 马维林. 双馈异步发电技术在风力发电中的应用 [J]. 防爆电机. 2002, 3.
[24] 潘龙德. 电气运行 [M]. 北京: 中国电力出版社, 2001.
[25] Thomas Achermann. *Wind Power in Power Systems* [M]. New York: Wiley, 2004.
[26] 弗拉基斯拉夫·阿赫玛托夫. 风力发电感应发电机 [M], 王伟胜, 等译. 北京: 中国电力出版社, 2009.
[27] 迟永宁. 大型风电场接入电网的稳定性问题研究 [D]. 北京: 中国电力科学研究院, 2006.
[28] 曹娜, 李彦春, 赵海翔, 戴慧珠. 不同风电机组对电力系统稳定性的影响 [J]. 电网技术, 2007, 31 (9): 53-57.
[29] 关宏亮, 赵海翔, 刘燕华, 王伟胜, 戴慧珠, 杨以涵. 风力发电机组对称短路特性分析 [J]. 电力自动化设备, 2008, 28 (1): 61-64.
[30] 赵婉君. 高压直流输电工程技术 [M]. 北京: 中国电力出版社, 2004.
[31] 郑超, 周孝信, 李若梅, 等. VSC-HVDC 稳态特性与潮流算法的研究 [J]. 中国电机工程学报, 2005, 25 (6): 1-5.

[32] 张桂斌, 徐政, 王广柱. 基于 VSC 的直流输电系统的稳态建模及其非线性控制 [J]. 中国电机工程学报, 2002, 22 (1): 17~22.
[33] 泰勒 C W. 电力系统电压稳定 [M], 王伟胜, 译. 北京: 中国电力出版社, 2002.
[34] 张红. 高电压技术 [M]. 北京: 中国电力出版社, 2006.
[35] 沈培坤, 刘顺喜. 防雷与接地装置 [M]. 北京: 化学工业出版社, 2006.
[36] 王洪泽, 杨丹, 王梦云. 电力系统接地技术手册 [M]. 北京: 中国电力出版社, 2007.
[37] 元建学, 田华轶. 大型风力机的防雷保护 [J]. 延安大学学报: 自然科学版, 2008 (4).
[38] 林志远, 黄聪. 风力发电机组的防雷问题 [J]. 广东电力, 2001, 14 (5): 15~18, 81.